電気・電子系 教科書シリーズ　3

電気回路 I

博士(工学)　柴田 尚志 著

コロナ社

刊行のことば

電気・電子・情報などの分野における技術の進歩の速さは，ここで改めて取り上げるまでもありません。極端な言い方をすれば，昨日まで研究・開発の途上にあったものが，今日は製品として市場に登場して広く使われるようになり，明日はそれが陳腐なものとして忘れ去られるというような状態です。このように目まぐるしく変化している社会に対して，そこで十分に活躍できるような卒業生を送り出さなければならない私たち教員にとって，在学中にどのようなことをどの程度まで理解させ，身に付けさせておくかは重要な問題です。

現在，各大学・高専・短大などでは，それぞれに工夫された独自のカリキュラムがあり，これに従って教育が行われています。このとき，一般には教科書が使われていますが，それぞれの科目を担当する教員が独自に教科書を選んだ場合には，科目相互間の連絡が必ずしも十分ではないために，貴重な時間に一部重複した内容が講義されたり，逆に必要な事項が漏れてしまったりすることも考えられます。このようなことを防いで効率的な教育を行うための一助として，広い視野に立って妥当と思われる教育内容を組織的に分割・配列して作られた教科書のシリーズを世に問うことは，出版社としての大切な仕事の一つであると思います。

この「電気・電子系 教科書シリーズ」も，以上のような考え方のもとに企画・編集されましたが，当然のことながら広大な電気・電子系の全分野を網羅するには至っていません。特に，全体として強電系統のものが少なくなっていますが，これはどこの大学・高専等でもそうであるように，カリキュラムの中で関連科目の占める割合が極端に少なくなっていることと，科目担当者すなわち執筆者が得にくくなっていることを反映しているものであり，これらの点については刊行後に諸先生方のご意見，ご提案をいただき，必要と思われる項目については，追加を検討するつもりでいます。

このシリーズの執筆者は，高専の先生方を中心としています。しかし，非常に初歩的なところから入って高度な技術を理解できるまでに教育することについて，長い経験を積まれた著者による，示唆に富む記述は，多様な学生を受け入れている現在の大学教育の現場にとっても有用な指針となり得るものと確信して，「電気・電子系 教科書シリーズ」として刊行することにいたしました。

これからの新しい時代の教科書として，高専はもとより，大学・短大においても，広くご活用いただけることを願っています。

1999年4月

編集委員長　高　橋　　　寛

ま　え　が　き

電気回路は，電気・電子・通信系の分野を学ぶ人にとって，電磁気学とともに必要不可欠な基礎教科の一つである。本書は，電気回路をはじめて学ぶ大学や高等専門学校（高専）の学生，現場の技術者のために執筆したもので，初心者にも無理なく理解できるよう，やさしい導入から始め徐々に高度な内容へと丁寧な説明を心がけている。

電磁気学は電磁界現象を電界，磁界の立場で学ぶ教科であり，電気回路は電磁界現象を電圧，電流の立場で学ぶ教科である。これらは本質的には同じものであるが，電気回路は電磁気学に比べ扱う物理量が少なく，電気をはじめて学ぶ人にとって学習が比較的容易な教科である。

電気回路を学ぶうえで最も大事なことは，抵抗，コイル（インダクタ），コンデンサ（キャパシタ）の素子における電圧と電流の関係をよく理解することである。直流回路においては，電圧と電流の関係は抵抗におけるオームの法則しかないので理解は容易であるが，電圧や電流が時間的に変化する交流においては，コイルやコンデンサにおける電圧と電流の関係は微分，積分を含むため，それらをまだ学んでいない場合は導入に工夫が必要である。本書では，それらを微小の概念に基づく数値的計算を行って視覚的に理解できるようにしている。加えて，すでに微分・積分を学んでいる読者のためにも，微積分を用いた表記を示している。また，正弦波交流回路では回路の現象を解析する際に複素数を使うが，なぜ複素数が回路解析に使えるのかの説明にも多くのページを割いている。

本書では複素数の活用までの説明をつぎのような流れで行っている。まず，実在する電圧，電流は正弦波交流であることを十分認識してもらうため，瞬時値（三角関数）を用いた回路計算法を説明し，つぎに，三角関数はフェーザと密接な関係があることを利用して，フェーザを用いた計算法を説明している。さらに，フェーザの計算は複素数の演算となることを示したうえで，複素数を用いると電圧や電流の大きさと位相関係が同時に求まり，複雑な回路の解析に非常に有益であることを説明している。これらは *1* 章と *2* 章で述べているが，上述の主旨のため同じ例題を通して三つの計算法を比較説明している。*3* 章と *4* 章では，より複雑な回路網を解析するためのキルヒホッフの法則や重ね合わせの理，テブナンの定理などを説明している。さらに，回路網方程式の立て方なども説明している。*5* 章では周波数特性とフェーザ軌跡を，*6* 章では相互誘導回路の解析を，*7* 章では三相交流の解析法を説明している。

電気回路を理解するには，理論を学ぶだけでは不十分であり，多くの例題，問題を自らの手で解くことが重要である。そのため，本書では章末にできるだけ多種の問題を載せるよう配慮している。また，巻末にそれらの詳しい解答をつけているので自分の解いた結果の確認に役立てて欲しい。著者の経験でも，自ら多くの問題に挑戦し，計算を億劫（おっくう）がらずに着実に解いていくことが自信を持つ最も効果的な方法である。それを経験することで，よりエレガントな解法が身についてくる。

なお，本書を読むにあたって，電圧，電流の定義など電磁気学の基礎知識はすでに修得しているものとしている。また，直流回路についても，すでに本シリーズ1の「電気基礎」で述べているので，本書ではその概要だけを述べるにとどめ，正弦波交流回路を中心に説明している。

本書ではわかりやすい説明を心がけたため，内容が冗長と感じる部分があるかもしれない。また，誤りもあるかもしれない。読者の皆さんから有益なご意見，ご指摘をいただければ幸いである。

最後に，本書は本シリーズ編集委員の多田泰芳先生（群馬高専名誉教授）の勧めにより執筆したものである。ここに深謝する次第である。また，本書の刊行にあたりコロナ社の各位には大変お世話になった。ここに謝意を表する。

2006 年 2 月

著　者

目　　次

1.　電気回路の基礎

2. 交 流 回 路

3.　交流回路網の計算

4.　回路網方程式

5.　周波数特性とフェーザ軌跡

6.　相 互 誘 導 回 路

7.　三 相 交 流 回 路

電気回路II・主要目次

1

電気回路の基礎

本章では，抵抗やコイル，コンデンサと呼ばれる回路素子において，電圧と電流の関係がどのようになるかを中心に，広く使われている直流と正弦波交流の基礎的事項を学ぶ。

1.1 電気回路概説

1.1.1 回路素子と回路の種類

最も簡単な**電気回路**（electric circuit）の例は，身近なところでは懐中電灯の中に見られ，これは電池，導線，電球の三つの要素から成り立っている。電池は電源，電球は抵抗器（または抵抗体）と呼ばれるものの一種である。この回路は電気エネルギーを光エネルギーに変換する働きをする。

より複雑な電気回路はラジオ，テレビ，コンピュータなどの中に見られる。これらの回路は電源や抵抗器のほか，コンデンサ，コイル，ダイオード，トランジスタ，および電界効果トランジスタ（field-effect transistor，FET）などの素子から構成されている。このような回路を構成する電源や抵抗器に代表される素子を**回路素子**（circuit element）という。導線はその抵抗に注目するときは抵抗体として扱われ，抵抗を無視し単に電気を通すものと考えるときには回路素子には含めない。また，高電圧の送電線路やマイクロ波の伝送線路などは回路素子として扱われる。

このように電気回路とは，いくつかの回路素子を導線で結びつけたものであり，単に**回路**（circuit）または**回路網**（network）とも呼ばれる。一般に電気回路は電気エネルギーまたは電気信号を伝送，増幅，変換，蓄積，または演算するなどの働きをもっている。それら回路の働きの源は回路素子に加わる**電圧**（voltage）とそれに流れる**電流**（electric current）である。

回路はそれを構成する素子の性質や回路の形態によっていろいろな種類に分けられ，また回路を働かせる電圧または電流にもその波形によっていろいろな種類がある。さらには回路の状態にも**定常的**な状態と**過渡的**な状態の二つがある。したがって，回路の取扱いは上記のような要因の組合せによって異なる。

〔*1*〕 **回路素子の種類**　回路素子の種類にはつぎのようなものがある。

① **電　源**　回路に電気エネルギーを供給するものが**電源**（power supply，power source）であり，電池，発電機，発振器などがある。回路理論では電源を理想化して**電圧源**（voltage source）と**電流源**（current source）に分け，回路素子として扱う。

② **線形素子と非線形素子**　素子の値がその端子間の電圧またはそれを流れる電流に依存しない素子を**線形素子**（linear element）といい，依存する素子を**非線形素子**（nonlinear element）という。線形素子としては通常の**抵抗器**（resistor，R），**コンデンサ**（condenser，C），空心の**コイル**（coil，L）と空心の**変成器**（transformer，M）が，非線形素子としては電球，ダイオード，鉄心入りの変成器，トランジスタなどがある。なお，コンデンサは**キャパシタ**（capacitor）ともいい，コイルは**インダクタ**（inductor）ともいう。

③ **受動素子と能動素子**　素子自身を等価回路で表したとき，それが等価電源を含まない素子を**受動素子**（passive element），等価電源を含む素子を**能動素子**（active element）という。受動素子には R，C，L，M，ダイオードなどが，能動素子にはトランジスタ，FET，エサキダイオード（**負性抵抗素子**）などがある。

④ **集中定数素子と分布定数素子**　大きさを無視し，一点に集中しているものとみなしうる素子を**集中定数素子**（lumped element）といい，広がりをもったものとして扱わなければならない素子を**分布定数素子**（distributed element）という。ほとんどの場合において素子は集中定数素子として扱われる

が，送電線や伝送線などは分布定数素子として扱われる。

⑤ **二端子素子と四端子素子**　R，C，L，ダイオードのように端子が二つのものを**二端子素子，** M のように端子が四つのものを**四端子素子**という。トランジスタは見かけの端子は三つであるが，そのうちの一つは共通端子となるので実質は四端子素子である。

〔*2*〕 **回路の種類**　電気回路を素子の種類から分類すると，線形素子だけから成る回路を**線形回路**（linear circuit）といい，非線形素子を含む回路を**非線形回路**（nonlinear circuit）という。また，受動素子だけから成る回路を**受動回路**（passive circuit），能動素子を含む回路を**能動回路**（active circuit）という。さらには，集中定数素子だけから成る回路を**集中定数回路**（lumped constant circuit）といい，分布定数素子を含む回路を**分布定数回路**（distributed constant circuit）という。

別の観点からの分類もあり，例えば二つの入力端子と二つの出力端子をもつ回路は**二端子対**(つい)**回路**（two terminal-pair circuit）と呼ばれる。ほかに二つの端子に着目する**一端子対回路**もある。二端子対回路は**四端子回路**（four-terminal circuit）とも呼ばれる。また，電気回路のうち，ダイオードや能動素子を含む回路を特に**電子回路**（electronic circuit）という。通常，単に**電気回路**というと受動素子である R（非線形抵抗も含む），C，L，M および電源だけから成る回路を指すことが多い。

以上のように，回路は素子や状態などにより，いろいろな種類に分類されるが，本書では，線形・受動素子を持つ集中定数回路の定常状態だけを扱うものとする。回路の過渡現象，二端子対回路網，分布定数回路，非正弦波回路の取扱いなどは本シリーズの「電気回路II」で学ぶ。

1.1.2 直流と交流

これから電気回路を学ぼうとするとき，どのような電圧，電流を扱うのであろうか。初めに代表的な電圧，電流の**波形**（wave form）の例を示そう。

図 *1.1* に代表的な電圧 v，電流 i の波形の例を示す。横軸は時間 t の経過

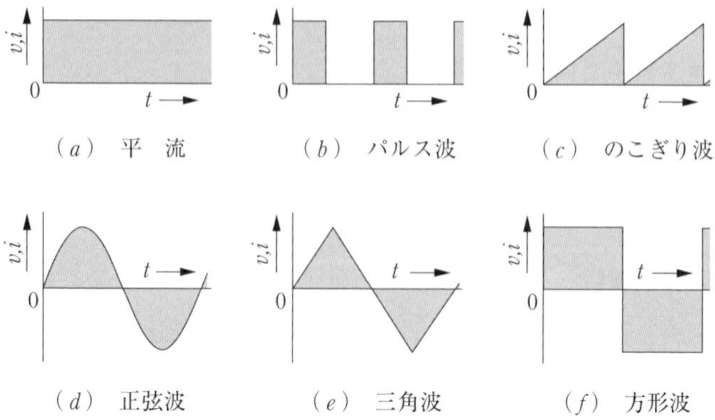

図 1.1　電圧 v，電流 i の波形の例

を表し，縦軸はその時刻の電圧 v，電流 i の値を示している。これらのいろいろな波形の電圧，電流は，目的に応じて使われる。

図(a)の波形は，電池の電極間電圧のような場合であり，この電池を抵抗などに接続すると，電流も時間とともに値が変化しないで，つねに一定の方向に流れる。このようにつねに一定の方向に流れる電流は**直流**（direct current, **DC**）と呼ばれる。図(a)は**平流**と呼ばれる。図(b)のパルス波や，図(c)ののこぎり波は**脈流**（pulsating current）と呼ばれ，その値が時間とともに周期的に変化するが，流れる電流の方向は同じであるので，直流にも分類される。一般に直流というと図(a)の平流を指すことが多い。

これに対して，時間に対して周期的にその大きさと流れる方向が変化する電流は**交流**（alternating current, **AC**）と呼ばれる。図(d)の正弦波，図(e)の三角波，図(f)の方形波などがその代表例である。交流は1周期を平均すると，その値が零になるものである。交流の最も基本的な波形は図(d)の**正弦波**（sine wave, sinusoidal wave）**交流**で，家庭用の電源や，各種信号源などに広く使われている。正弦波でない交流は**非正弦波**（non-sinusoidal wave）**交流**とも呼ばれる。本書では，図(a)の直流と図(d)の正弦波交流のみを扱う。

電圧・電流波形が直流である回路を**直流回路**といい，電圧・電流波形が交流である回路を**交流回路**という。また，**交流回路**には**単相回路**（single-phase circuit）と**多相回路**（polyphase circuit）がある。

1.2　基本回路素子における電圧と電流の関係

本書では，**1.1.1** 項で述べたように，電源と線形・受動素子からなる電気回路を扱うが，線形・受動素子としては，抵抗器，コイル，コンデンサ，変成器のみを扱うとする。前者の三つをここでは**基本回路素子**と呼ぶことにし，その素子における電圧と電流の基本的関係を調べる。

1.2.1　抵抗器と抵抗

図 1.2 に示すように，抵抗器 R に時間的に変化する電圧 $v(t)$ を加えたとき，電流 $i(t)$ との関係は

$$v(t) = Ri(t) \tag{1.1}$$

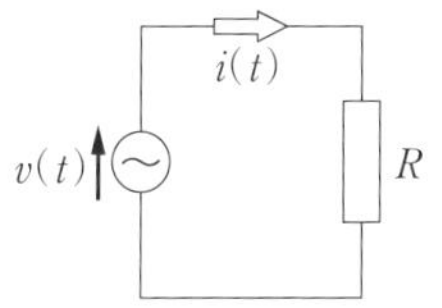

図 1.2　抵　抗　器

となる。これはよく知られた**オームの法則**（Ohm's law）である。R は抵抗器の**抵抗**（resistance）の値であり，その単位は**オーム**〔Ω〕である。以降，抵抗器のことを抵抗の値を含めて単に抵抗と呼ぶことにする。

1.2.2　コイルとインダクタンス

図 1.3(a) に示すように N 回巻きのコイルがある。いま，このコイルに交流電圧 $v(t)$ を加えると，コイルには電流 $i(t)$ が流れ，そのまわりに磁界が生じ，コイルには磁束 $\Phi(t)$ が生じる。この磁束は時間的に変化しているので，**電磁誘導現象**（electromagnetic induction）によりコイルには式(1.2)の起電力 $e(t)$ が生じる†。

$$e(t) = -N\frac{\Delta\Phi}{\Delta t} \tag{1.2}$$

† 起電力は，レンツの法則により磁束の変化を妨げる向きに生じる。

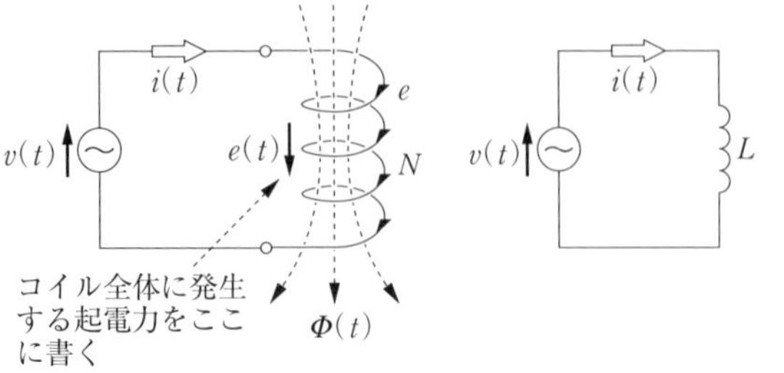

（a）式(1.3)　　（b）式(1.8)

図 1.3　コイル

ここに，e の正の向きは，図(a)に示すように $\varPhi$ と右ねじの関係にとる。

ここで，式(1.2)を $v(t)$ と $\varPhi(t)$ の関係で表すと，$v(t)+e(t)=0$ であるので

$$v(t) = N\frac{\varDelta\varPhi}{\varDelta t} \tag{1.3}$$

となる。

つぎに，この式(1.3)を $v(t)$ と $i(t)$ の関係で表す。$\varPhi(t)$ は $i(t)$ によって生じていること，また，$i(t)$ が大きくなると $\varPhi(t)$ も大きくなるので

$$N\varPhi \propto i \tag{1.4}$$

の比例関係が成り立つ。式(1.4)の比例定数を L と置き，これを**インダクタンス**（inductance）と呼ぶ。

$$N\varPhi = Li \tag{1.5}$$

すなわち，インダクタンス L は

$$L = \frac{N\varPhi}{i} \tag{1.6}$$

で定義され，単位電流当りにどれだけの磁束がコイルに鎖交しているかを表す量である。したがって，その単位は〔Wb/A〕であるが，実用上は**ヘンリー**〔H〕を用いる。

式(1.3)を $N\varPhi$ の代わりに Li を用いて表すことを考える。N，L は定数であること，また，電流の微小変化 $\varDelta i$ に対して磁束が微小変化($\varDelta\varPhi$)したとす

ると，式(1.5)は

$$N\varDelta\Phi = L\varDelta i \tag{1.7}$$

と書くことができる。これを用いて式(1.3)は

$$v(t) = L\frac{\varDelta i(t)}{\varDelta t} \tag{1.8}$$

となる。式(1.8)は，インダクタンスの表示を用いたコイルにおける，加えた電圧とコイルに流れる電流の関係を表している（**図 1.3**(*b*)参照)。

式(1.8)において，$\varDelta t \to 0$ の極限を考えると，式(1.9)となる。

$$v(t) = L\lim_{\varDelta t \to 0}\frac{\varDelta i(t)}{\varDelta t} = L\frac{di(t)}{dt} \tag{1.9}$$

1.2.3　コンデンサと静電容量

いま，**図 1.4**(*a*)に示すように，2 枚の平行導体板の間に直流電源を接続してスイッチを入れると，瞬間的に上側の導体板中の電子は導線に移動して上側の導体板は正に帯電し，下側の導体板は負に帯電する。このように平行平板導体は電気を蓄えることができるので，このような装置を**コンデンサ**という。

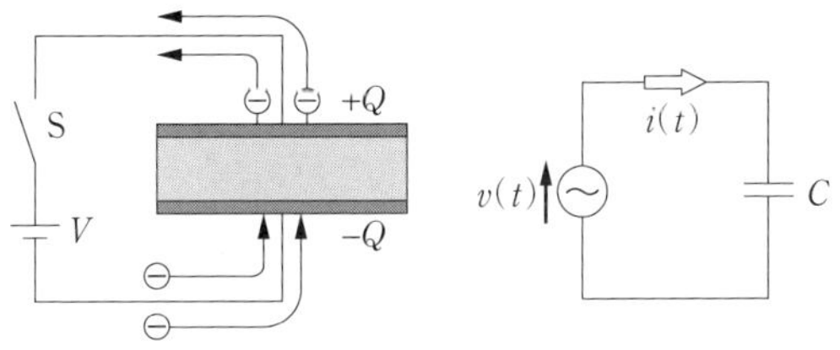

（*a*）　式(1.11)　　　　（*b*）　式(1.15)

図 1.4　コンデンサ

このときコンデンサに蓄えられる電気量を Q で表すと，これは加えた電圧 V〔V〕に比例するので

$$Q \propto V \tag{1.10}$$

となる。電気量 Q の単位は**クーロン**〔C〕である。式(1.10)の比例定数を C

とおき，それを**静電容量**あるいは**キャパシタンス**（capacitance）という。

$$Q = CV \tag{1.11}$$

すなわち，静電容量 C は

$$C = \frac{Q}{V} \tag{1.12}$$

で定義され，単位電圧当りにどれだけの電気量を蓄えることができるかを表している。単位は〔C/V〕であるが，実用上は**ファラド**〔F〕を用いる。

つぎに，**図 1.4**(b)のように，コンデンサに交流電圧を加えることを考える。直流の場合は電流は一瞬しか流れないが，交流の場合は電圧が時間とともに大きさと向きが変化するので，電気量もそれに応じて変化し交流電流が流れる。

ここで，コイルの場合と同様に，電圧と電流の関係を導く。まず，ある面を1 s 間に通過する電気量が電流であるので，導線断面中を Δt 秒間に ΔQ の電気量が通過したとすると，電流 i は

$$i = \frac{\Delta Q}{\Delta t} \tag{1.13}$$

となる。式(1.11)より

$$\Delta Q = C\Delta v \tag{1.14}$$

となるので，この式を式(1.13)に代入し

$$i(t) = C\frac{\Delta v(t)}{\Delta t} \tag{1.15}$$

となる。これがコンデンサにおける交流の電圧と電流の関係を表す式である。

式(1.13)，式(1.15)において，$\Delta t \to 0$ の極限をとると

$$i(t) = \frac{dQ(t)}{dt}, \qquad i(t) = C\frac{dv(t)}{dt} \tag{1.16 a}$$

となる。式(1.16 a)を電荷 $Q(t)$，電圧 $v(t)$ で書くと

$$Q(t) = \int i(t)dt, \qquad v(t) = \frac{1}{C}\int i(t)dt \tag{1.16 b}$$

となる。

以上の結果において，回路が直流の場合，すなわち電圧や電流が時間的に変化しない場合，コイルでは式(1.8)において $\Delta i = 0$ であるので $v(t) = 0$ となり，また，コンデンサでは式(1.15)において $\Delta v = 0$ であるので $i(t) = 0$ となる。したがって，直流回路の場合は，コイルは短絡となり，コンデンサは開放となる。以上のことより，直流回路においては，回路素子は電池と抵抗だけとなる。

1.3　基本回路素子の直列接続と並列接続

前節で述べた抵抗器（抵抗 R），コイル（インダクタンス L），コンデンサ（静電容量 C）を直列に接続した場合と，並列に接続した場合について，その合成の値がどうなるか調べる。ここでは三つの素子の直列，並列について説明するが，一般に n 個の素子であっても考え方は同じである。

1.3.1　抵抗の直列接続と並列接続

まず，3個の抵抗 R_1，R_2，R_3 を直列に接続し，それに電源電圧 v を加えた回路を図 **1.5**(a)に示す。

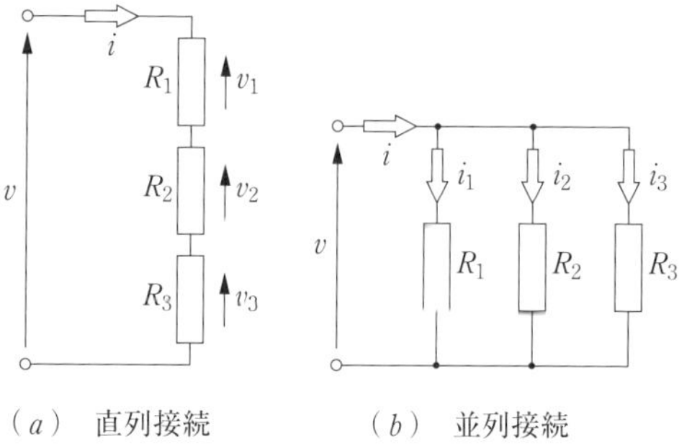

図 **1.5**　抵抗の接続

各抵抗の端子電圧を v_1，v_2，v_3，電流を i とすると，$v_1 = R_1 i$，$v_2 = R_2 i$，$v_3 = R_3 i$ であり，$v = v_1 + v_2 + v_3$ であるので，これらの関係より

$$v = (R_1 + R_2 + R_3)i \tag{1.17}$$

が成り立つ。この式(1.17)で $v = Ri$ とおくと，R は

$$R = R_1 + R_2 + R_3 \tag{1.18}$$

で与えられる。この R を直列接続における**合成抵抗**（combined resistance）という。各抵抗の電圧 v_k は

$$v_k = R_k i = \frac{R_k}{R} v \qquad (k = 1,\ 2,\ 3) \tag{1.19}$$

となる。これは**分圧則**と呼ばれる。

つぎに，3個の抵抗 R_1，R_2，R_3 を並列に接続し，それに電源電圧 v を加えた回路を**図 1.5**(b)に示す。電源から流れ出る電流を i，各抵抗を流れる電流を i_1，i_2，i_3 とすると，$i_1 = v/R_1$，$i_2 = v/R_2$，$i_3 = v/R_3$ であり，$i = i_1 + i_2 + i_3$ であるから，これらの関係より

$$i = v\left(\frac{1}{R_1} + \frac{1}{R_2} + \frac{1}{R_3}\right) \tag{1.20}$$

が成り立つ。この式(1.20)で $v = Ri$ とおくと，R は

$$\frac{1}{R} = \frac{1}{R_1} + \frac{1}{R_2} + \frac{1}{R_3} \tag{1.21}$$

で与えられる。この R は並列接続したときの合成抵抗である。

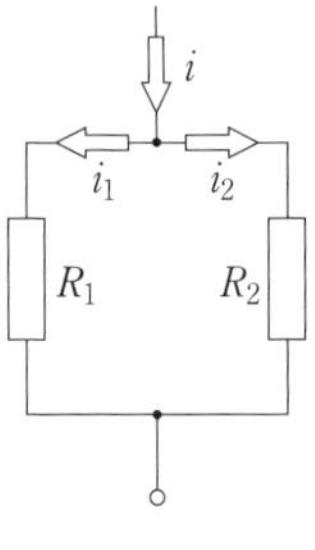

図 1.6　分　流

各抵抗に流れる電流 i_k は

$$i_k = \frac{v}{R_k} = \frac{R}{R_k} i \qquad (k = 1,\ 2,\ 3) \tag{1.22}$$

となる。これは**分流則**と呼ばれる。**図 1.6** のように抵抗が2個の場合は

$$i_1 = \frac{R_2}{R_1 + R_2} i, \qquad i_2 = \frac{R_1}{R_1 + R_2} i \tag{1.23}$$

のように分流される。

1.3.2　コイルの直列接続と並列接続

図 1.7(a)の回路において，インダクタンスがそれぞれ L_1，L_2，L_3 の三つのコイルが直列に接続されている。

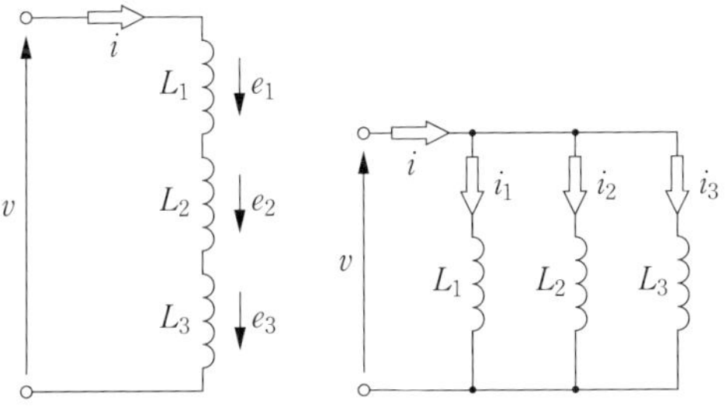

図 ***1.7***　コイルの接続

いま，この回路に電圧 v を加えたとき，回路には電流 i が流れる。電流が流れると電磁誘導の法則により各コイルに起電力が発生するが，その際，それぞれのコイルと鎖交する磁束は他のコイルとは鎖交しないとする（それぞれのコイルはたがいに十分離れた位置にあるとする。近い場合については **6** 章で述べる）。この場合，加えた電圧と各コイルに生じる起電力 e_1，e_2，e_3 の間には式(*1.24*)が成り立つ。

$$v = -(e_1 + e_2 + e_3) \tag{1.24}$$

これに電磁誘導の法則 $e_k = -L_k \Delta i/\Delta t$，$(k = 1, 2, 3)$ を代入して

$$v = -\left(-L_1\frac{\Delta i}{\Delta t} - L_2\frac{\Delta i}{\Delta t} - L_3\frac{\Delta i}{\Delta t}\right) = (L_1 + L_2 + L_3)\frac{\Delta i}{\Delta t}$$

を得る。これより，合成インダクタンス L は

$$L = L_1 + L_2 + L_3 \tag{1.25}$$

となる。

つぎに，図 ***1.7***(*b*)のように並列に接続した場合は，各コイルに流れる電流の和 i は回路全体の電流となるので

$$i = i_1 + i_2 + i_3 \tag{1.26}$$

が成り立つ。式(*1.26*)を微小時間での変化量で表すと

$$\frac{\Delta i}{\Delta t} = \frac{\Delta i_1}{\Delta t} + \frac{\Delta i_2}{\Delta t} + \frac{\Delta i_3}{\Delta t} \tag{1.27}$$

となる。一方，電磁誘導の法則により

$$-e = v = L_1\frac{\Delta i_1}{\Delta t} = L_2\frac{\Delta i_2}{\Delta t} = L_3\frac{\Delta i_3}{\Delta t} \tag{1.28}$$

であるので，式(1.28)を式(1.27)に代入して

$$\frac{v}{L} = \left(\frac{1}{L_1} + \frac{1}{L_2} + \frac{1}{L_3}\right)v \tag{1.29}$$

すなわち

$$\frac{1}{L} = \frac{1}{L_1} + \frac{1}{L_2} + \frac{1}{L_3} \tag{1.30}$$

の関係を得る。たがいに影響を受けないコイルのインダクタンスの直列，並列の計算法は抵抗の場合と同じである。

1.3.3　コンデンサの直列接続と並列接続

図 1.8(*a*)のように，静電容量がそれぞれ C_1，C_2，C_3 の三つのコンデンサを直列に接続した回路を考える。

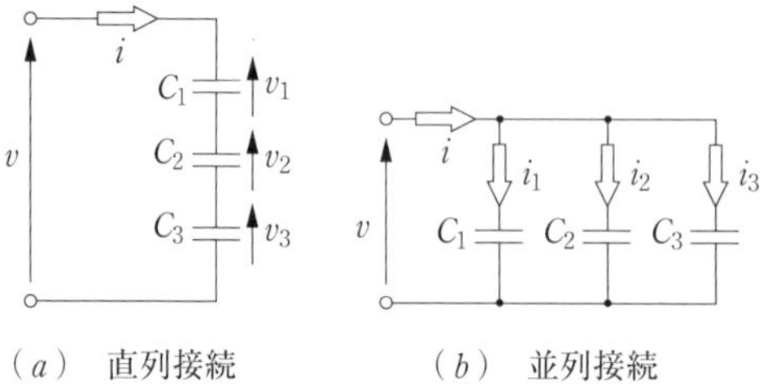

図 1.8　コンデンサの接続

電源電圧と各部の電圧の関係は $v = v_1 + v_2 + v_3$ であるので，これを微小変化量で表し，両辺を Δt で割る。

$$\frac{\Delta v}{\Delta t} = \frac{\Delta v_1}{\Delta t} + \frac{\Delta v_2}{\Delta t} + \frac{\Delta v_3}{\Delta t} \tag{1.31}$$

一方，コンデンサでの電圧と電流の関係は

$$i = C_1\frac{\Delta v_1}{\Delta t} = C_2\frac{\Delta v_2}{\Delta t} = C_3\frac{\Delta v_3}{\Delta t} \tag{1.32}$$

となるので，式(1.31)より式(1.33)を得る。

$$\frac{1}{C} = \frac{1}{C_1} + \frac{1}{C_2} + \frac{1}{C_3} \qquad (1.33)$$

つぎに，**図 *1.8*(*b*)**の並列接続の場合は，$i = i_1 + i_2 + i_3$ の関係式を

$$C\frac{\Delta v}{\Delta t} = C_1\frac{\Delta v}{\Delta t} + C_2\frac{\Delta v}{\Delta t} + C_3\frac{\Delta v}{\Delta t} \qquad (1.34)$$

と書き換え

$$C = C_1 + C_2 + C_3 \qquad (1.35)$$

を得る。すなわち，コンデンサの場合の直列，並列の静電容量の計算法は抵抗やインダクタンスの場合と逆の形になる。

1.4 直　流　回　路

1.2 節で述べたように直流回路は電源と抵抗だけで構成されるので，その解析は ***2*** 章で述べる交流回路に比べて容易である。直流回路で成り立つ諸式の考え方は交流でも同じものが多く，電気回路の基本となるものであるので，ここでその概要を説明する。

なお，直流回路については，本シリーズの「電気基礎」で述べてあるので，詳細はそちらを参考にしていただきたい。

1.4.1 オームの法則

1.2.1 項でも述べたように，抵抗における電圧と電流の関係は**オームの法則**で定められ，**図 *1.9*** に示すように R〔Ω〕の抵抗に V〔V〕の電圧を加えると，電圧に比例した電流 I〔A〕が流れる。

$$I = GV \qquad (1.36)$$

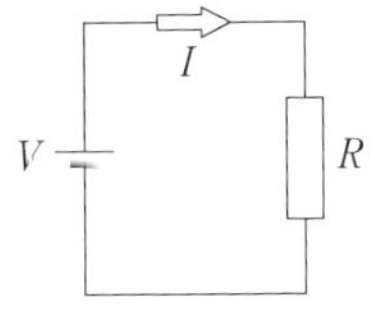

図 *1.9* オームの法則

ここで，G は電流の流れやすさを表す量で**コンダクタンス**（conductance）という。単位は**ジーメンス**〔S〕である。コンダクタンスの逆数

$$R = \frac{1}{G} \qquad (1.37)$$

が抵抗であり，電流の流れにくさを表す量となる。これを用いると式(*1.36*)の関係は

$$I = \frac{V}{R}, \qquad V = RI \tag{1.38}$$

となる。

1.4.2 起電力，電圧降下，逆起電力

抵抗に一定の電流を流し続けるためには，それに必要な電圧（電位差）を保ち続けなければならない。この能力を**起電力**（electromotive force，**e.m.f.**）といい，起電力を有するものを**電源**という。

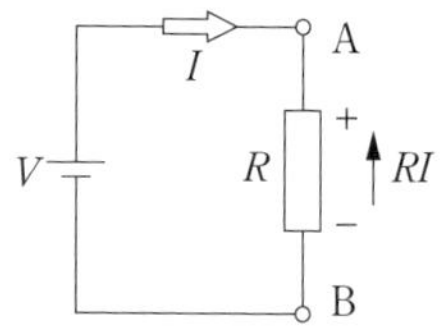

図 *1.10* 直流回路

図 *1.10* は起電力 V〔V〕の電池と抵抗 R〔Ω〕からなる簡単な直流回路であり，回路には $I = V/R$〔A〕の電流が流れている。

いま，この回路の抵抗 R を，流れ込む電流 I の立場で見てみよう。図の端子 A における電位を V_A〔V〕，端子 B における電位を V_B〔V〕とすると，AB 間には

$$V_A - V_B = RI \tag{1.39}$$

の**電位差**（potential difference）が生じる。このことは，端子 B は端子 A より RI〔V〕だけ電位が低いことを示している。そこで，この RI を**電位降下**（fall of potential）あるいは**電圧降下**（voltage drop）という。$V_A - V_B$ は電源電圧 V に等しいので，$V = V_A - V_B$ とおくと，式(*1.39*)は

$$V - RI = 0 \tag{1.40}$$

と書くことができる。これを**電圧平衡式**という。起電力 V と平衡する「$-RI$」を一種の起電力とみなし**逆起電力**（counter e.m.f）という。

1.4.3 電池の電圧源および電流源表示

図 *1.11* のように起電力 V_0〔V〕の電池に可変抵抗器 R_L〔Ω〕を接続して，

それを流れる電流 I〔A〕を変化させたときの可変抵抗器の端子電圧を V〔V〕とすると，V と I の関係は**図 1.12** のようにほぼ直線となる。この直線を，その傾きを r として式で表すと

$$V = -rI + V_0 \tag{1.41}$$

となる。

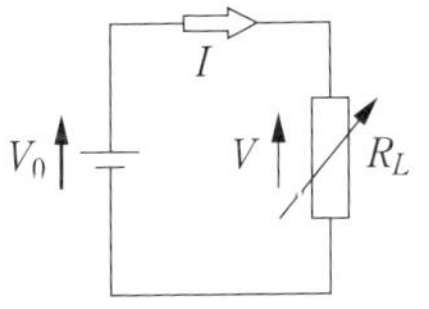

図 1.11　電池の回路

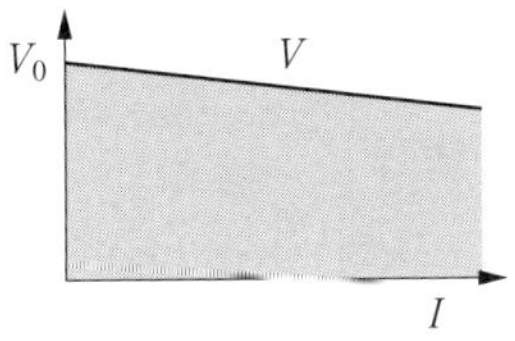

図 1.12　電流 I に対する電池の端子電圧 V の変化

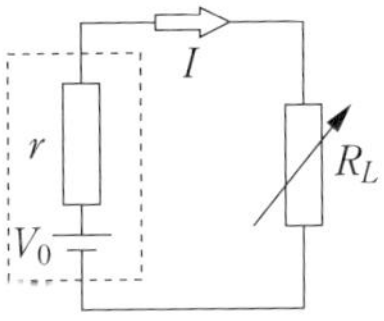

図 1.13　定電圧源等価回路

式(1.38)と(1.41)より

$$I = \frac{V_0}{r + R_L} \tag{1.42}$$

が得られる。この式(1.42)を回路図に表すと**図 1.13** のようになるので，**図 1.11** の電池は起電力 V_0，**内部抵抗**（internal resistance）r の回路と等価であるとし，**図 1.13** の回路を**定電圧源等価回路**という。内部抵抗が零の場合は取り出せる電圧は一定になり，このような電源を**理想電圧源**（ideal voltage source）あるいは**定電圧源**（constant voltage source）という。さらに，式(1.42)を

$$I = \frac{r}{r + R_L} \cdot \frac{V_0}{r} = \frac{r}{r + R_L} I_0, \qquad I_0 = \frac{V_0}{r} \tag{1.43}$$

と変形し，この式(1.43)を回路図に表すと**図 1.14** のようになるので，**図 1.11** の電池は定電流 I_0，内部抵抗 r の回路と等価となり，**図 1.14** の回路を**定電流源等価回路**という。内部抵抗が無限大の電流源を**理想電流源**（ideal current source）あるいは**定電流源**（constant-current source）という。**図 1.13** と**図 1.14** より，定電圧源と定電流源は**図 1.15** に示すように，たがいに変換できる。

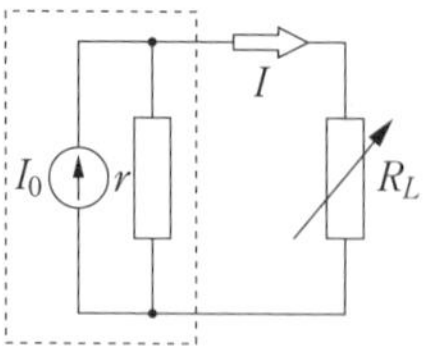

図 ***1.14***　定電流源等価回路

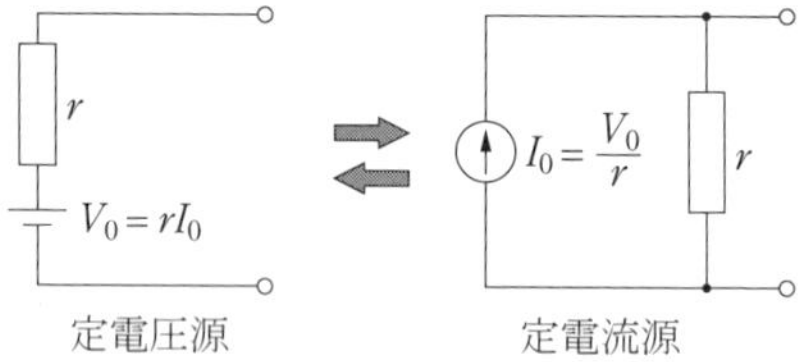

図 ***1.15***　定電圧源と定電流源の等価変換

1.4.4　キルヒホッフの法則

〔***1***〕　**キルヒホッフの第一法則**（Kirchhoff's first law）　「回路網中の任意の接続点に流入する電流と流出する電流の総和は零である。ただし，流入する電流を正とすれば流出する電流を負にとる」。これは，電流の連続性に関する法則であり，**キルヒホッフの電流則**（Kirchhoff's current law，KCL）ともいわれ，式(*1.44*)で表される。

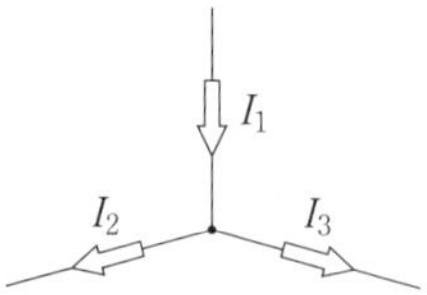

図 ***1.16***　キルヒホッフの第一法則

$$\sum_{k=1}^{n} I_k = 0 \qquad (1.44)$$

例えば，**図 *1.16*** の場合は式(*1.45*)となる。

$$I_1 + (-I_2) + (-I_3)$$
$$= I_1 - I_2 - I_3 = 0 \qquad (1.45)$$

〔***2***〕　**キルヒホッフの第二法則**（Kirchhoff's second law）　「回路網中の任意の一つの閉路† において，起電力と回路素子による電圧降下の総和は零である。ただし，閉路をたどる向きと同じ向きの起電力および電圧降下を正とすれば，反対向きのものを負にとる」。これは，電圧平衡に関する法則であり，**キルヒホッフの電圧則**（Kirchhoff's voltage law，KVL）ともいわれ

$$\sum_{k=1}^{n} V_k + \sum_{k=1}^{n} R_k I_k = 0 \qquad (1.46)$$

で表される。例えば，**図 *1.17***(*a*)のような閉路を矢印の向きにたどって一巡すると，各点の電位は図(*b*)のように変化するので

† ある接続点から出発して元の接続点にもどる閉じた回路を閉路またはループという。詳しくは ***4.1*** 節で述べる。

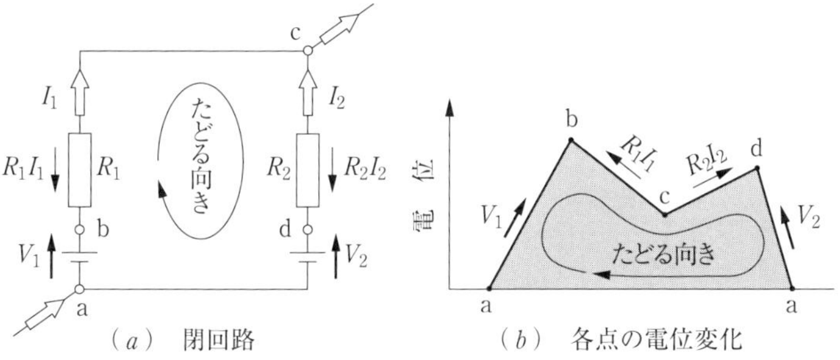

図 ***1.17*** キルヒホッフの第二法則

$$V_1 - V_2 - R_1I_1 + R_2I_2 = 0 \tag{1.47}$$

となる。回路をたどる向きはどちらでもよい。

1.4.5 重ね合わせの理

「複数の電源を含む回路網中の任意の枝路の電流や任意の 2 点間の電位差は，それぞれの電源が単独に存在する場合の電流，電位差の代数和に等しい」。これを**重ね合わせの理**（principle of superposition）という。重ね合わせの理を適用する場合，取り除く電圧源は短絡し，電流源は開放する。例えば，**図 *1.18***（*a*）の回路において，電流 I を求めるために重ね合わせの理を適用すると，図（*b*）および図（*c*）の回路を解析し，それぞれの電流 I' および I'' を求め，電流の向きを考慮して

$$I = I' - I'' \tag{1.48}$$

より求めることができる。

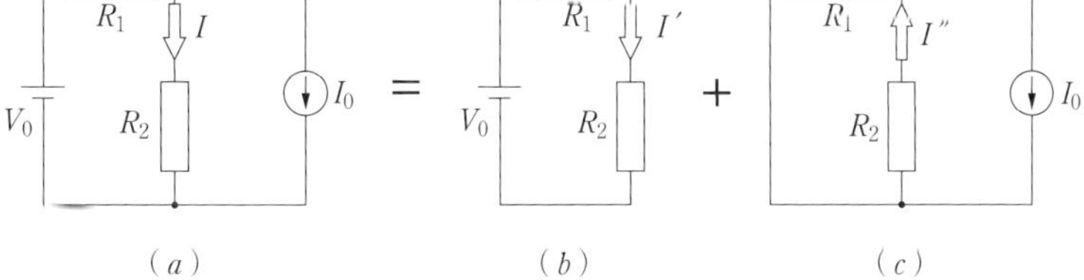

図 ***1.18*** 重ね合わせの理

1.4.6 テブナンの定理

図 1.19 に示すように，「ある回路網中の任意の2端子 ab で R_L を取り除いたときの ab 間の電圧が V_0 であり，端子 ab から回路網を見た合成抵抗が R_0 であるとき，R_L に流れる電流 I は

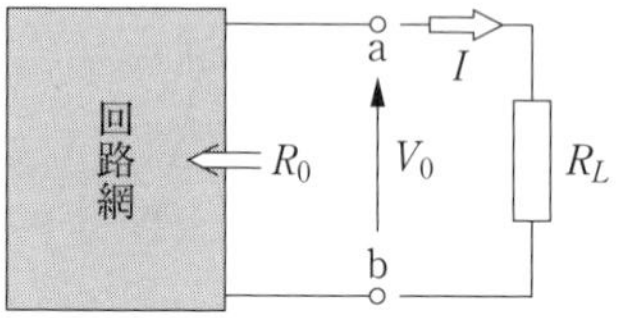

図 1.19　テブナンの定理

$$I = \frac{V_0}{R_L + R_0} \qquad (1.49)$$

で与えられる。ただし，R_0 を求める際，電圧源は短絡する」。これを**テブナンの定理**（Thévenin's theorem）という。

1.4.7 ブリッジ回路

図 1.20 に代表的なブリッジ回路の一つである**ホイートストンブリッジ**（Wheatstone bridge）を示す。検流計 G を流れる電流 I_G が零になったとすると，R_1 と R_2 における電圧降下は相等しく，また R_3 と R_4 における電圧降下も相等しいので，$R_1 I_1 = R_2 I_2$，$R_3 I_1 = R_4 I_2$ となり，この2式より $I_G = 0$ の条件として

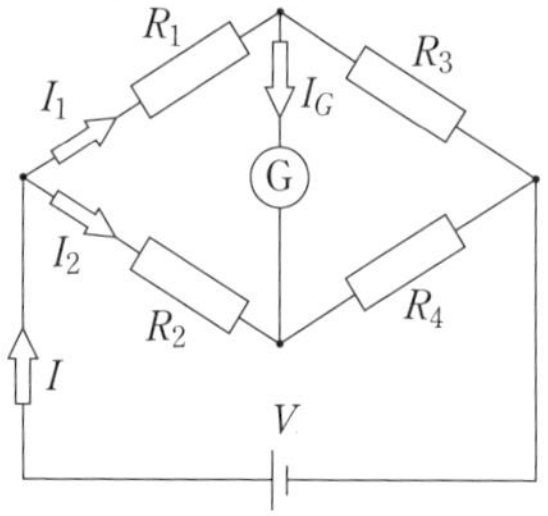

図 1.20　ホイートストンブリッジ

$$R_1 R_4 = R_2 R_3 \qquad (1.50)$$

が得られる。これを**ブリッジの平衡条件**（balance condition of the bridge circuit）という。

1.4.8 ジュールの法則，電力，電力量

図 1.21 において，R〔Ω〕の抵抗に電圧 V〔V〕を加え，電流 I〔A〕が t〔s〕間流れると

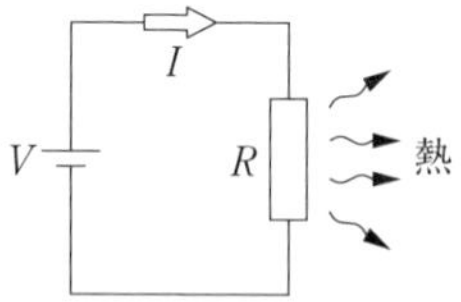

図 1.21　ジュール熱

$$Q = RI^2 t \qquad (1.51)$$

で表される熱エネルギー Q が発生し，その単位は**ジュール**〔J〕である。この関係式は**ジュール**

の法則（Joule's law）と呼ばれる。また，抵抗に電流が流れて発生する熱エネルギーを**ジュール熱**（Joule heat）という。

図 1.21 の回路において，式(1.51)のジュール熱は t〔s〕間に電源が抵抗 R に供給している電気エネルギー W〔J〕でもある。

$$W = Q = RI^2t \tag{1.52}$$

また，$V = RI$ を式(1.52)に代入すると

$$W = VIt \tag{1.53}$$

となる。式(1.52)や式(1.53)を**電力量**（electric energy）と呼ぶ。また，1 s 間当りの仕事量（仕事率）P を**電力**（electric power）といい

$$P = \frac{W}{t} = VI = RI^2 = \frac{V^2}{R} \tag{1.54}$$

で表される。抵抗では電気エネルギーは熱エネルギーとして費やされるので，P は**消費電力**ともいわれる。電力の単位は〔J/s〕となるが，電気工学の分野では**ワット**〔W〕を用いる。すなわち，1〔W〕=1〔J/s〕である。また，電力量もワットを用いて〔W・s〕で表す。

1.5　正弦波交流

1.5.1　正弦波交流の重要性

われわれが日常最もよく使う電源は乾電池と，電力会社から供給される家庭用電源の電気であろう。乾電池は直流（平流）であり，家庭用電源は正弦波交流である。歴史的には直流のほうが早く使われていた。この直流による送電方式を強く主張したのが有名なエジソンであった。これに対して，正弦波交流による方式を強く主張したのがウェスチングハウス社であった。大論争の末，正弦波交流に軍配が上がったが，その理由は，直流は電圧の大きさを変えるのが難しいのに対し，交流は容易に大きさを変えられるからである。

それを発電所から家庭まで電気のエネルギーを送る例（送電のシステム）をとおして見てみよう。**図 1.22** に示すように，電気エネルギーは，発電機で

発生するが，電圧を大きくするには製造上限度がある。また，この発電機から直接，遠方の家庭や工場にエネルギーを送ろうとすると，家や工場の数が多くなるほど銅線には大きな電流が流れることになる。銅線には抵抗があるので，電流が大きいと途中での電圧降下が大きくなり，エネルギー損失も大きくなる。また，大きい電流を流すためには太い銅線を使わなければならず送電線などの設置に問題が生じる。電流が小さければ細い銅線ですむが，送ることができる電気エネルギーも小さくなってしまう。電流が小さく，大きな電気エネルギーを送るには電圧を大きくしなければならない。交流は**変圧器**（transformer）を使えば容易に電圧の大きさを変えることができる。

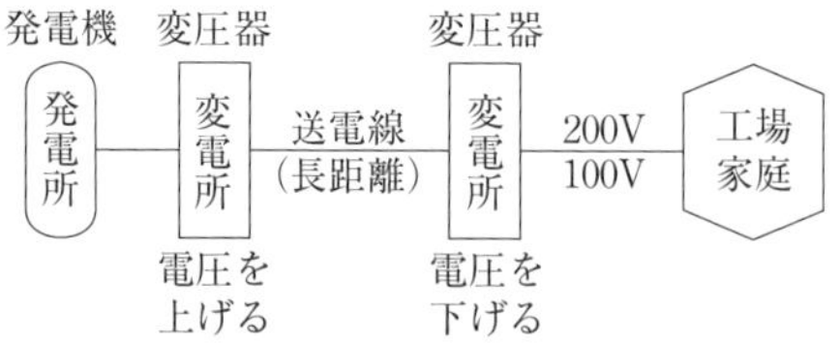

図 1.22　送電のシステム

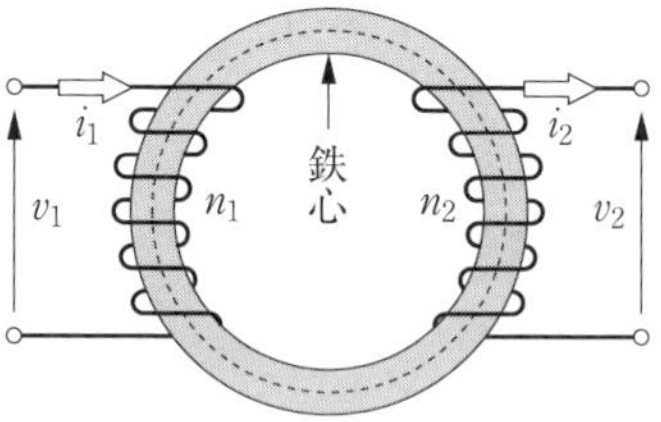

図 1.23　変　圧　器

変圧器とは**図 1.23** に示すように鉄心に二つ以上のコイルを巻いたものであり，巻数 n と電圧 v および電流 i の関係は

$$\frac{v_2}{v_1}=\frac{n_2}{n_1}, \qquad \frac{i_2}{i_1}=\frac{n_1}{n_2} \tag{1.55}$$

となっている（詳細は **6** 章参照）。したがって，巻数比 n_1/n_2 を調節すれば，電圧の大きさを自由に変えることができる。現在は，直流と交流は用途によって使い分けられている。

正弦波交流を理解することは，**図 1.1** に示したようないろいろな非正弦波の周期関数の解析にも重要である。一例を**図 1.24** の方形波で示す。この波形は，正弦波の合成で得られる。例えば，①の正弦波，

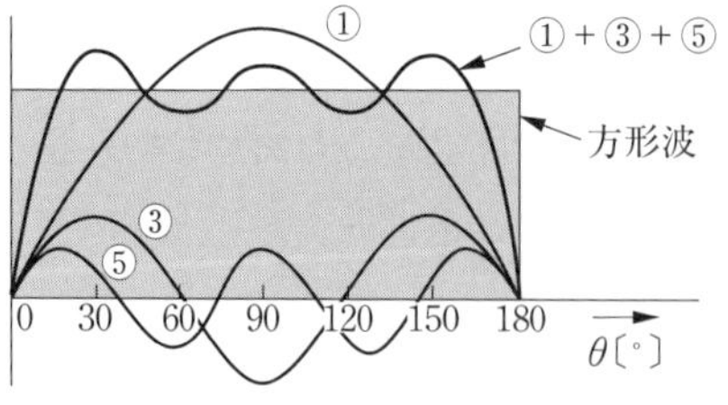

図 1.24　正弦波の合成と方形波

③の正弦波，⑤の正弦波を合成した波形①+③+⑤をみると，①に比べて，より方形波に近づいていることがわかるであろう。もちろん完全な方形波にするには無限の波形の合成が必要である。ここでは方形波を例にとったが，任意の形をした周期関数は，すべて正弦波交流の合成で表すことができる。

1.5.2 正弦波交流と三角関数

〔*1*〕 **三角比と角度**　正弦波交流がどのような関数で表されるかを学ぶ前に，三角比と角度について復習する。**三角比**は，**図 *1.25*** に示す直角三角形において

$$\sin\theta = \frac{b}{c}, \qquad \cos\theta = \frac{a}{c}, \qquad \tan\theta = \frac{b}{a} \tag{1.56}$$

で定義される。角度は，日常生活では度〔°〕で表すが，工学の分野では**ラジアン**〔rad〕で表す。これは**弧度法**と呼ばれる。孤度法における角すなわち平面角はつぎのように定義される。「**図 *1.26*** において点Pからある線素を見る角 θ とは，点Pから半径1mの円を考えたときの弧 $\widehat{\mathrm{AB}}$ の長さである」。

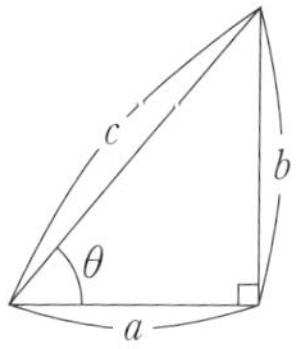

図 *1.25*　直角三角形

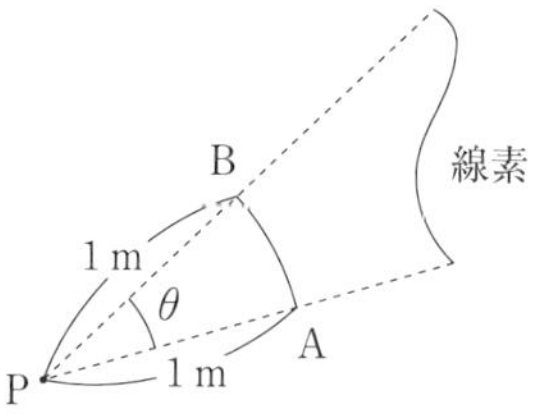

図 *1.26*　角の定義

すなわち，**図 *1.27***(*a*)に示すように，半径 r〔m〕の円を考えたとき，円弧 $\widehat{\mathrm{AB}}$ の長さが r〔m〕のときの角を1radという。この定義より，一般的に，図(*b*)のように，半径 r〔m〕の円周上，円弧 $\widehat{\mathrm{A'B'}}$ の長さを l〔m〕とすると，角 θ〔rad〕は

$$\theta = \frac{l}{r} \tag{1.57}$$

となる。これらの定義より，例えば図(*c*)のような半径 r〔m〕の半円を表す

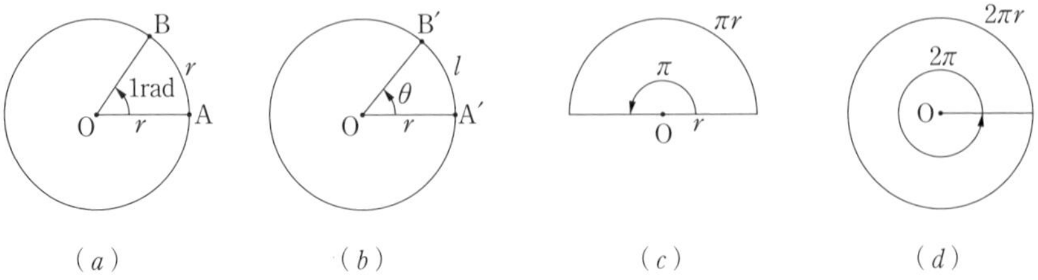

図 1.27　弧度法（ラジアン）

角は，円周が $2\pi r$〔m〕であるので，$\theta = \pi r/r = \pi$〔rad〕，また，図(d)の円1周の角は $\theta = 2\pi r/r = 2\pi$〔rad〕となる。

以上のことより，度〔°〕とラジアン〔rad〕の関係は

$$\theta\,〔\mathrm{rad}〕= \frac{\pi}{180}\theta\,〔°〕 \qquad (1.58)$$

となる。

つぎに，式(1.56)で述べた三角比 $\sin\theta$ を見てみよう。三角比の場合は，角 θ はただ一つの値であるが，いま，この θ の値は時間とともに変化するとしよう。**図 1.28**(a)に示すように，長さが1mの線分 $\overline{\mathrm{OP}}$ を考え，点Pは時間とともに，$\mathrm{P_0}$ を出発して，一定の速度で円周上を反時計方向に進むとする。そのときPから $\mathrm{OP_0}$ におろした垂線 $\overline{\mathrm{PQ}}$ の長さは式(1.56)により $\sin\theta$ に等しいので

$$\overline{\mathrm{PQ}} = \sin\theta \qquad (1.59)$$

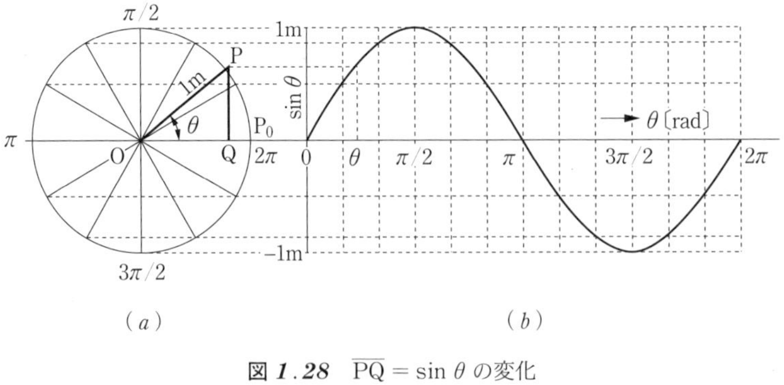

図 1.28　$\overline{\mathrm{PQ}} = \sin\theta$ の変化

となる。この関係を横軸に角 θ〔rad〕，縦軸に $\sin\theta$ の値をとって表すと図 (b) のようになる。このように，時間とともに θ が変化するとき，$\sin\theta$ は**三角関数**と呼ばれる。

また，点Pが円周上を何周もすると，対応する図(b)の波形は，同じ波形を繰り返す。これを**周期関数**（periodic function）という。図(a)においては，半径1mの円を考えたので，図(b)の最大値は1mである。

〔**2**〕 **正弦波交流電圧** 以上のことをもとに，正弦波交流電圧を表してみる。電圧 $v(\theta)$ を例にとり，**最大値**（maximum value）は V_m であるとして

$$v(\theta) = V_m \sin\theta \tag{1.60}$$

で表される変化を**図 1.29**(a)に示す。

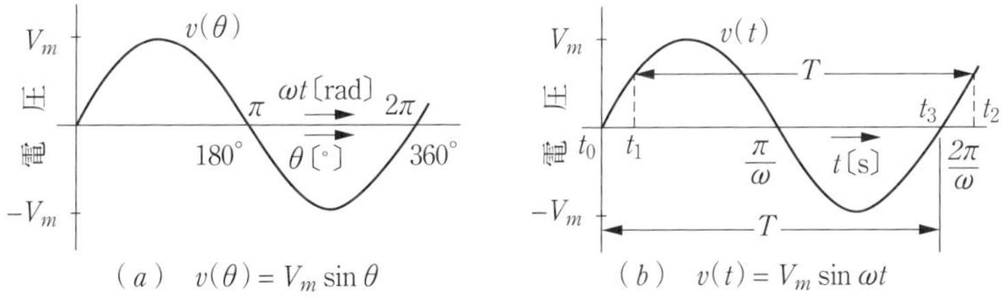

図 1.29 正弦波交流電圧

これまでは，**図 1.28**(a)において，点Pは時間とともに一定の速度で進むとしか述べていなかったが，ここでは，1s間に ω〔rad/s〕の角で進むとしよう。この ω は**角周波数**（angular frequency）あるいは**角速度**（angular velocity）と呼ばれる。**図 1.28**(a)において，点Pには P_0 から出発して t〔s〕後に到達したとすると，角 θ〔rad〕，ω〔rad/s〕，t〔s〕の関係は

$$\theta = \omega t \tag{1.61}$$

となる。

正弦波交流の横軸はこれまで角 θ で表してきたが，時間 t で表すと，式(1.61)の関係を用いて，**図 1.29**(b)のようになる。図(b)において，ある時刻における電圧の値と同じ値になるまでの時間を**周期**（period）といい，T〔s〕で表し

$$T = t_2 - t_1 = t_3 - t_0 = \frac{2\pi}{\omega} \tag{1.62}$$

となる。

つぎに，**図 1.29**(*b*)の繰返し波形が 1 s 間に何周期繰り返すかを考えてみよう。この 1 s 間当りの繰返し回数を**周波数**（frequency）といい，f で表す。これは T〔s〕間で 1 回であるので，1 s 間では $1/T$ 回となる。したがって，周波数 f と周期 T の関係は

$$f = \frac{1}{T} \tag{1.63}$$

となる。周波数の単位は**ヘルツ**〔Hz〕である。

式(1.62)と式(1.63)より，角周波数 ω〔rad/s〕と周波数 f〔Hz〕の関係は

$$\omega = 2\pi f \tag{1.64}$$

となる。こうして，時間 t とともに変化する正弦波交流電圧 $v(t)$ は，式(1.61)および式(1.64)を式(1.60)に代入して，式(1.65)となる。

$$v(t) = V_m \sin \omega t = V_m \sin 2\pi f t \quad \text{〔V〕} \tag{1.65}$$

例題 1.1　式(1.65)の電圧波形を実際にグラフに描いてみよう。

①　$v_1(t) = 10 \sin (100\pi t)$,　　$f_1 = 50$ Hz

②　$v_2(t) = 10 \sin (50\pi t)$,　　$f_2 = 25$ Hz

のそれぞれの電圧を $t = -5$〜20 ms (ms$=10^{-3}$s) の間で，1 ms おきに計算してグラフにプロットせよ。

【解答】 結果は**図 1.30** に示すようになる。二つの電圧を比較すると周波数 f_2 は f_1 の 1/2 であり，v_2 の周期は v_1 の 2 倍となる。

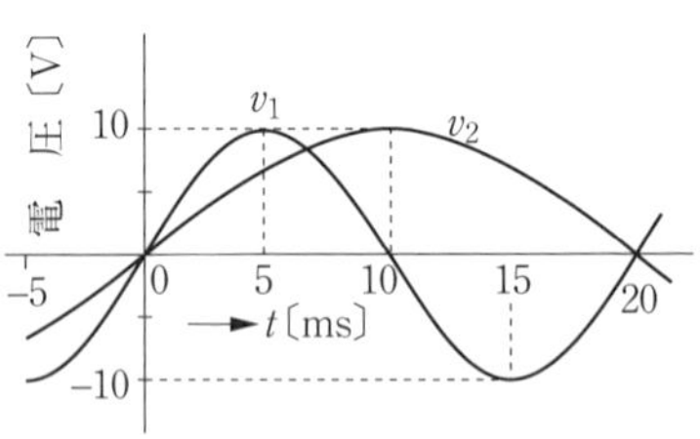

図 1.30　例題 1.1 の解　◇

例題 *1.2* つぎの電圧波形を描け。

$$③\quad v_3(t) = 10\sin\left(100\pi t + \frac{\pi}{5}\right), \qquad ④\quad v_4(t) = 10\sin\left(100\pi t - \frac{\pi}{5}\right)$$

【解答】 結果は図 ***1.31*** に示すようになる。v_3 は図 ***1.30*** の v_1 より左側にずれた波形となり，v_4 は v_1 より右側にずれた波形となる。

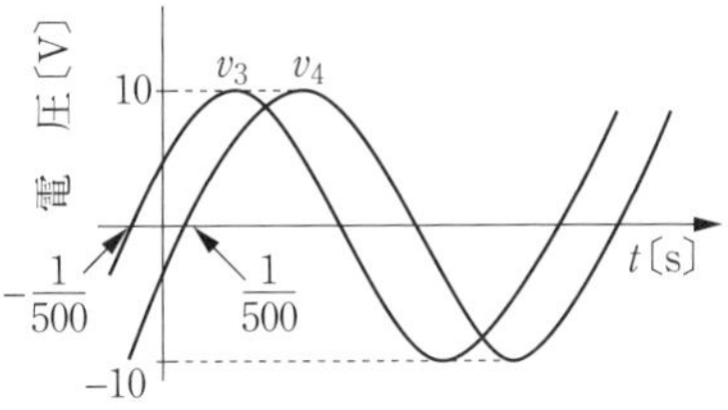

図 *1.31* 例題 ***1.2*** の解　◇

例題 *1.1* および ***1.2*** よりわかるように，正弦波交流電圧 $v(t)$ は一般に

$$v(t) = V_m \sin(\omega t \pm \phi), \qquad \omega = 2\pi f \tag{1.66}$$

と表すことができる（**図 *1.32*** 参照）。式(*1.66*)はその時刻 t での値を表すので**瞬時値**（instantaneous value）と呼ばれる。V_m は最大値である。また，$\omega t \pm \phi$ は**位相**（phase）と呼ばれ，ある時刻における位相とは，**図 *1.33*** に示すように，波形の値が負から正に向かうときの零の点から測った角〔rad〕を表している。式(*1.66*)の ϕ は**初期位相**（initial phase）と呼ばれる。

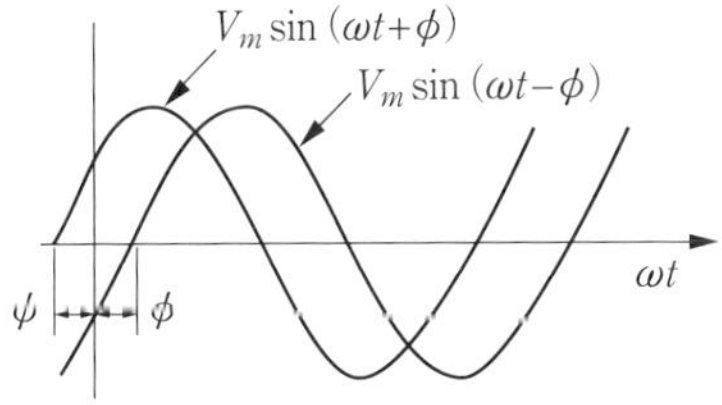

図 *1.32* 初期位相を持つ正弦波交流

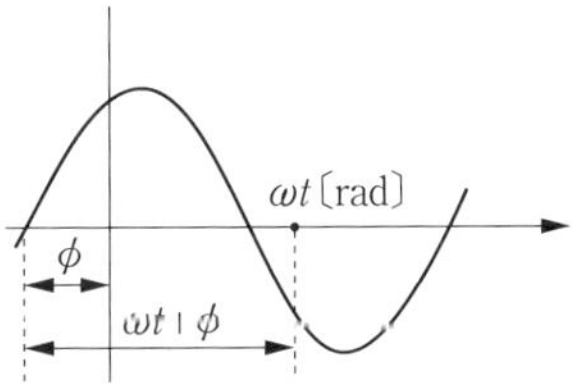

図 *1.33* 位相の説明

〔*3*〕 位　相　差　いま，つぎの二つの電圧を考えよう。

$$v_1(t) = V_{m1}\sin(\omega t - \phi_1), \qquad v_2(t) = V_{m2}\sin(\omega t + \phi_2) \tag{1.67}$$

これらの波形を**図 *1.34*** に示す。二つの電圧の**位相差**（phase difference）は，v_2 を基準に考えると

$$(\omega t + \phi_2) - (\omega t - \phi_1) = \phi_2 + \phi_1 \tag{1.68}$$

となる。

このとき

◦ v_2 は v_1 より $\phi_2 + \phi_1$ だけ**位相が進んでいる**

◦ v_1 は v_2 より $\phi_2 + \phi_1$ だけ**位相が遅れている**

という。

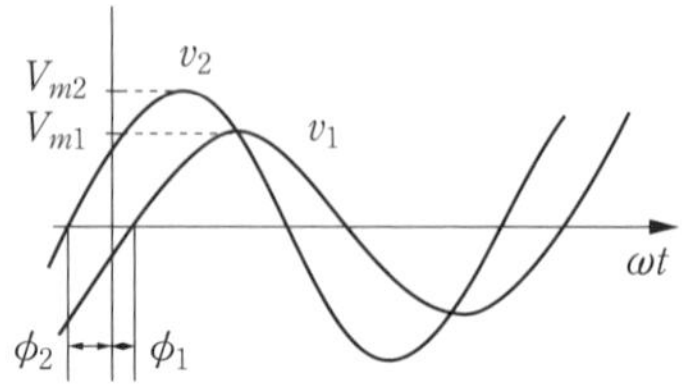

図 1.34　二つの波形の位相差

1.5.3　最大値と実効値

われわれは，家庭用の正弦波交流電圧の大きさは 100 V であることを知っている。ここで，この 100 V の意味を考えてみよう。はじめに**図 1.35**(*a*)に示す電圧が V の電池と抵抗 R から成る直流回路を考える。すでに学んだよう

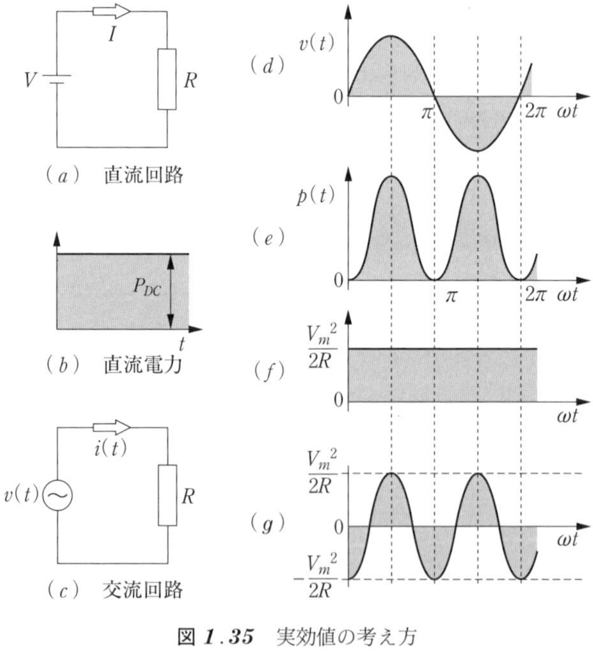

図 1.35　実効値の考え方

に，この回路には $I = V/R$ の電流が流れ，抵抗 R は熱を発生する。発生する熱は，抵抗 R で消費する電力 P_{DC} に比例する。

$$P_{DC} = RI^2 = \frac{V^2}{R} \tag{1.69}$$

この電力は図(b)に示すように，時間に関して一定である。

つぎに，図(c)に示すように，同じ抵抗 R に電圧が

$$v(t) = V_m \sin \omega t$$

の正弦波交流電圧（図(d)）を加えた場合を考える。この場合も，交流電流 $i(t)$ が流れ，抵抗 R では熱が発生する。図(c)における抵抗 R での電力の瞬時値 $p(t)$ は

$$p(t) = Ri^2 = \frac{v^2}{R} \tag{1.70}$$

となる。この変化を図(e)に示す。いま

$$p(t) = \frac{{V_m}^2}{R} \sin^2 \omega t \tag{1.71}$$

のとき，瞬時電力の**平均値**（mean value）を考えると，倍角の公式を用いて

$$\sin^2 \omega t = \frac{1}{2}(1 - \cos 2\omega t) \tag{1.72}$$

となるので，式(1.71)は

$$p(t) = \frac{{V_m}^2}{2R}(1 - \cos 2\omega t) \tag{1.73}$$

となる。第1項は図(f)のように定数であり，第2項は図(g)に示すような正弦波となる。明らかに第2項の平均は零となるので，式(1.73)の平均値は第1項のみとなり

$$P_{AC} = \frac{{V_m}^2}{2R} \tag{1.74}$$

となる。

ここで，図(a)の直流回路で発生する熱と，図(c)の交流回路で発生する熱がまったく同じになるときを考えると，それは $P_{DC} = P_{AC}$ すなわち

$$V = \frac{V_m}{\sqrt{2}} \tag{1.75}$$

のときである。式(1.75)は，直流回路に V の電圧を加えたとき発生する熱と同じ熱を交流回路で発生させるには，最大値が $V_m = \sqrt{2}\,V$ の正弦波交流電圧を加えればよいことを意味する。交流の場合，式(1.75)の V を**実効値**(effective value, root-mean-square (**r.m.s.**) value) と呼ぶ。すなわち，実効値とは，直流の場合とまったく同じ熱を発生する値をいう。家庭用電源の電圧が 100 V といっているのは，この実効値のことである。したがって，家庭用電源の電圧の最大値は $100\sqrt{2} = 141.4$ V となっている。実効値 V を用いた電圧の瞬時値 $v(t)$ は

$$v(t) = \sqrt{2}\,V \sin \omega t \tag{1.76}$$

となる。実効値は**交流電圧の大きさ**ともいう。

本書は微分や積分を使わなくても理解できるように説明しているが，すでにそれらを学んでいる人にも有益なように平均値，実効値について補足説明する。

まず，平均値 V_a は，**図 1.36**(a)の破線で示すように，関数 $v(t)$ の平均の高さに相当するものである。したがって

$$V_a = \frac{1}{T}\int_0^T v(t)dt \tag{1.77}$$

となる。

$v(t)$ が正弦波交流の場合には，図(b)に示すように，上下対称であるので，式(1.77)の定義ではつねに零となってしまう。したがって，このような場合

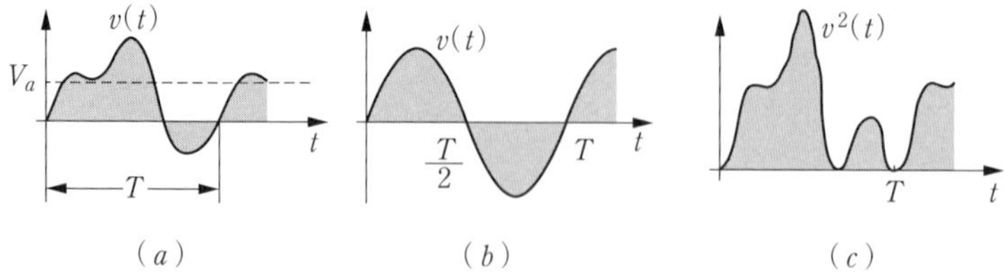

図 1.36　任意の周期関数の平均値と実効値

は，式(1.78)のように半周期で平均値を定義する。

$$V_a = \frac{2}{T}\int_0^{T/2} v(t)dt \tag{1.78}$$

つぎに，実効値は「瞬時値の2乗の平均の平方根」として定義される。図(a)の波形を2乗した波形を図(c)に示す。実効値はこの波形の平均値を求め，その平方根から式(1.79)のように得られる。

$$V_e = \sqrt{\frac{1}{T}\int_0^{T} v^2(t)dt} \tag{1.79}$$

例題 1.3　**図 1.36**(b)の正弦波交流が $v(t) = V_m \sin \omega t$ で与えられているとき，平均値，実効値を定義に従って計算せよ。

【解答】　平均値 V_a は式(1.78)より求める。1周期は $T = 2\pi/\omega$ であるので

$$V_a = \frac{\omega}{\pi}\int_0^{\pi/\omega} V_m \sin \omega t\ dt = \frac{\omega V_m}{\pi}\left[-\frac{1}{\omega}\cos \omega t\right]_0^{\pi/\omega}$$

$$= -\frac{V_m}{\pi}\left[\cos \omega t\right]_0^{\pi/\omega} = -\frac{V_m}{\pi}(-1-1) = \frac{2}{\pi}V_m$$

実効値 V_e は，式(1.79)より

$$V_e^2 = \frac{\omega}{2\pi}\int_0^{2\pi/\omega} V_m^2 \sin^2 \omega t\ dt = \frac{\omega V_m^2}{4\pi}\int_0^{2\pi/\omega}(1-\cos 2\omega t)dt$$

$$= \frac{\omega V_m^2}{4\pi}\left[t - \frac{1}{2\omega}\sin 2\omega t\right]_0^{2\pi/\omega} = \frac{\omega V_m^2}{4\pi}\left(\left[t\right]_0^{2\pi/\omega} - \frac{1}{2\omega}\left[\sin 2\omega t\right]_0^{2\pi/\omega}\right)$$

$$= \frac{\omega V_m^2}{4\pi}\cdot\frac{2\pi}{\omega} = \frac{V_m^2}{2}$$

よって

$$V_e = \sqrt{\frac{V_m^2}{2}} = \frac{V_m}{\sqrt{2}}$$

となり，式(1.75)と一致する。　◇

1.6　正弦波交流の発生

交流を発生させる代表的な装置は発電機や発振器である。ここでは発電機による正弦波交流電圧の発生について調べる。「電気基礎」で学んだように，図

1.37(a)に示す長さ l〔m〕の導線が速度 v〔m/s〕で磁束密度 B〔T〕の磁界と θ の角をなして移動している場合，導線には式(1.80)の起電力 e〔V〕が発生する。

$$e = vBl\sin\theta \tag{1.80}$$

この関係の憶え方として，図(b)に示すように，v，B，e をそれぞれ右手の親指，人差し指，中指（3指をたがいに直角に開く）に対応させる方法がある。これを**フレミングの右手の法則**（Fleming's right-hand rule）という。あるいは，v の向きから B の向きに向かって右ねじを回転させたとき，ねじの進む方向が e の向きとなる。

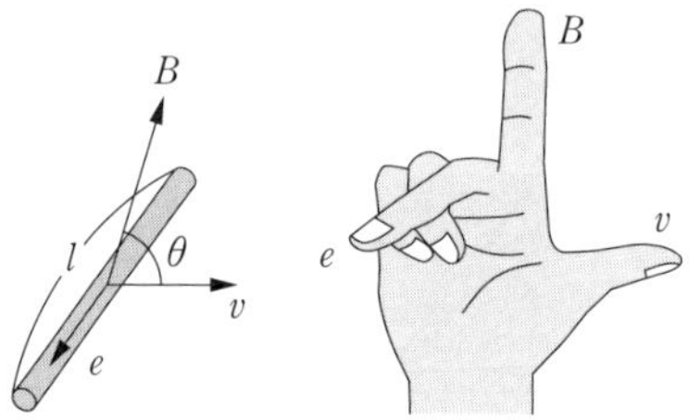

(a)　　(b)

図 1.37　磁束密度 B，速度 v，起電力 e とフレミングの右手の法則

図 1.38(a)は，交流発電機の原理を示すもので，磁極 S，N 間に置かれた辺の長さが l，$2r$ の長方形コイルを示したものである。

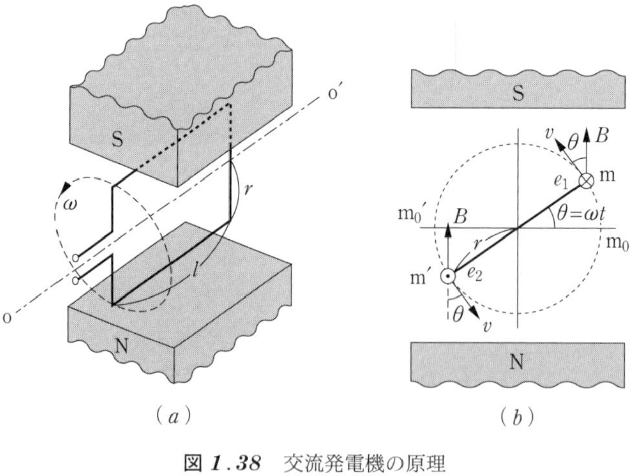

(a)　　(b)

図 1.38　交流発電機の原理

コイルは軸 oo′を中心に，1 s 当り n 回転しているとする。また，磁極間の磁界は一様であるとする。このとき，コイルに発生する起電力を求める。いま，図(b)に示すように，$t=0$ で m_0m_0' にあったコイルが t〔s〕後に mm′ の位置になったとすると，右上の導線には

$$e_1 = vBl\sin\theta \tag{1.81}$$

の起電力が発生する。その向きは，紙面の表から裏向きである。同様に，左下の導線には

$$e_2 = vBl\sin(\pi-\theta) = vBl\sin\theta \tag{1.82}$$

の起電力が，紙面の裏から表向きに発生する。したがって，コイル全体としては，e_1 と e_2 は直列に同じ向きであるので，式(1.83)の起電力が発生する。

$$e = e_1 + e_2 = 2vBl\sin\theta \tag{1.83}$$

コイルは 1 s 間に n 回転しているので，角周波数は

$$\omega = 2\pi n \tag{1.84}$$

となり，$\theta=\omega t$ であるので，式(1.83)は式(1.85)となる。

$$e = 2vBl\sin(2\pi nt) \tag{1.85}$$

また，導線の線速度 v と ω の関係は，コイルの半径は r であるので

$$v = \omega r = 2\pi nr \tag{1.86}$$

である。こうして，発生する起電力 e は

$$e = 4\pi nrBl\sin(2\pi nt) \tag{1.87}$$

となる。これを式(1.65)で示した交流電圧と比較すると

$$V_m = 4\pi nrBl, \qquad f = n \tag{1.88}$$

となり，発電機で発生する交流の周波数は回転数 n で決まり，電圧の大きさを変えるには B，すなわち磁界の大きさを変えればよいことがわかる。

実際の発電機では，一般にコイルを固定し，磁極を回転させる方法をとっている。これは，高い電圧を発生するコイルを回転させるより，磁極を回転させたほうが，絶縁が容易であることによる。

1.7 基本回路素子における正弦波交流電圧と電流の関係

ここでは，R，L，C の各素子を正弦波交流電源に接続した場合に流れる電流の大きさや電圧との位相差について学ぶ。

1.7.1 抵抗における関係

1.2.1 項で述べたように，図 **1.39**(a)に示す抵抗 R に電圧 $v(t)$ を加えたときの電流 $i(t)$ との関係は $v(t) = Ri(t)$ となる。

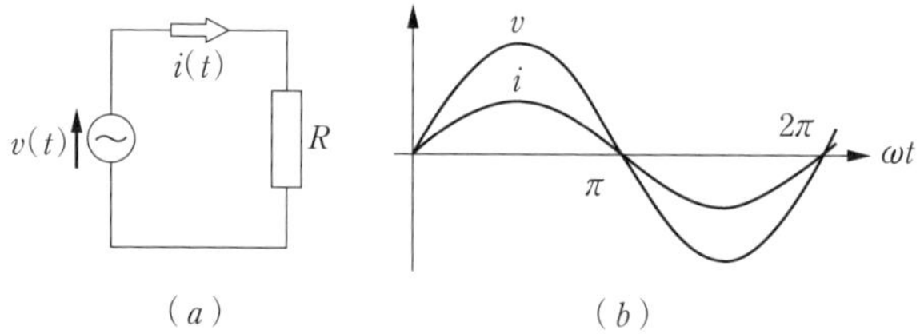

図 **1.39**　抵抗における電圧と電流の関係

正弦波交流の場合，電圧 $v(t)$ を

$$v(t) = V_m \sin \omega t = \sqrt{2}\, V \sin \omega t \tag{1.89}$$

とすると，電流 $i(t)$ は

$$i(t) = I_m \sin \omega t = \sqrt{2}\, I \sin \omega t \tag{1.90}$$

の形になるので，電圧 $v(t)$ と電流 $i(t)$ の位相の関係は同相となる（図(b)参照)。また，最大値 V_m，I_m および実効値 V，I の関係は式(1.91)となる。

$$\frac{V_m}{I_m} = \frac{V}{I} = R \tag{1.91}$$

1.7.2 コイルにおける関係

図 1.40 に示すインダクタンスが L のコイルにおける電圧と電流の関係は式(1.92)で与えられる（式(1.8)参照)。

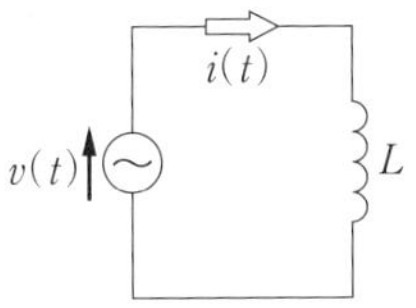

図 **1.40**　コイルの回路

$$v(t) = L\frac{\Delta i(t)}{\Delta t} \tag{1.92}$$

正弦波交流の場合，電圧と電流がどのような関係になるか，式(1.92)をもとに考えてみる。いま，コイルには式(1.93)の正弦波交流電流 $i(t)$ が流れているとする。

$$i(t) = I_m \sin \omega t \tag{1.93}$$

このとき，$v(t)$ がどうなるか調べるため，まず式(1.92)の分母，分子それぞれに ω を掛け

$$v(t) = \omega L\frac{\Delta i}{\omega \Delta t} = \omega L\frac{\Delta i}{\Delta \omega t} = \omega L I_m \frac{\Delta(\sin \omega t)}{\Delta \omega t} \tag{1.94}$$

と変形する（$\omega \Delta t \to \Delta \omega t$）。ここで

$$i' = \sin \omega t \tag{1.95}$$

とおくと，式(1.94)は式(1.96)となる。

$$v(t) = \omega L I_m \frac{\Delta i'}{\Delta \omega t} \tag{1.96}$$

例題 1.4　式(1.96)において，$\omega t = 0 \sim 2\pi$ を 20 等分し，それぞれの点で，$\Delta i'/\Delta \omega t$ の値を計算し，i' と $\Delta i'/\Delta \omega t$ をそれぞれグラフに描け。

【解答】　20 等分であるので，$\Delta \omega t = \pi/10$ である。まず，**表 1.1** を作成し，それらの値をもとに**図 1.41** のようにプロットしてグラフを描く。

表 1.1

n	ωt	$i' = \sin \omega t$	$i'_n - i'_{n-1}$	$\frac{\Delta i'}{\Delta \omega t} = \frac{i'_n - i'_{n-1}}{\Delta \omega t}$
0	0	0		
1	$\Delta \omega t \times 1$			
2	$\Delta \omega t \times 2$			
…	………			
n	$\Delta \omega t \times n$			
…	………			
20	$\Delta \omega t \times 20 = 2\pi$	0		

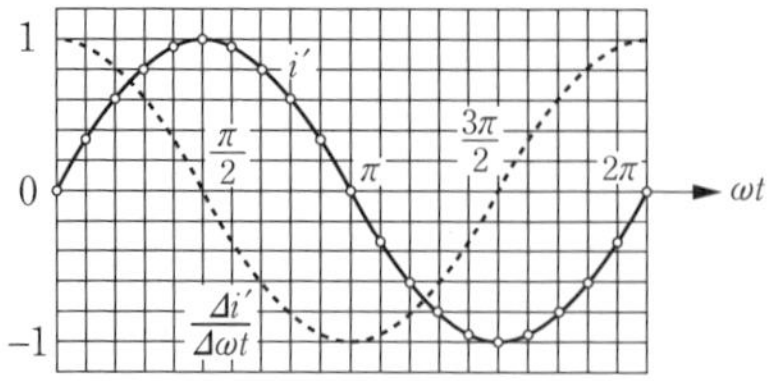

図 1.41 i' と $\Delta i' / \Delta\omega t$ の変化

◇

図 1.41 からわかるように，$i' = \sin\omega t$ のとき，$\Delta i'/\Delta\omega t$ は $\cos\omega t$ となる†。すなわち，式(1.93)の電流 $i(t) = I_m \sin\omega t$ がコイルに流れているとき，コイルの電圧 $v(t)$ は，式(1.96)より

$$v(t) = \omega L I_m \cos\omega t \tag{1.97}$$

となる。いま $V_m = \omega L I_m$ とおくと，式(1.97)は

$$v(t) = V_m \cos\omega t = V_m \sin\left(\omega t + \frac{\pi}{2}\right) \tag{1.98}$$

となる。このことをまとめるとつぎのようになる。

図 1.40 のコイルにおける電圧と電流の関係は

◦ $v(t)$ は $i(t)$ より $\pi/2$〔rad〕位相が進んでいる。あるいは，$i(t)$ は $v(t)$ より $\pi/2$〔rad〕位相が遅れている（**図 1.42**(*a*)参照）。

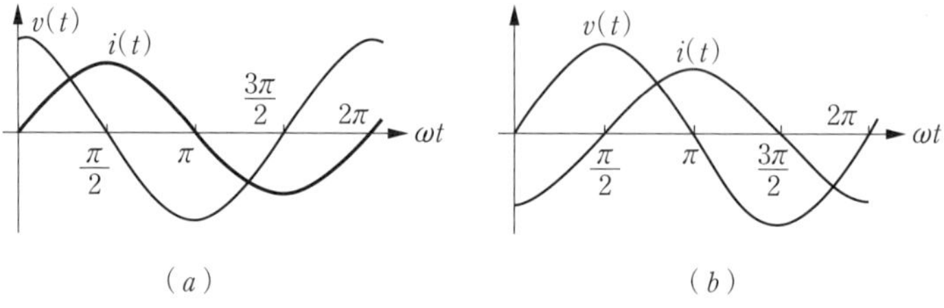

(*a*)　　(*b*)

図 1.42 コイルにおける電圧と電流の関係

◦電圧，電流の最大値 V_m，I_m および実効値 V，I の関係は

$$\frac{V_m}{I_m} = \frac{V}{I} = \omega L \tag{1.99}$$

となる。式(1.99)の ωL を $X_L = \omega L$ とおき，これを**誘導性リアクタンス**

† 厳密には，20 等分で描いた場合には $\Delta i'/\Delta\omega t$ の曲線は $\cos\omega t$ と一致しないが，等分数を増やしていくとほぼ一致する。

(inductive reactance) と呼ぶ。その単位はオーム〔Ω〕である。この関係はコイルに流れる電流を与えて電圧を導いたが，電圧 $v(t)$ が $v(t) = V_m \sin \omega t$ であるとしたら，電流 $i(t)$ は

$$i(t) = I_m \sin\left(\omega t - \frac{\pi}{2}\right), \qquad I_m = \frac{V_m}{\omega L} \tag{1.100}$$

となることでもある（図 **1.42**(*b*)参照）。

微分・積分を学んでいる場合はそれぞれ

$$\begin{aligned} v(t) &= L\frac{di(t)}{dt} = I_m L \frac{d}{dt}\sin \omega t = \omega L I_m \cos \omega t \\ &= V_m \sin\left(\omega t + \frac{\pi}{2}\right) \end{aligned} \tag{1.101}$$

$$\begin{aligned} i(t) &= \frac{1}{L}\int v(t)dt = \frac{V_m}{L}\int \sin \omega t \, dt = -\frac{V_m}{\omega L}\cos \omega t \\ &= I_m \sin\left(\omega t - \frac{\pi}{2}\right) \end{aligned} \tag{1.102}$$

となり，式(1.98)，式(1.100)がただちに得られる。

1.7.3 コンデンサにおける関係

図 **1.43**(*a*)の回路において，コンデンサにおける電圧と電流の関係は式(1.103)で与えられる（式(1.15)参照）。

$$i(t) = C\frac{\Delta v(t)}{\Delta t} \tag{1.103}$$

いま，$v(t)$ が

$$v(t) = V_m \sin \omega t \tag{1.104}$$

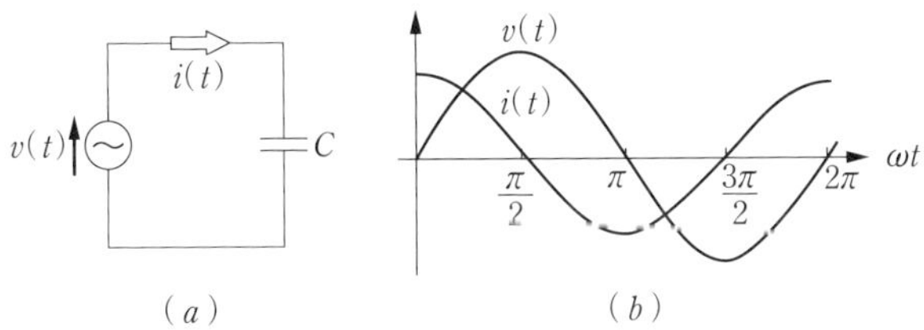

図 **1.43** コンデンサにおける電圧と電流の関係

の正弦波交流の場合，どのような電流が流れるか調べる。式(1.103)の分母，分子それぞれに ω を掛けると式(1.105)となる。

$$i(t) = \omega C \frac{\Delta v(t)}{\Delta \omega t} = \omega C V_m \frac{\Delta(\sin \omega t)}{\Delta \omega t} \tag{1.105}$$

コイルのときに述べたように，$\Delta(\sin \omega t)/\Delta \omega t$ は $\cos \omega t$ であるので

$$i(t) = \omega C V_m \cos \omega t = \omega C V_m \sin\left(\omega t + \frac{\pi}{2}\right) \tag{1.106}$$

となる。このことをまとめるとつぎのようになる。

図 1.43 のコンデンサにおける電圧と電流の関係は

◦ $i(t)$ は $v(t)$ より $\pi/2$〔rad〕位相が進んでいる（**図 1.43**(*b*)参照）。あるいは，$v(t)$ は $i(t)$ より $\pi/2$〔rad〕位相が遅れている。

◦ 電圧，電流の最大値 V_m，I_m および実効値 V，I の関係は式(1.107)のように表される。

$$\frac{V_m}{I_m} = \frac{V}{I} = \frac{1}{\omega C} \tag{1.107}$$

式(1.107)の $1/\omega C$ を

$$X_C = \frac{1}{\omega C} \tag{1.108}$$

とおき，これを**容量性リアクタンス**（capacitive reactance）と呼ぶ。その単位はオーム〔Ω〕である。

コイルの場合と同様，微分・積分を学んでいる場合は次式となる。

$$i(t) = C\frac{dv(t)}{dt} = V_m C \frac{d}{dt}\sin \omega t = \omega C V_m \cos \omega t$$

$$= I_m \sin\left(\omega t + \frac{\pi}{2}\right) \tag{1.109}$$

$$v(t) = \frac{1}{C}\int i(t)dt = \frac{I_m}{C}\int \sin \omega t \, dt = -\frac{I_m}{\omega C}\cos \omega t$$

$$= V_m \sin\left(\omega t - \frac{\pi}{2}\right) \tag{1.110}$$

演 習 問 題

【1】 巻数が500回のコイルに20 Aの電流を流したとき，コイルには0.1 mWbの磁束が通った。このコイルのインダクタンスはいくらか。

【2】 静電容量が2μFのコンデンサに30 Vの電圧を加えたとき，導体板にはいくらの電荷が蓄えられるか。

【3】 コイルに電流を流し，0.01 s間に0.1 Aから0.12 Aに変化させたとき，コイルの両端には2 mVの電圧が発生した。コイルのインダクタンスを求めよ。

【4】 静電容量が10μFのコンデンサに電圧を加え，その値を0.5 s間に100 Vから110 Vに変化させると，コンデンサにはいくらの電流が流れるか。

【5】 **問図 *1.1*** の回路において，① 回路の合成抵抗，② 3 Ω の抵抗に流れる電流 I_1，③ 2 Ω の抵抗の両端の電圧 V_2 をそれぞれ求めよ。

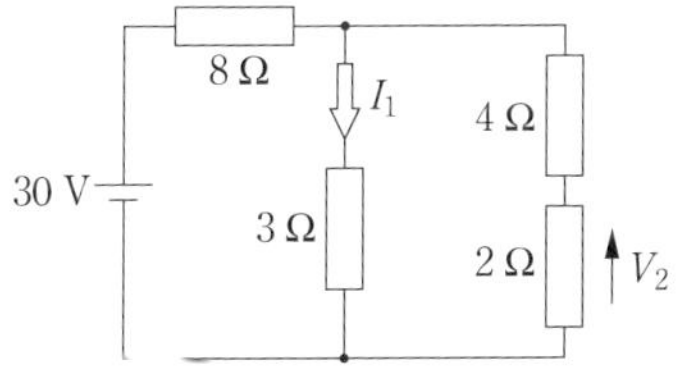

問図 *1.1*

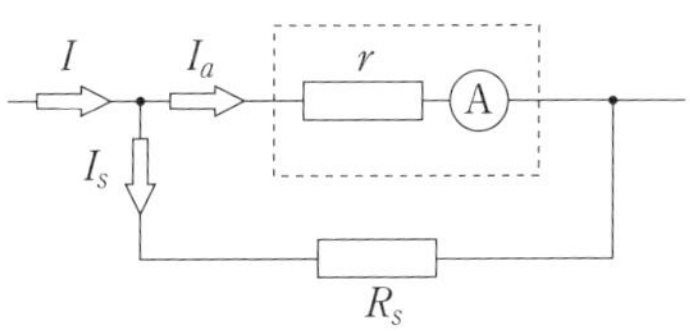

問図 *1.2*

【6】 電流計の測定範囲を拡大するために電流計に並列に接続する抵抗器を**分流器**という。**問図 *1.2*** は内部抵抗が r の直流電流計に並列に分流器 R_S を接続した回路である。測定範囲を n 倍にするには R_S の値をいくらにすればよいか。

【7】 **問図 *1.3***(*a*)の回路を，図(*b*)の等価な電圧源および図(*c*)の電流源に変換せよ。

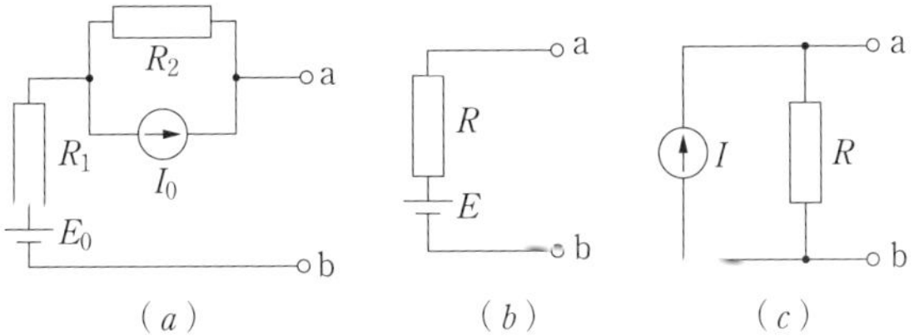

問図 *1.3*

【8】 問図 ***1.4*** の回路において，各枝に流れる電流をキルヒホッフの法則を用いて求めよ。

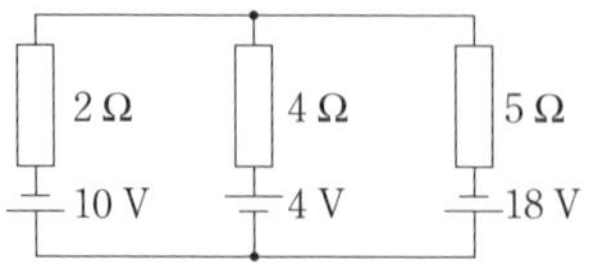

問図 ***1.4***

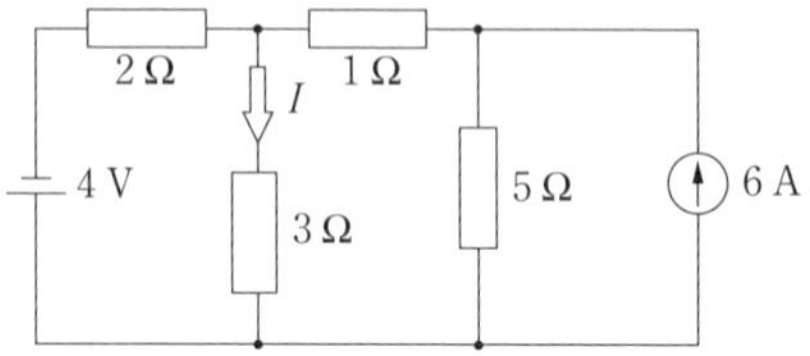

問図 ***1.5***

【9】 問図 ***1.5*** の回路において，3 Ω の抵抗に流れる電流 I を重ね合わせの理を用いて求めよ。

【10】 問図 ***1.6*** の回路において，R で消費する電力が最大になるのは，R がいくらのときか。また，そのときの電力はいくらか。

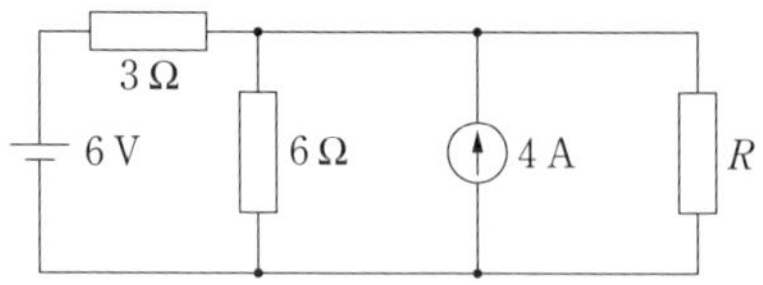

問図 ***1.6***

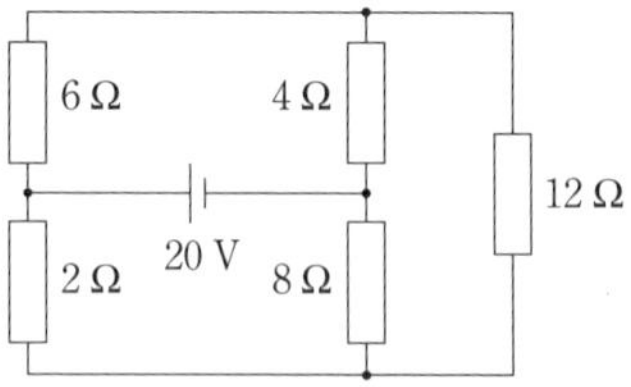

問図 ***1.7***

【11】 問図 ***1.7*** の回路において，12 Ω の抵抗に流れる電流をテブナンの定理を用いて求めよ。

【12】 ① 角 1° は何〔rad〕か。　② 角 1 rad は何度か。
③ 角 18° は何〔rad〕か。　④ 角 $2\pi/3$〔rad〕は何度か。

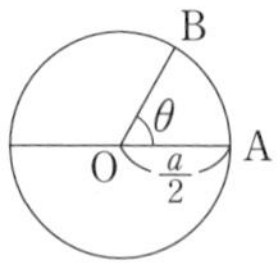

問図 ***1.8***

【13】 問図 ***1.8*** のように直径 a〔m〕の円がある。中心から円弧 $\overset{\frown}{AB}$ を見たときの角が θ〔rad〕であるとき，円弧 $\overset{\frown}{AB}$ の長さはいくらか。

【14】 角周波数 ω が 500π〔rad/s〕のとき，周波数 f はいくらか。

【15】 周期が 10 ms の交流の周波数はいくらか。

【16】 角周波数が 1 000π〔rad/s〕の交流の周期はいくらか。

【17】 問図 ***1.9*** のグラフで示される電圧 $v_1(t)$ および $v_2(t)$ の瞬時値を表す式をそれぞれ書け。

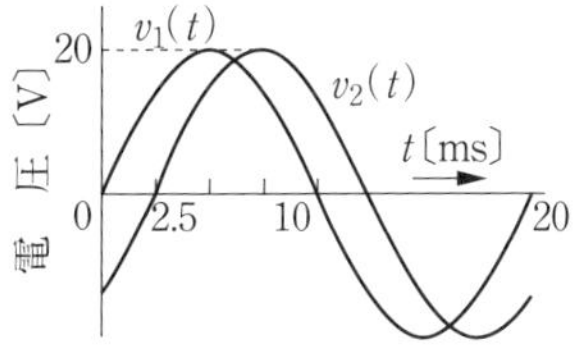

問図 ***1.9***

【18】 正弦波交流電圧 $v(t) = 200\sin(100\pi t - \pi/4)$〔V〕において，$t = 1/300$ s のときの位相はいくらか。

【19】 つぎの二つの電流がある。どちらの電流がどれだけ位相が遅れているか。

$$i_1(t) = I_m \sin\left(\omega t - \frac{\pi}{4}\right), \qquad i_2(t) = I_m \sin\left(\omega t - \frac{\pi}{3}\right)$$

【20】 問図 ***1.10*** は $v(t) = V_m \sin \omega t$ のグラフを示している。つぎの二つの電圧の波形を図に書き加えよ。

$$v_1 = V_m \sin\left(\omega t + \frac{\pi}{4}\right)$$

$$v_2 = \frac{V_m}{2} \sin\left(\frac{1}{2}\omega t\right)$$

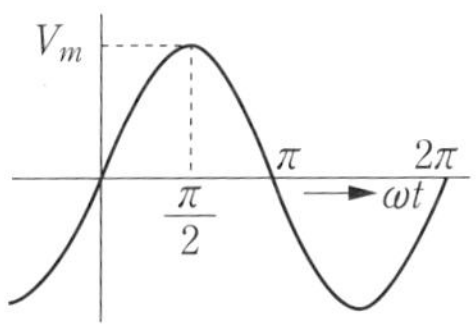

問図 ***1.10***

【21】 実効値が 10 V，周波数が 25 Hz，初期位相が $+\pi/3$〔rad〕の正弦波交流電圧の瞬時値を表す式を書け。

【22】 問図 ***1.11*** のパルス波の平均値 V_a，実効値 V_e をそれぞれ求めよ。ただし，$0 < \alpha < 1$ とする。

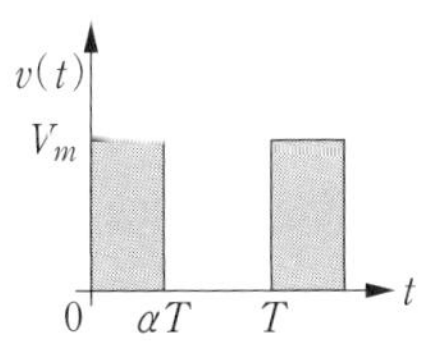

問図 ***1.11***

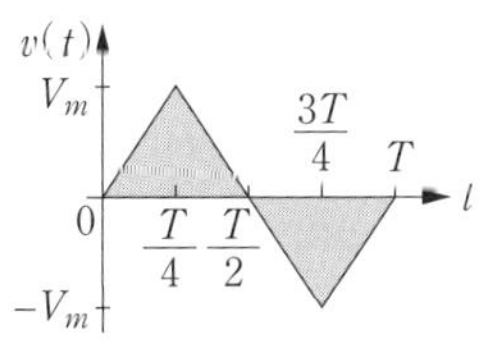

問図 ***1.12***

【23】 問図 ***1.12*** の三角波の実効値を求めよ。

【24】 問図 **1.13** の回路の合成静電容量はいくらか。

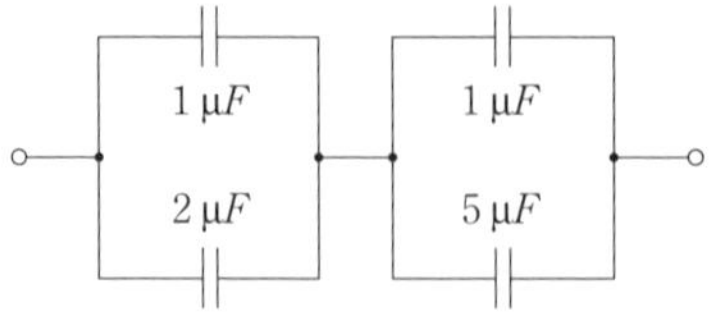

問図 **1.13**

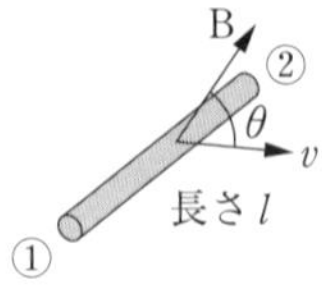

問図 **1.14**

【25】 問図 **1.14** のように，磁束密度 $B = 0.5\,\mathrm{T}$ の磁界中を，磁界と $\theta = \pi/4$〔rad〕の角をなして速度 $v = 3\,\mathrm{m/s}$ で運動する長さ $l = 20\,\mathrm{cm}$ の導線に発生する起電力の大きさと向きを求めよ。向きは①→②あるいは②→①のように答えよ。

【26】 問図 **1.15** に示すように，抵抗 R，コイル L，コンデンサ C に

$$v(t) = 100\sqrt{2}\sin(200t)\ 〔\mathrm{V}〕$$

の電圧をそれぞれ加えた。つぎの各問いに答えよ。ただし，$R = 25\,\Omega$，$L = 0.25\,\mathrm{H}$，$C = 250\,\mu\mathrm{F}$ とする。

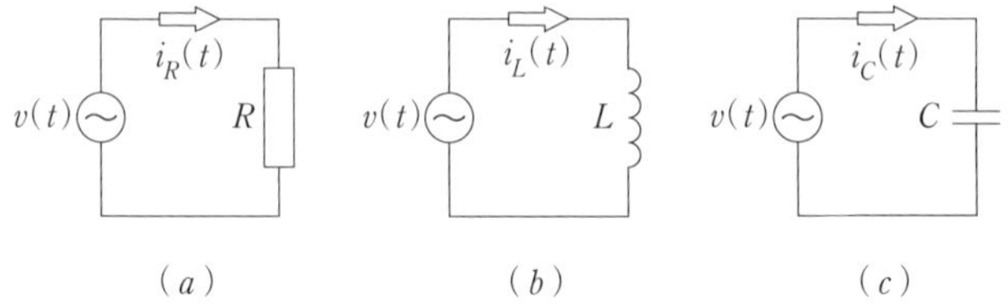

問図 **1.15**

① コイルの誘導性リアクタンスはいくらか。
② コンデンサの容量性リアクタンスはいくらか。
③ 回路の電流の瞬時値 $i_R(t)$，$i_L(t)$，$i_C(t)$ をそれぞれ求めよ。
④ $i_R(t)$，$i_L(t)$，$i_C(t)$ の波形を描け。目盛は各自定めよ。

2

交　流　回　路

1 章で電気回路に用いられる基本回路素子の特性と正弦波交流の基礎を学んだので，本章では一つの正弦波交流電源に複数個の回路素子が，直列あるいは並列に接続された場合の交流回路について学ぶ。それぞれの回路の特性は電流を求めることで明らかになる。ここでは，それをつぎの三つの方法，瞬時値を用いる計算，フェーザを用いる計算，複素数を用いる計算の順に行う。この順序で学ぶと，複素数を用いる回路解析の全体像がよく見えてくる。

2.1　瞬時値を用いる並列回路および直列回路の計算

2.1.1　*RC* 並列回路

図 *2.1* に示すような，抵抗 $R = 20\,\Omega$ と静電容量 C ($X_C = 1/\omega C = 15\,\Omega$) の並列回路に，式(*2.1*)の電圧 $v(t)$ を加えたときの電流を求める。

$$v(t) = 120\sqrt{2}\sin\omega t \quad \text{〔V〕} \tag{2.1}$$

それぞれの素子の電流 i_R，i_C は次式となる。

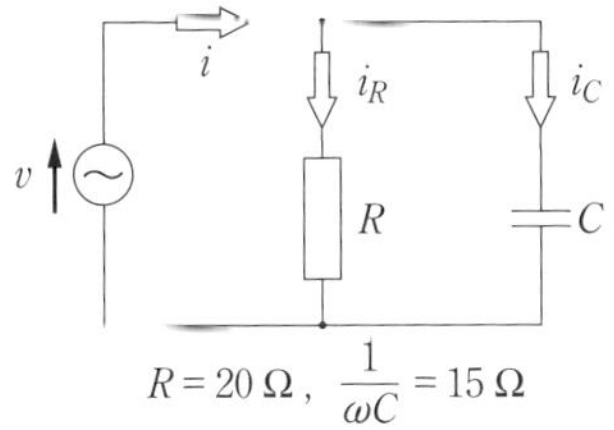

図 *2.1*　*RC* 並列回路

$$i_R = \frac{v}{R} = 6\sqrt{2}\sin\omega t \tag{2.2}$$

$$\begin{aligned} i_C &= \frac{120\sqrt{2}}{X_C}\sin\left(\omega t + \frac{\pi}{2}\right) \\ &= 8\sqrt{2}\sin\left(\omega t + \frac{\pi}{2}\right) \\ &= 8\sqrt{2}\cos\omega t \end{aligned} \tag{2.3}$$

つぎに，全電流 i は

$$i = i_R + i_C = 6\sqrt{2}\sin\omega t + 8\sqrt{2}\cos\omega t \tag{2.4}$$†

となるが，この i を求めるため

$$i = \sqrt{2}I\sin(\omega t + \phi) \tag{2.5}$$

とおき，式 (2.4) と式 (2.5) を比較して I，ϕ を求めることを考える。このようにして未知数を求める方法は**未定係数法**と呼ばれ，三角関数どうしの和は必ず三角関数になることを利用している。

加法定理を利用して，式 (2.5) は

$$i = \sqrt{2}I(\sin\omega t\cos\phi + \cos\omega t\sin\phi) \tag{2.6}$$

となる。式 (2.4) と比較して

$$I\cos\phi = 6, \qquad I\sin\phi = 8 \tag{2.7}$$

であるので，両式を 2 乗して

$$I^2\cos^2\phi = 36, \qquad I^2\sin^2\phi = 64$$

ここで両式を加えると

$$I^2(\cos^2\phi + \sin^2\phi) = I^2 = 100$$

となる。これよりつぎの値を得る。

$$I = \sqrt{100} = 10\ \text{A} \tag{2.8}$$

また，電圧と電流の位相差 ϕ は

$$\frac{I\sin\phi}{I\cos\phi} = \frac{4}{3}, \qquad \tan\phi = \frac{4}{3}, \qquad \phi = \tan^{-1}\frac{4}{3}\,[\text{rad}] = 53.1^\circ$$

となる。よって，求める $i(t)$ は

$$i(t) = 10\sqrt{2}\sin\left(\omega t + \tan^{-1}\frac{4}{3}\right)\ [\text{A}] \tag{2.9}$$

あるいは

$$i(t) = 10\sqrt{2}\sin(\omega t + 53.1^\circ)\ [\text{A}] \tag{2.10}$$

となる。これらの結果を図示すると**図 2.2** のようになる。

式 (2.9) は角をラジアン〔rad〕で表示したものであり，式 (2.10) は度〔°〕で

† 瞬時値は時間の関数であるとして，$i(t)$，$v(t)$ のように書くのが一般的であるが，本章以降では (t) を省略し，単に i，v のように表すこともある。

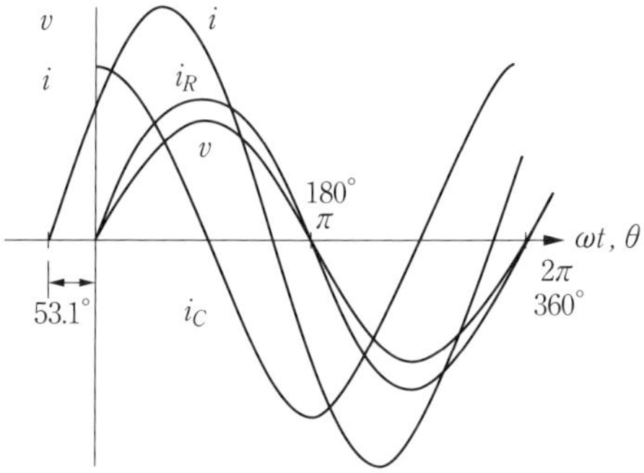

図 2.2　**図 2.1** の回路の電圧，電流

表したものである。今後，適宜便利なほうを用いるとする。

2.1.2　電源電圧が初期位相を持つ場合

上記の解析において，式(2.1)の電源電圧の初期位相は零であった。ここで，電源電圧が初期位相を持つ場合を考える。いま，**図 2.1** の RC 並列回路に初期位相を持ったつぎの電圧 $v(t)$ を加える。

$$v(t) = 120\sqrt{2}\sin\left(\omega t - \frac{\pi}{3}\right) \text{〔V〕} \tag{2.11}$$

前項と同様にして，i_R，i_C，i を求めると

$$i_R = \frac{120\sqrt{2}}{20}\sin\left(\omega t - \frac{\pi}{3}\right) = 6\sqrt{2}\sin\left(\omega t - \frac{\pi}{3}\right) \tag{2.12}$$

$$i_C = \frac{120\sqrt{2}}{15}\sin\left(\omega t - \frac{\pi}{3} + \frac{\pi}{2}\right) = 8\sqrt{2}\sin\left(\omega t + \frac{\pi}{6}\right) \tag{2.13}$$

$$\begin{aligned} i = i_R + i_C &= 6\sqrt{2}\sin\left(\omega t - \frac{\pi}{3}\right) + 8\sqrt{2}\sin\left(\omega t + \frac{\pi}{6}\right) \\ &= (3\sqrt{2} + 4\sqrt{6})\sin\omega t + (4\sqrt{2} - 3\sqrt{6})\cos\omega t \end{aligned} \tag{2.14}$$

一方，式(2.6)との比較により

$$I\cos\phi = 3 + 4\sqrt{3}, \qquad I\sin\phi = 4 - 3\sqrt{3}$$

を得る。これらより

$$I^2 = 9 + 24\sqrt{3} + 48 + 16 - 24\sqrt{3} + 27 = 100, \qquad I = 10\text{ A}$$

$$\tan\phi = \frac{4-3\sqrt{3}}{3+4\sqrt{3}} = -0.121, \qquad \phi = -\tan^{-1} 0.121\,[\mathrm{rad}] = -6.9^\circ$$

よって

$$i(t) = 10\sqrt{2}\sin(\omega t - \tan^{-1} 0.121) = 10\sqrt{2}\sin(\omega t - 6.9^\circ)\ \ [\mathrm{A}] \tag{2.15}$$

となる。v と i の位相差は $\omega t - 60^\circ - (\omega t - 6.9^\circ) = -60^\circ + 6.9^\circ = -53.1^\circ$ となり，v は i より 53.1° 遅れている。逆に，i は v より 53.1° 進んでいる。これらの位相関係を**図 2.3** に示す。

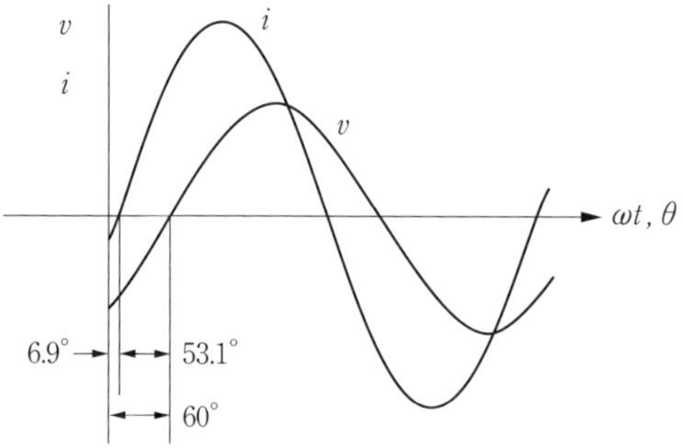

図 2.3　式(2.11)の電圧に対する電流

式(2.1)の電圧を加えたときの電流が式(2.10)であり，式(2.11)の電圧を加えたときの電流が式(2.15)である。一見違っているように見えるが，これらはどちらも i は v より 53.1° 進んでいる結果であり，本質的な違いはない。このことは，電源電圧の初期位相を無視して電流を求め，最後に電流にも電圧の初期位相を考慮すればよいことを意味する。

2.1.3　*RL* 直 列 回 路

図 2.4 に示すように抵抗 R とコイル L が直列に接続された回路を考える。$R = 40\,\Omega$，$\omega L = 30\,\Omega$ とする。この回路に

$$v(t) = 100\sqrt{2}\sin\omega t\ \ [\mathrm{V}] \tag{2.16}$$

の電圧 $v(t)$ を加えたとき，回路に流れる電流を求める。

そこで，求めようとする電流 i を

$$i = \sqrt{2}\, I \sin(\omega t + \phi) \qquad (2.17)$$

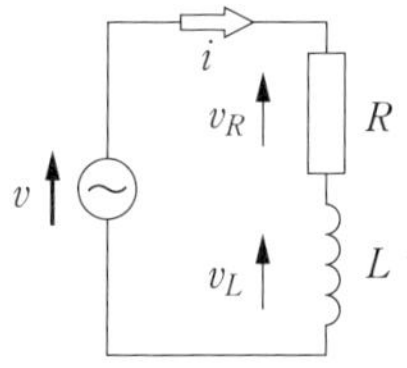

図 2.4　RL 直列回路

と仮定する。I および ϕ をつぎのような手順で求める。まず，式(2.17)の電流が回路に流れているとすると，各素子での電圧 v_R，v_L はつぎのようになる。

$$v_R = 40\sqrt{2}\, I \sin(\omega t + \phi) \qquad (2.18)$$

$$v_L = 30\sqrt{2}\, I \sin\left(\omega t + \phi + \frac{\pi}{2}\right) = 30\sqrt{2}\, I \cos(\omega t + \phi) \qquad (2.19)$$

これらの電圧の和は電源電圧に等しいので

$$v = v_R + v_L \qquad (2.20)$$

より

$$100\sqrt{2} \sin \omega t = 40\sqrt{2}\, I \sin(\omega t + \phi) + 30\sqrt{2}\, I \cos(\omega t + \phi)$$

$$100 \sin \omega t = (40I \cos \phi - 30I \sin \phi) \sin \omega t + (40I \sin \phi + 30I \cos \phi) \cos \omega t \qquad (2.21)$$

が成り立つ。両辺を比較して

$$100 = 40I \cos \phi - 30I \sin \phi$$

$$0 = 40I \sin \phi + 30I \cos \phi$$

なので，両式の両辺を 2 乗してそれぞれ加えると

$$100^2 = (40I)^2(\cos^2 \phi + \sin^2 \phi) + (30I)^2(\sin^2 \phi + \cos^2 \phi) = (50I)^2$$

となる。これより

$$I = 2\ \mathrm{A}$$

を得る。また，第 2 式より

$$\tan \phi = \frac{\sin \phi}{\cos \phi} = -\frac{3}{4}, \qquad \phi = -\tan^{-1} \frac{3}{4}\ \text{〔rad〕} = -36.9^\circ$$

となる。よって求める電流 $i(t)$ は，つぎのようになる。

$$i(t) = 2\sqrt{2} \sin\left(\omega t - \tan^{-1} \frac{3}{4}\right) = 2\sqrt{2} \sin(\omega t - 36.9^\circ) \quad \text{〔A〕} \qquad (2.22)$$

つまり，電流は電圧より 36.9° 位相が遅れる。電圧と電流の位相関係を図

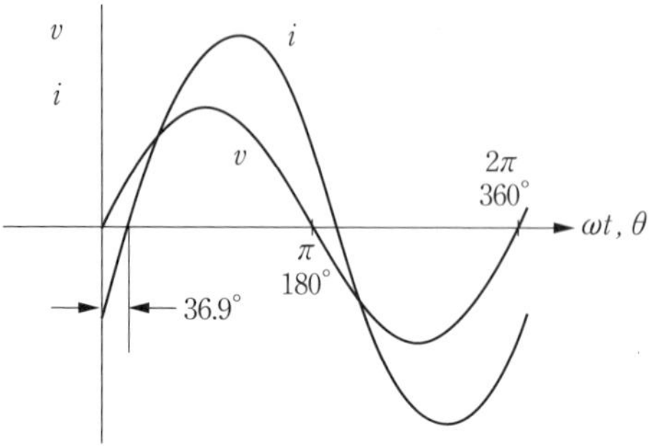

図 2.5　図 2.4 の回路の電圧と電流

2.5 に示す。

例題 2.1　図 **2.6** に示す *RLC* 直列回路において，つぎの電流 $i(t)$ が流れているとする。

$$i(t) = 3\sqrt{2}\sin\omega t \quad 〔\mathrm{A}〕$$

このとき，回路全体の電圧 $v(t)$ を求めよ。

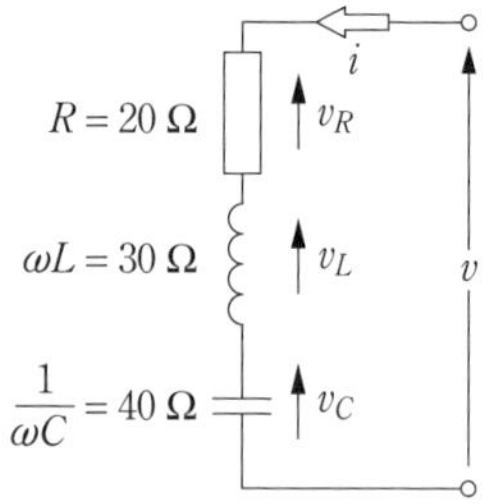

図 **2.6**　*RLC* 直列回路

【解答】　各素子の電圧 v_R，v_L，v_C は

$$v_R = 20 \times 3\sqrt{2}\sin\omega t = 60\sqrt{2}\sin\omega t$$

$$v_L = 30 \times 3\sqrt{2}\sin\left(\omega t + \frac{\pi}{2}\right) = 90\sqrt{2}\cos\omega t$$

$$v_C = 40 \times 3\sqrt{2}\sin\left(\omega t - \frac{\pi}{2}\right) = -120\sqrt{2}\cos\omega t$$

となる。よって，回路全体の電圧 v は

$$v = v_R + v_L + v_C = 60\sqrt{2}\sin\omega t - 30\sqrt{2}\cos\omega t$$

であるので，いま

$$v = \sqrt{2}\,V\sin(\omega t + \phi) = \sqrt{2}\,V(\sin\omega t\cos\phi + \sin\phi\cos\omega t)$$

とおき，上の結果と比較して

$$V\cos\phi = 60, \qquad V\sin\phi = -30$$

を得る。これより

$$V^2 = 3\,600 + 900 = 4\,500, \qquad V = 30\sqrt{5} \quad 〔\mathrm{V}〕$$

$$\tan\phi = -\frac{1}{2}, \qquad \phi = -\tan^{-1}\frac{1}{2}\,\text{[rad]} = -26.6°$$

であるので，電圧 $v(t)$ は次式となる。

$$v(t) = 30\sqrt{10}\sin\left(\omega t - \tan^{-1}\frac{1}{2}\right) = 30\sqrt{10}\sin(\omega t - 26.6°)\ \text{[V]}$$ ◇

2.2 インピーダンスとアドミタンス

ここでは，前節と同じく直列回路や並列回路を扱うが，回路素子や電流などを文字のまま計算して諸量を求める。また，インピーダンスやアドミタンスについて理解する。

2.2.1 *RLC* 直列回路のインピーダンス

図 2.7 に示す R，L，C が直列に接続された回路において，つぎの電圧 $v(t)$ を加える。

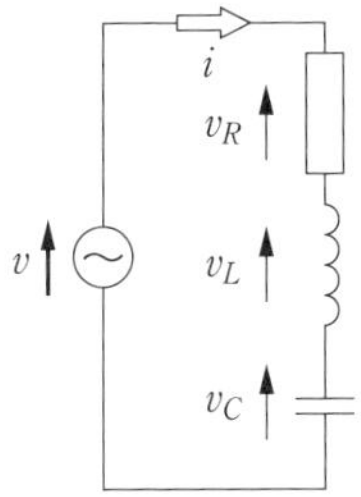

図 2.7　*RLC* 直列回路

$$v(t) = \sqrt{2}\,V\sin\omega t \tag{2.23}$$

電流を求めるため，これまでと同様に

$$i = \sqrt{2}\,I\sin(\omega t + \phi) \tag{2.24}$$

とおくと，各素子での電圧は

$$v_R = \sqrt{2}\,RI\sin(\omega t + \phi) \tag{2.25}$$

$$v_L = \sqrt{2}\,\omega LI\sin\left(\omega t + \phi + \frac{\pi}{2}\right)$$
$$= \sqrt{2}\,\omega LI\cos(\omega t + \phi) \tag{2.26}$$

$$v_C = \sqrt{2}\frac{1}{\omega C}I\sin\left(\omega t + \phi - \frac{\pi}{2}\right) = -\sqrt{2}\frac{1}{\omega C}I\cos(\omega t + \phi) \tag{2.27}$$

となる。また，$v = v_R + v_L + v_C$ より

$$V\sin\omega t = RI\sin(\omega t + \phi) + \left(\omega L - \frac{1}{\omega C}\right)I\cos(\omega t + \phi)$$
$$= RI(\sin\omega t\cos\phi + \cos\omega t\sin\phi)$$

$$+\left(\omega L-\frac{1}{\omega C}\right)I(\cos\omega t\cos\phi-\sin\omega t\sin\phi) \tag{2.28}$$

であるので，両辺を比較して

$$V=RI\cos\phi-\left(\omega L-\frac{1}{\omega C}\right)I\sin\phi \tag{2.29}$$

$$0=RI\sin\phi+\left(\omega L-\frac{1}{\omega C}\right)I\cos\phi \tag{2.30}$$

を得る。両式の両辺を 2 乗してそれぞれを加えると

$$V^2=\left\{R^2+\left(\omega L-\frac{1}{\omega C}\right)^2\right\}I^2$$

これより

$$I=\frac{V}{\sqrt{R^2+\left(\omega L-\dfrac{1}{\omega C}\right)^2}} \tag{2.31}$$

となる。また，式(2.30)より

$$\tan\phi=\frac{\sin\phi}{\cos\phi}=-\frac{\omega L-\dfrac{1}{\omega C}}{R},\quad \phi=-\tan^{-1}\frac{\omega L-\dfrac{1}{\omega C}}{R} \tag{2.32}$$

となる。よって，求める電流 $i(t)$ は次式となる。

$$i(t)=\frac{\sqrt{2}\,V}{\sqrt{R^2+\left(\omega L-\dfrac{1}{\omega C}\right)^2}}\sin\left(\omega t-\tan^{-1}\frac{\omega L-\dfrac{1}{\omega C}}{R}\right) \tag{2.33}$$

電流の位相が電圧より遅れるか進むかは，ωL と $1/\omega C$ の大小関係による。すなわち，$\omega L>1/\omega C$ のときは電流は電圧より遅れ，$\omega L<1/\omega C$ のときは電流は電圧より進む。

ここで，電圧 V を電流 I で割った値，すなわち

$$Z=\frac{V}{I} \tag{2.34}$$

は**インピーダンス**（impedance）と呼ばれ，単位は抵抗と同じ**オーム**〔Ω〕である。RLC 直列回路のインピーダンス Z は，式(2.31)より式(2.35)となる。

$$Z = \sqrt{R^2 + \left(\omega L - \frac{1}{\omega C}\right)^2} \tag{2.35}$$

例題 2.2 RL 直列回路において，$R = 6\,\Omega$，$\omega L = 8\,\Omega$ であるとき，$v(t) = 100\sqrt{2}\sin\omega t$〔V〕の電圧を加えた。回路のインピーダンスおよび流れる電流を求めよ。

【解答】 インピーダンスは $Z = \sqrt{6^2 + 8^2} = 10\,\Omega$ であるので，電流の大きさ I は

$$I = \frac{V}{Z} = \frac{100}{10} = 10\text{ A}$$

となる。位相 ϕ は，式(2.32)で $1/\omega C = 0$ とおいて

$$\phi = -\tan^{-1}\frac{\omega L}{R} = -\tan^{-1}\frac{4}{3}\text{〔rad〕} = -53.1^\circ$$

であるので，電流 $i(t)$ はつぎのようになる。

$$i(t) = 10\sqrt{2}\sin\left(\omega t - \tan^{-1}\frac{4}{3}\right) = 10\sqrt{2}\sin(\omega t - 53.1^\circ) \text{〔A〕}$$ ◇

2.2.2 *RLC* 並列回路のアドミタンス

図 2.8 に示す R，L，C が並列に接続された回路において，つぎの電圧 $v(t)$ を加える。

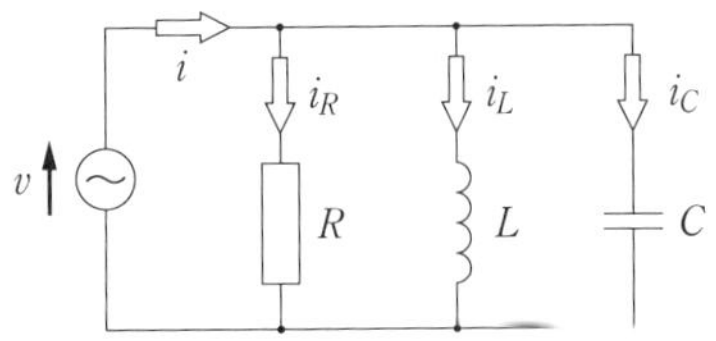

図 2.8 *RLC* 並列回路

$$v(t) = \sqrt{2}\,V\sin\omega t \tag{2.36}$$

このとき，各素子に流れる電流は

$$i_R = \sqrt{2}\frac{V}{R}\sin\omega t \tag{2.37}$$

$$i_L = \sqrt{2}\frac{V}{\omega L}\sin\left(\omega t - \frac{\pi}{2}\right) = -\sqrt{2}\frac{V}{\omega L}\cos\omega t \tag{2.38}$$

$$i_C = \sqrt{2}\,\omega CV\sin\left(\omega t + \frac{\pi}{2}\right) = \sqrt{2}\,\omega CV\cos\omega t \tag{2.39}$$

となる。回路全体の電流 i は

$$i = i_R + i_L + i_C = \sqrt{2}\,V\left\{\frac{1}{R}\sin\omega t + \left(\omega C - \frac{1}{\omega L}\right)\cos\omega t\right\}$$

であり，これを $i=\sqrt{2}\,I\sin(\omega t+\phi)=\sqrt{2}\,I(\sin\omega t\cos\phi+\cos\omega t\sin\phi)$ と比較して

$$\frac{V}{R}=I\cos\phi \tag{2.40}$$

$$V\left(\omega C-\frac{1}{\omega L}\right)=I\sin\phi \tag{2.41}$$

を得る。両式の両辺を2乗して加えると

$$V^2\left\{\frac{1}{R^2}+\left(\omega C-\frac{1}{\omega L}\right)^2\right\}=I^2$$

これより，電流の大きさ I は

$$I=V\sqrt{\frac{1}{R^2}+\left(\omega C-\frac{1}{\omega L}\right)^2} \tag{2.42}$$

となる。位相は，式(2.41)を式(2.40)で割って

$$\tan\phi=R\left(\omega C-\frac{1}{\omega L}\right),\qquad \phi=\tan^{-1}R\left(\omega C-\frac{1}{\omega L}\right) \tag{2.43}$$

となる。これらより電流 $i(t)$ は式(2.44)となる。

$$i(t)=\sqrt{2}\,V\sqrt{\frac{1}{R^2}+\left(\omega C-\frac{1}{\omega L}\right)^2}\sin\left\{\omega t+\tan^{-1}R\left(\omega C-\frac{1}{\omega L}\right)\right\} \tag{2.44}$$

式(2.42)において，電流 I を電圧 V で割った値，すなわち

$$Y=\frac{I}{V}=\sqrt{\frac{1}{R^2}+\left(\omega C-\frac{1}{\omega L}\right)^2} \tag{2.45}$$

は**アドミタンス**（admittance）と呼ばれ，単位は**ジーメンス**〔S〕である。

インピーダンス Z とアドミタンス Y の間にはつぎの関係がある。

$$Y=\frac{1}{Z} \tag{2.46}$$

2.3 直並列回路

これまでは，直列回路，並列回路を扱ってきたが，ここでは図 **2.9** に示す

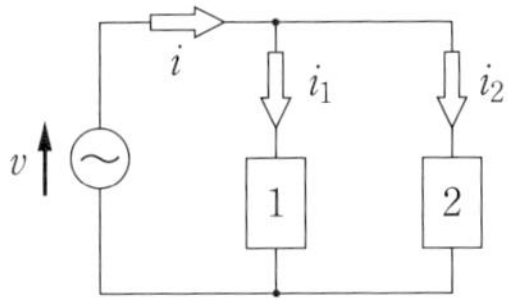

図 2.9 直並列回路

ように，R，L，C が適当に組み合わされている二つの直列回路 1，2 が並列になっているような回路の解析を考える。

この回路に

$$v(t) = \sqrt{2}\, V \sin \omega t \tag{2.47}$$

の電圧 $v(t)$ が加えられ，各素子の電流は求まっていて，それぞれ

$$i_1 = \sqrt{2}\, I_1 \sin(\omega t + \phi_1) \tag{2.48}$$

$$i_2 = \sqrt{2}\, I_2 \sin(\omega t + \phi_2) \tag{2.49}$$

であったとする。これらを用いて，全電流 i は

$$\begin{aligned} i = i_1 + i_2 &= \sqrt{2}\, I_1 \sin(\omega t + \phi_1) + \sqrt{2}\, I_2 \sin(\omega t + \phi_2) \\ &= \sqrt{2}(I_1 \cos \phi_1 + I_2 \cos \phi_2) \sin \omega t \\ &\quad + \sqrt{2}(I_1 \sin \phi_1 + I_2 \sin \phi_2) \cos \omega t \end{aligned} \tag{2.50}$$

となる。これを

$$i = \sqrt{2}\, I \sin(\omega t + \phi) = \sqrt{2}\, I(\sin \omega t \cos \phi + \cos \omega t \sin \phi) \tag{2.51}$$

とおき，式(2.50)と式(2.51)を比較して

$$I \cos \phi = I_1 \cos \phi_1 + I_2 \cos \phi_2 \tag{2.52}$$

$$I \sin \phi = I_1 \sin \phi_1 + I_2 \sin \phi_2 \tag{2.53}$$

両式の両辺を 2 乗してそれぞれ加えると

$$I^2 = (I_1 \cos \phi_1 + I_2 \cos \phi_2)^2 + (I_1 \sin \phi_1 + I_2 \sin \phi_2)^2$$

これより，電流の大きさ I は

$$I = \sqrt{(I_1 \cos \phi_1 + I_2 \cos \phi_2)^2 + (I_1 \sin \phi_1 + I_2 \sin \phi_2)^2} \tag{2.54}$$

となる。また，位相差 ϕ は，式(2.53)を式(2.52)で割って

$$\phi = \tan^{-1} \frac{I_1 \sin \phi_1 + I_2 \sin \phi_2}{I_1 \cos \phi_1 + I_2 \cos \phi_2} \tag{2.55}$$

となる。以上で，I と ϕ が求まったので，電流 $i(t)$ は

$$\begin{aligned} i(t) &= \sqrt{2}\sqrt{(I_1 \cos \phi_1 + I_2 \cos \phi_2)^2 + (I_1 \sin \phi_1 + I_2 \sin \phi_2)^2} \\ &\quad \times \sin\left(\omega t + \tan^{-1} \frac{I_1 \sin \phi_1 + I_2 \sin \phi_2}{I_1 \cos \phi_1 + I_2 \cos \phi_2}\right) \end{aligned} \tag{2.56}$$

となる。

2.4　フェーザを用いる計算

2.4.1　正弦波交流のフェーザ表示とフェーザの合成

前節では，瞬時値（三角関数）を用いる計算法について述べたが，この方法は電圧，電流の表示が実際に存在する正弦波交流を表しているので，物理量を実感できる点はよいが，回路が複雑になると計算が面倒になる。ここでは，電圧，電流の大きさ（実効値）と位相角だけで電流などを計算する方法を学ぶ。

はじめに **1** 章の図 **1.28** を思い出そう。図(a)は一端が固定された大きさ 1 の線分が反時計方向に回転し，図(b)はその線分のもう一方の先端の動きをプロットしたものであった。その結果が $\sin\theta(\theta = \omega t)$ であった。この関係を，**2.1.1** 項の図 **2.1** の RC 並列回路で求めた電圧，電流で考えてみる。結果は

$$v(t) = 120\sqrt{2}\sin\omega t \quad \text{〔V〕} \tag{2.57 a}$$

$$i_R(t) = 6\sqrt{2}\sin\omega t \quad \text{〔A〕} \tag{2.57 b}$$

$$i_C(t) = 8\sqrt{2}\cos\omega t \quad \text{〔A〕} \tag{2.57 c}$$

$$i(t) = 10\sqrt{2}\sin\left(\omega t + \tan^{-1}\frac{4}{3}\right) \quad \text{〔A〕} \tag{2.57 d}$$

であった。これらの電圧，電流の正弦波交流と，それらに関係する線分を示すと図 **2.10** のようになる。図(a)にはある時刻 t における線分が示されている。この図においてつぎのことがわかる。

○ $v(t)$ の最大値 V_m と $i_R(t)$ の最大値 I_{Rm} の線分の向きは同じになっている。このことは $v(t)$ と $i_R(t)$ が同相であることを示している。

○ $i_C(t)$ の最大値 I_{Cm} の線分の向きは V_m の向きより $\pi/2$ だけ反時計方向にある。このことは，$i_C(t)$ が $v(t)$ より $\pi/2$ だけ位相が進んでいることを示している。

○ $i(t)$ の最大値 I_m の線分の大きさは I_{Rm} と I_{Cm} の合成になっている。これは i

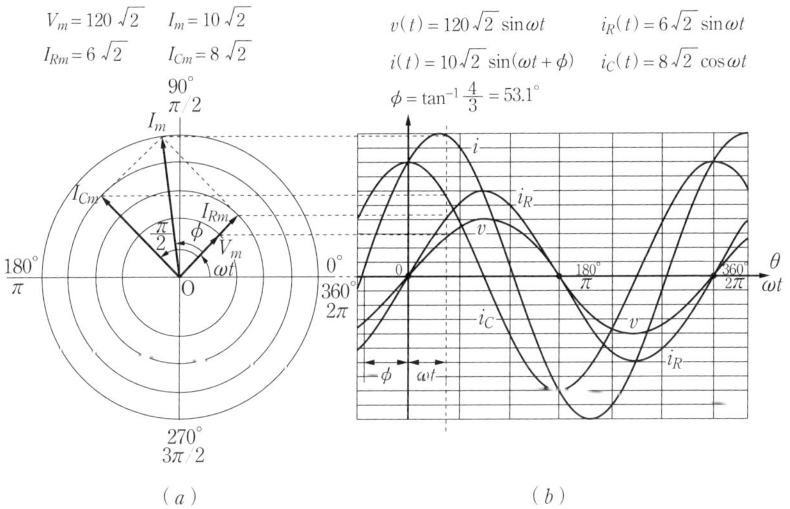

図 **2.10**　フェーザと正弦波交流（図 **2.1** の RC 並列回路の例）

$= i_R + i_C$ に相当している。

○ I_m と V_m のなす角は ϕ で，これは $v(t)$ と $i(t)$ の位相差にほかならない。

このように，正弦波交流の瞬時値の代わりに，これらの線分を用いても回路の電流の大きさと位相差が求められることは容易に理解できよう。なお，電圧と電流の周波数は同じであるので，どの時刻で見ても電圧と電流の最大値を表す線分の位相の相対関係は同じである。

図 **2.10** の線分の長さは最大値であるが，これを実効値で描いたものを図 **2.11** に示す。図は，任意の時刻 t における電圧と電流の大きさと位相の関係を示したものである。

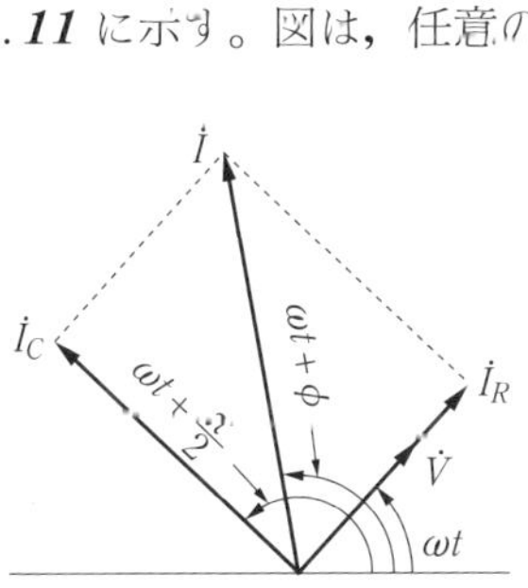

図 **2.11**　電圧と電流のフェーザ図

いま，これらの線分を大きさ（実効値）と位相を用いてつぎのように表す。

$$\dot{V} = V\angle\omega t = 120\angle\omega t \quad \text{〔V〕} \tag{2.58 a}$$

$$\dot{I}_R = I_R\angle\omega t = 6\angle\omega t \quad \text{〔A〕} \tag{2.58 b}$$

$$\dot{I}_C = I_C \angle(\omega t + 90°) = 8\angle(\omega t + 90°) \text{〔A〕} \qquad (2.58\ c)$$

$$\dot{I} = I\angle(\omega t + 53.1°) = 10\angle(\omega t + 53.1°) \text{〔A〕} \qquad (2.58\ d)$$

ここで，$\dot{V}$のように文字の上にドット（・）をつけるのは，この量が**大きさ**(magnitude) と**位相角** (phase angle) を持つことを明確にするためである。式(2.57)の正弦波交流を式(2.58)のように表したものを**フェーザ表示**(phasor expression) という。フェーザ (phasor) という用語は，phase vector を短縮して作られたものである。phase vector は日本語では位相ベクトルであり，電気電子工学の分野では長い間，この**ベクトル**という用語が用いられてきた。しかしながら，空間における位置を示すような大きさと向きを表すベクトルと混同しやすいので，最近ではフェーザという用語が用いられている。

図 2.11 は任意の時刻におけるフェーザ図を表している。しかしながら，フェーザでは大きさと位相差だけを問題にしているので，これを回路解析に応用する場合には，ある量を基準にとったほうが便利である。基準にとる量はどれでもよいが，**図 2.12** に電圧を基準にとった場合のフェーザ図を示す。

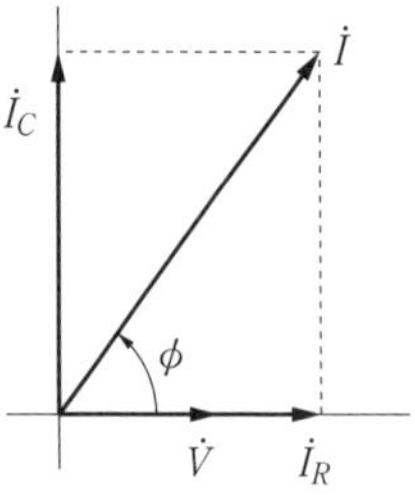

図 2.12　電圧を基準にしたフェーザ図

このとき式(2.58)は式(2.59)のようになる。

$$\dot{V} = V\angle 0 = 120\angle 0 \text{〔V〕} \qquad (2.59\ a)$$

$$\dot{I}_R = I_R\angle 0 = 6\angle 0 \text{〔A〕} \qquad (2.59\ b)$$

$$\dot{I}_C = I_C\angle 90° = 8\angle 90° \text{〔A〕} \qquad (2.59\ c)$$

$$\dot{I} = I\angle 53.1° = 10\angle 53.1° \text{〔A〕} \qquad (2.59\ d)$$

図 2.1 の回路をフェーザで解く手順を説明するとつぎのようになる。まず，**図 2.12** のように，電圧 $\dot{V}$ を基準に考え，抵抗に流れる電流 $\dot{I}_R$ は電圧と同相なので $\dot{V}$ と同じ向きにとる。つぎに，コンデンサに流れる電流を $\dot{I}_C$ とし，電流は電圧より位相が $\pi/2$〔rad〕進むので，$\dot{V}$ より反時計方向に $\pi/2$〔rad〕(90°)ずれた向きに $\dot{I}_C$ のフェーザを書く。全電流のフェーザ $\dot{I}$ は $\dot{I}_R$ と $\dot{I}_C$ のフェーザを合成して求め，その大きさ I は

$$I = \sqrt{I_R{}^2 + I_C{}^2} = \sqrt{36 + 64} = \sqrt{100} = 10 \text{ A} \qquad (2.60\ a)$$

また，電圧と電流の位相差 ϕ は

$$\phi = \tan^{-1}\frac{I_C}{I_R} = \tan^{-1}\frac{4}{3} = 53.1° \qquad (2.60\ b)$$

となる。このように，電流の大きさと位相は簡単に求めることができ，電流 $i(t)$ は式(2.61)となる。

$$i(t) = 10\sqrt{2}\sin\left(\omega t + \tan^{-1}\frac{4}{3}\right) = 10\sqrt{2}\sin(\omega t + 53.1°) \qquad (2.61)$$

2.4.2 フェーザによる *RL* 直列回路の計算

図2.4の *RL* 直列回路を再び取りあげる。**図2.13**(*a*)にその回路を示す。直列回路の場合は電流のフェーザを基準にとったほうが便利である。

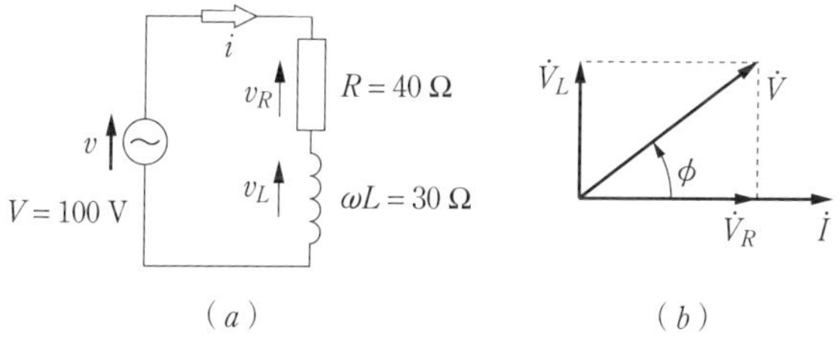

図2.13 フェーザによる *RL* 直列回路の解法

まず，図(*b*)のように，電流のフェーザ $\dot{I}$ を基準に書く。つぎに，抵抗の両端の電圧は電流と同相であるので，$\dot{V}_R$ のフェーザを $\dot{I}$ と同じ向きに書く。また，コイルの両端の電圧は電流より位相が $\pi/2$〔rad〕進んでいるので，そのフェーザ $\dot{V}_L$ を，図のように $\dot{I}$ より反時計方向に $\pi/2$〔rad〕ずらして書く。このとき，$\dot{V}_R$ と $\dot{V}_L$ の合成が $\dot{V}$ になる。各電圧の大きさ V_R，V_L，V の関係は

$$V^2 = V_R{}^2 + V_L{}^2 = \{R^2 + (\omega L)^2\}I^2 \qquad (2.62)$$

となるので，$V_R = RI = 40I$，$V_L = \omega LI = 30I$，$V = 100$ を代入して

$$100^2 = (40^2 + 30^2)I^2 = (50^2)I^2$$

より，つぎの結果を得る。

$$I = 2\ \text{A} \qquad (2.63)$$

電圧と電流の位相差 ϕ は，図(*b*)よりつぎのように得られる。

$$\phi = -\tan^{-1}\frac{V_L}{V_R} = -\tan\frac{3}{4} = -36.9° \tag{2.64}$$

こうして，求める電流 $i(t)$ は

$$i(t) = 2\sqrt{2}\sin\left(\omega t - \tan^{-1}\frac{3}{4}\right) = 2\sqrt{2}\sin(\omega t - 36.9°)\ \text{〔A〕} \tag{2.65}$$

となる。

2.4.3 フェーザによる RLC 並列回路，RLC 直列回路の計算

〔1〕 RLC 並列回路　　図 2.14(a)に回路を示す。

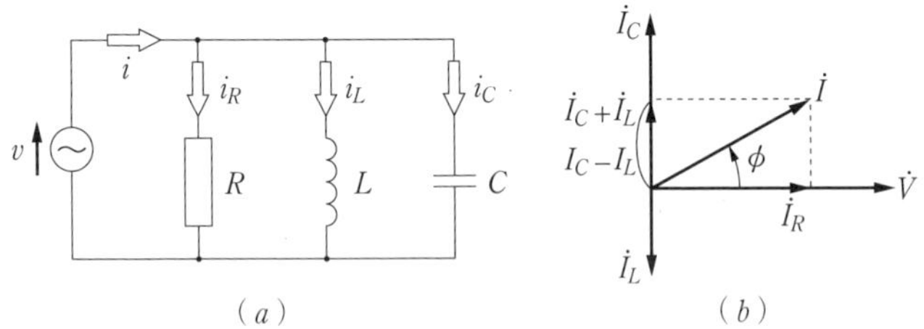

図 2.14　フェーザによる RLC 並列回路の解法

まず，電圧のフェーザを基準にとる。C の影響が L より大きいと仮定して，すなわち $I_C > I_L$ として，位相の進み，遅れを考慮して i_R，i_L，i_C のフェーザ $\dot{I}_R$，$\dot{I}_L$，$\dot{I}_C$ を書くと図(b)のようになる。$\dot{I}_L$ と $\dot{I}_C$ はたがいに反対向きなので，大きさの差は $I_C - I_L$ となる。よって

$$I = \sqrt{I_R{}^2 + (I_C - I_L)^2} = \sqrt{\frac{1}{R^2} + \left(\omega C - \frac{1}{\omega L}\right)^2}\,V \tag{2.66}$$

回路のアドミタンス Y は式(2.66)より

$$Y = \sqrt{\frac{1}{R^2} + \left(\omega C - \frac{1}{\omega L}\right)^2} \tag{2.67}$$

となる。また，図(b)より電圧と電流の位相差 ϕ は

$$\phi = \tan^{-1}\frac{I_C - I_L}{I_R} = \tan^{-1}R\left(\omega C - \frac{1}{\omega L}\right) \tag{2.68}$$

となる。よって，求める電流 $i(t)$ は，式(2.69)となる。

$$i(t) = \sqrt{2}\sqrt{\frac{1}{R^2} + \left(\omega C - \frac{1}{\omega L}\right)^2}\, V \sin\left\{\omega t + \tan^{-1} R\left(\omega C - \frac{1}{\omega L}\right)\right\} \tag{2.69}$$

式(2.68)および(2.69)において，$\omega C > 1/\omega L$ のときは $\phi > 0$ となり，i は v より進む。逆に，$1/\omega L > \omega C$ のときは $\phi < 0$ となり，i は v より遅れる。さらに，$\omega C = 1/\omega L$ のときは $\phi = 0$ となり，i は v と同相となる（このような状態を**並列共振**といい，詳しくは **5** 章で学ぶ)。

〔**2**〕 ***RLC* 直列回路**　図 **2.15**(a)に回路を示す。

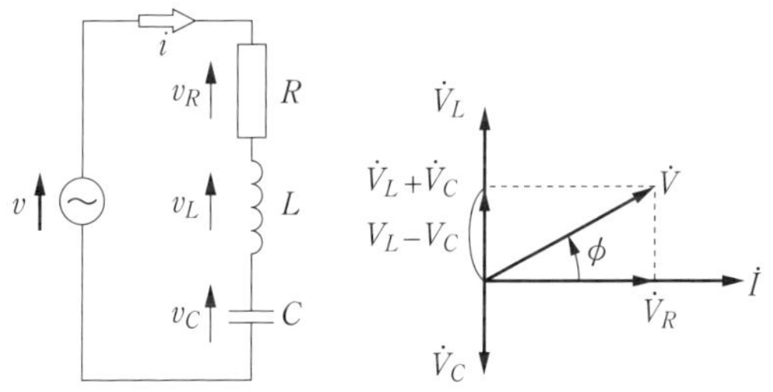

(a)　　　　(b)

図 2.15　フェーザによる *RLC* 直列回路の解法

電流 $\dot{I}$ を基準にとり，抵抗での電圧のフェーザ V_R は電流と同相であること，コイルにおける電圧のフェーザ $\dot{V}_L$ は電流より位相が $\pi/2$〔rad〕進んでいること，コンデンサにおける電圧のフェーザ $\dot{V}_C$ は電流より $\pi/2$〔rad〕遅れていることを考慮して，フェーザは図(b)に示すようになる。図では，L の影響が C の影響より大きいと仮定している。回路全体の電圧 V は，この図で

$$V^2 = V_R{}^2 + (V_L - V_C)^2 = \left\{R^2 + \left(\omega L - \frac{1}{\omega C}\right)^2\right\} I^2 \tag{2.70}$$

であるので，電流 I は

$$I = \frac{V}{\sqrt{R^2 + \left(\omega L - \frac{1}{\omega C}\right)^2}} \tag{2.71}$$

となる。回路のインピーダンス Z は

$$Z = \sqrt{R^2 + \left(\omega L - \frac{1}{\omega C}\right)^2} \tag{2.72}$$

であり，電圧と電流の位相差 ϕ は

$$\phi = -\tan^{-1}\frac{V_L - V_C}{V_R} = -\tan^{-1}\frac{\omega L - \dfrac{1}{\omega C}}{R} \tag{2.73}$$

よって，電流 $i(t)$ は

$$i(t) = \frac{\sqrt{2}\,V}{\sqrt{R^2 + \left(\omega L - \dfrac{1}{\omega C}\right)^2}}\sin\left(\omega t - \tan^{-1}\frac{\omega L - \dfrac{1}{\omega C}}{R}\right) \tag{2.74}$$

$\omega L > 1/\omega C$ のときは $\phi < 0$ となり，i は v より遅れる。逆に，$1/\omega C > \omega L$ のときは $\phi > 0$ となり，i は v より進む。さらに，$\omega L = 1/\omega C$ のときは $\phi = 0$ となり，i は v と同相となる（この状態を**直列共振**といい，詳しくは **5** 章で学ぶ）。

例題 2.3　例題 **2.1** をフェーザを用いて解け。

【**解答**】 図 **2.6** の回路の電圧，電流のフェーザの大きさはそれぞれ，$I = 3$ A，$V_R = RI = 60$ V，$V_L = \omega LI = 90$ V，$V_C = I/\omega C = 120$ V であるので，フェーザ図は右図のようになる。電圧 V は

$$V = \sqrt{V_R{}^2 + (V_C - V_L)^2} = 30\sqrt{5}$$

となる。電圧と電流の位相差 ϕ は

$$\phi = \tan^{-1}\frac{V_C - V_L}{V_R} = \tan^{-1}\frac{1}{2} = 26.6°$$

であるので，求める電圧 $v(t)$ は電流 $i(t)$ より位相が遅れていることを考慮してつぎのようになる。

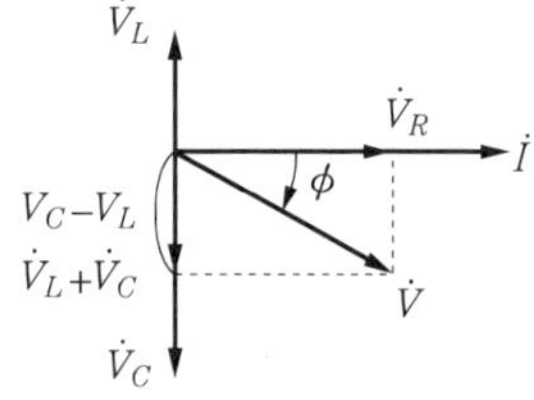

例題 2.3 のフェーザ図

$$v(t) = 30\sqrt{10}\sin\left(\omega t - \tan^{-1}\frac{1}{2}\right) \text{〔V〕}$$

◇

2.4.4　フェーザによる直並列回路の計算

以上の説明より，フェーザを用いると三角関数を用いて計算するより簡単に

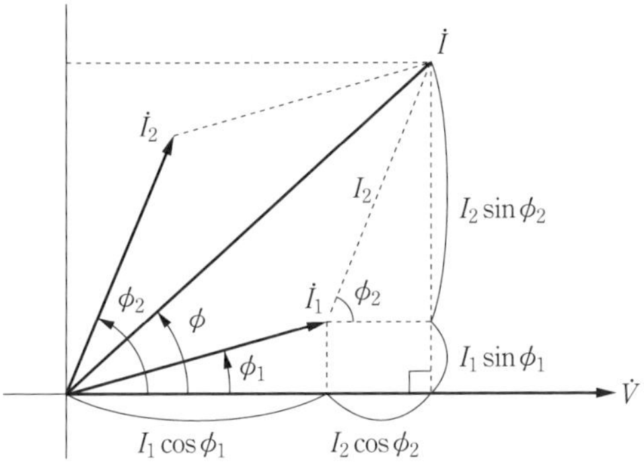

図 2.16　図 **2.9** の回路の電圧，電流のフェーザ図

解が求まることが理解できたと思う。**図 2.9** に示した直並列回路の例を通してそれを確認する。**図 2.16** に，$\dot{V}$ を基準にして，式(2.48)，(2.49)の電流のフェーザ $\dot{I}_1$，$\dot{I}_2$ を示す。

図の関係より次式が得られる。

$$I^2 = (I_1 \cos\phi_1 + I_2 \cos\phi_2)^2 + (I_1 \sin\phi_1 + I_2 \sin\phi_2)^2 \qquad (2.75)$$

$$\tan\phi = \frac{I_1 \sin\phi_1 + I_2 \sin\phi_2}{I_1 \cos\phi_1 + I_2 \cos\phi_2} \qquad (2.76)$$

2.5　複素数を用いる計算

前節までに述べたように，フェーザを用いると瞬時値（三角関数）を用いた計算法より簡単になる。ただし，フェーザによる計算は作図を基本としており，回路が複雑になるとフェーザ図を書くのは非常に煩雑になる。そこで，図 2.16 で見たように，全電流のフェーザの基準軸に平行な成分と垂直な成分は，それぞれの電流のフェーザの基準軸に平行な成分と垂直な成分を加えて得られることに着目する。それは，それぞれの電流のフェーザを複素数として扱い，その和を求めるのと同じことになる。このようにフェーザの計算は複素数の演算になるので，複雑な回路であっても解析が容易になる。

2.5.1　複素数と複素平面（ガウス平面）

人間が「数」の概念を持ち始めたのは，物を数える必要性が生じたからで，最初は1，2，3，…のような自然数が考え出された。その後，分数，小数，負の数，無理数（例えば π や，$x^2 = 3$ の解としての $x = \sqrt{3}$）などの概念が生まれた。その後，$x^2 = -3$ のような方程式に対しても $x = \sqrt{-3}$ のような解が存在すると考えられるようになった。このような数は想像上の数であるので，これを**虚数**（imaginary number）と呼ぶ。これに対して，自然数，分数，小数，負の数，無理数などを**実数**（real number）と呼ぶ。

虚数は，$x = \sqrt{-1} \times \sqrt{3}$ のように表し，$\sqrt{-1} = j$ を**虚数単位**（imaginary unit）と呼ぶ。すなわち虚数は，$\sqrt{-3} = j\sqrt{3}$ のように虚数単位と実数で表される。

実数を表すとき，一つの直線で表した座標軸を考えるが，虚数はどこにどのように表せばよいのか。この問題に対してガウスは，図 **2.17**(*a*)のように，実数を表す座標軸として**実軸**（real axis）を，実軸に垂直にとった虚数を表す座標軸として**虚軸**（imaginary axis）を考えた。これにより，実数と虚数を組み合わせた混合の数も考えられるようになり，これを**複素数**（complex number）と呼ぶ。図 **2.17** の平面は，**複素平面**（complex plane）あるいは**ガウス平面**（Gaussian plane）と呼ばれる。

複素数は，複素平面上の一点として定義されるので（図(*a*)），その表示は

$$\dot{A} = a + jb \tag{2.77}$$

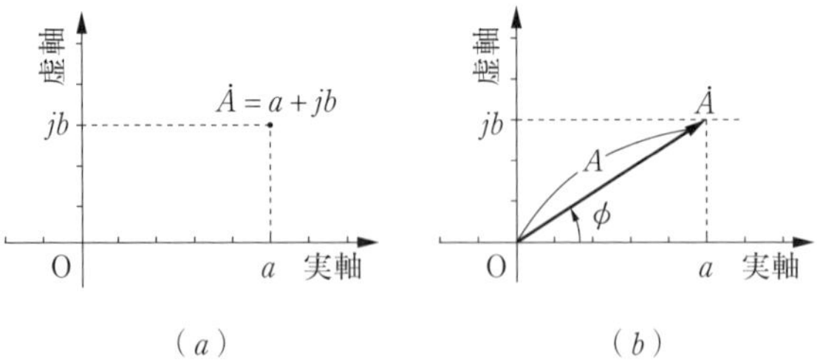

図 **2.17**　複素平面（ガウス平面）

のように，右辺は，二つの実数 a，b と虚数単位 j で表される。成分 a を複素数 $\dot{A}$ の**実部**（real part），b 成分を**虚部**（imaginary part）といい，それぞれ

$$a = \mathrm{Re}(\dot{A}) \tag{2.78}$$

$$b = \mathrm{Im}(\dot{A}) \tag{2.79}$$

のように表す。本書では，前節で述べたフェーザと同様，複素数も式(2.77)のように，ドット（•）を付けて表すことにする。

複素数は，複素平面上の一点として定義されるものであるが，複素平面上への表示は，図(b)に示すように，原点Oから点 $\dot{A}$ に向かう線分を考える。その大きさは，$\dot{A}$ の**絶対値**（absolute value）として

$$|\dot{A}| = A = \sqrt{a^2 + b^2} \tag{2.80}$$

で与えられる。また，実軸と線分のなす角 ϕ を**偏角**（argument）と呼び

$$\phi = \arg\dot{A} = \angle\dot{A} = \tan^{-1}\frac{b}{a} \tag{2.81}$$

のように表す。この A と ϕ を用いると，式(2.77)は

$$\dot{A} = A\cos\phi + jA\sin\phi \tag{2.82}$$

と書くことができる。また，上式は**オイラー**（Euler）**の公式**

$$e^{\pm j\phi} = \cos\phi \pm j\sin\phi \tag{2.83}$$ †

を用いると式(2.84)となる。

$$\dot{A} = Ae^{j\phi} \tag{2.84}$$

式(2.77)は，実部と虚部で表すもので，この形式の表示は**直交座標表示**と呼ばれる。これに対して，式(2.84)の形式の表示は**極座標表示**と呼ばれる。

複素数はまた

$$\dot{A} = A\angle\phi \tag{2.85}$$

と書くこともでき，これは ***2.4.1*** 項で述べたフェーザ表示である。したがって，式(2.77)や式(2.84)はフェーザの直交座標表示，極座標表示ということができる。

---

† 本書では起電力の表示にも $e(t)$ や e の文字を用いているが，$e^{j\phi}$ のように指数に j が付いている e は自然対数の底であり，$e = 2.718\cdots$ である。

2.5.2 複素数の四則演算

ここで，つぎの二つの複素数に関する四則演算を説明する。

$$\dot{A} = a + jb \tag{2.86}$$

$$\dot{B} = c + jd \tag{2.87}$$

これらの複素数の大きさと偏角はそれぞれ次式で表される。

$$A = \sqrt{a^2 + b^2}, \qquad \phi_A = \tan^{-1}\frac{b}{a} \tag{2.88}$$

$$B = \sqrt{c^2 + d^2}, \qquad \phi_B = \tan^{-1}\frac{d}{c} \tag{2.89}$$

① **和**　$\dot{C} = \dot{A} + \dot{B} = a + jb + c + jd = (a + c) + j(b + d)$　(2.90)

$\dot{C}$ の大きさ；$C = \sqrt{(a + c)^2 + (b + d)^2}$　(2.91)

偏　角；$\phi = \tan^{-1}\dfrac{b + d}{a + c}$　(2.92)

② **差**　$\dot{D} = \dot{A} - \dot{B} = a + jb - (c + jd) = (a - c) + j(b - d)$　(2.93)

$\dot{D}$ の大きさ；$D = \sqrt{(a - c)^2 + (b - d)^2}$　(2.94)

偏　角；$\phi = \tan^{-1}\dfrac{b - d}{a - c}$　(2.95)

③ **積**　$\dot{E} = \dot{A}\dot{B} = (a + jb)(c + jd) = ac + jad + jbc + j \times jbd$

$= (ac - bd) + j(ad + bc) \qquad (j \times j = -1)$　(2.96)

$\dot{E}$ の大きさ；

$$E = \sqrt{(ac - bd)^2 + (ad + bc)^2}$$
$$= \sqrt{a^2c^2 - 2abcd + b^2d^2 + a^2d^2 + 2abcd + b^2c^2}$$
$$= \sqrt{a^2c^2 + b^2d^2 + a^2d^2 + b^2c^2} = \sqrt{a^2(c^2 + d^2) + b^2(c^2 + d^2)}$$
$$= \sqrt{(a^2 + b^2)(c^2 + d^2)} = \sqrt{a^2 + b^2}\sqrt{c^2 + d^2} = AB \tag{2.97}$$

（二つの複素数のそれぞれの大きさの積に等しい）

$$\tan\phi = \frac{ad + bc}{ac - bd} = \frac{ad + bc}{ac\left(1 - \dfrac{bd}{ac}\right)} = \frac{\dfrac{d}{c} + \dfrac{b}{a}}{1 - \dfrac{b}{a}\cdot\dfrac{d}{c}} \tag{2.98}$$

において，式(2.88)および(2.89)の第2式より $\tan\phi_A = b/a$,

$\tan\phi_B = d/c$ であるので

$$\tan\phi = \frac{\tan\phi_A + \tan\phi_B}{1 - \tan\phi_A \tan\phi_B} = \tan(\phi_A + \phi_B)$$

となる。よって

偏　角；$\phi = \phi_A + \phi_B$　(2.99)

すなわち，$\dot{A}\dot{B}$ の偏角はそれぞれの複素数の偏角の和（積ではない）に等しい。

④　**逆数**　$\dot{F} = \dfrac{1}{\dot{A}} = \dfrac{1}{a + jb} =$（実部 + j 虚部）

の形にすることを考える。そのため，つぎの $\dot{A}$ の虚部と符号が反対の複素数を導入する。

$\bar{A} = a - jb$　(2.100)

この $\bar{A}$ を $\dot{A}$ の**共役複素数**（conjugate complex number）という。$\bar{A}$ と $\dot{A}$ の積をとると

$\dot{A}\bar{A} = (a + jb)(a - jb) = a^2 + b^2 = A^2$　(2.101)

となり，もとの複素数にその共役複素数を掛けると実数になることがわかる。この性質を利用して，$\dot{F}$ の分母，分子に共役複素数を掛けると

$$\dot{F} = \frac{1}{a+jb} = \frac{a - jb}{(a+jb)(a-jb)} = \frac{a-jb}{a^2+b^2} = \frac{a}{a^2+b^2} - j\frac{b}{a^2+b^2}$$

となり，（実部 + j 虚部）の形にすることができる。したがって

$$F^2 = \left(\frac{a}{a^2+b^2}\right)^2 + \left(\frac{b}{a^2+b^2}\right)^2 = \frac{1}{a^2+b^2}$$

$\dot{F}$ の大きさ；$F = \dfrac{1}{\sqrt{a^2 + b^2}} = \dfrac{1}{A}$　(2.102)

$$\tan\phi = -\frac{b}{a}$$

偏　角；$\phi = \tan^{-1}\left(-\dfrac{b}{a}\right) = -\tan^{-1}\dfrac{b}{a}$　(2.103)

⑤ **商**　$\dot{G} = \dfrac{\dot{B}}{\dot{A}} = \dfrac{c + jd}{a + jb}$

逆数の場合と同様に分母，分子に共役複素数 $\bar{\dot{A}} = a - jb$ を掛けると

$$\dot{G} = \frac{\dot{B}}{\dot{A}} = \frac{c + jd}{a + jb} = \frac{(c + jd)(a - jb)}{(a + jb)(a - jb)} = \frac{ac + bd + j(ad - bc)}{a^2 + b^2}$$

$\dot{G}$ の大きさ；

$$G = \sqrt{\frac{1}{(a^2 + b^2)^2}\{(ac + bd)^2 + (ad - bc)^2\}}$$

$$= \frac{1}{a^2 + b^2}\sqrt{a^2c^2 + 2abcd + a^2d^2 - 2abcd + b^2c^2}$$

$$= \frac{1}{a^2 + b^2}\sqrt{a^2(c^2 + d^2) + b^2(c^2 + d^2)}$$

$$= \frac{1}{a^2 + b^2}\sqrt{a^2 + b^2}\sqrt{c^2 + d^2}$$

$$= \frac{\sqrt{c^2 + d^2}}{\sqrt{a^2 + b^2}} = \frac{B}{A} \tag{2.104}$$

$$\tan\phi = \frac{ad - bc}{ac + bd} = \frac{ad - bc}{ac\left(1 + \dfrac{bd}{ac}\right)} = \frac{\dfrac{d}{c} - \dfrac{b}{a}}{1 + \dfrac{b}{a}\cdot\dfrac{d}{c}}$$

$$= \frac{\tan\phi_B - \tan\phi_A}{1 + \tan\phi_A \tan\phi_B} = \tan(\phi_B - \phi_A)$$

偏　角；$\phi = \phi_B - \phi_A$　　(2.105)

すなわち，商 $\dot{A}/\dot{B}$ の偏角はそれぞれの複素数の偏角の差（商ではない）に等しい。

以上は，直交座標表示による計算を示したが，極座標表示を用いたほうが計算が簡単になる場合がある。以下にそれを示す。$\dot{A}$，$\dot{B}$ の極座標表示は

$$\dot{A} = Ae^{j\phi_A}, \qquad \dot{B} = Be^{j\phi_B}$$

であるので，積は

$$\dot{E} = \dot{A}\dot{B} = Ae^{j\phi_A}Be^{j\phi_B} = ABe^{j\phi_A}e^{j\phi_B} = ABe^{j(\phi_A + \phi_B)}$$

$$= \sqrt{a^2 + b^2}\sqrt{c^2 + d^2}e^{j(\phi_A + \phi_B)} \tag{2.106}$$

となり，式(2.97)および式(2.99)の結果と一致する。逆数は

$$\dot{F} = \frac{1}{\dot{A}} = \frac{1}{Ae^{j\phi_a}} = \frac{1}{A}e^{-j\phi_A} = \frac{1}{\sqrt{a^2 + b^2}}e^{-j\tan^{-1}\frac{b}{a}} \tag{2.107}$$

となり，また，商は

$$\dot{G} = \frac{\dot{B}}{\dot{A}} = \frac{\sqrt{c^2 + d^2}e^{j\phi_B}}{\sqrt{a^2 + b^2}e^{j\phi_A}} = \frac{\sqrt{c^2 + d^2}}{\sqrt{a^2 + b^2}}e^{j(\phi_B - \phi_A)} \tag{2.108}$$

となる。それぞれ式(2.102)，(2.103)および式(2.104)，(2.105)の結果と同じになる。このように，積や商を計算するには極座標形式のほうが便利である。しかし，後で述べるように直交座標表示のほうが便利な場合もあり，これらは問題に応じて使い分けられるようにしておくとよい。

2.5.3 j に つ い て

$\dot{A}_1 = a$ として，これに順次 j を掛けていくと

$$\dot{A}_2 = j\dot{A}_1 = ja, \qquad \dot{A}_3 = j\dot{A}_2 = j(ja) = -a$$

$$\dot{A}_4 = j\dot{A}_3 = -ja, \qquad \dot{A}_5 = j\dot{A}_4 = a = \dot{A}_1$$

となる。この様子を示したのが**図 2.18**(a)である。

より一般的に示すと，図(b)のように

$$\dot{A} = a + jb, \qquad A = \sqrt{a^2 + b^2}, \qquad \phi_A = \tan^{-1}\frac{b}{a}$$

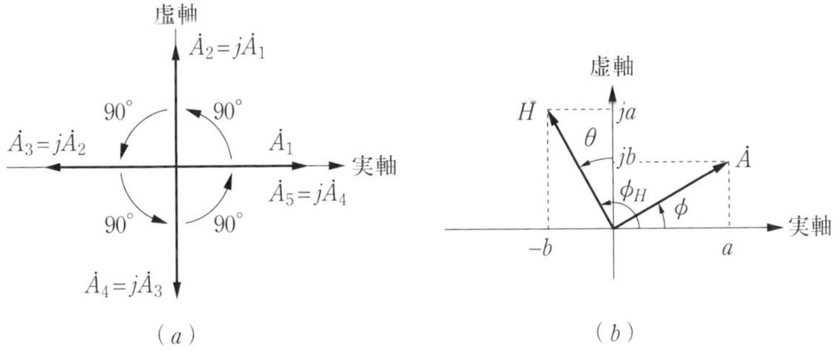

図 2.18 j の 働 き

$$\dot{H} = j\dot{A} = j(a + jb) = -b + ja$$

$$H = \sqrt{b^2 + a^2} = A, \qquad \phi_H = 90^\circ + \theta = 90^\circ + \tan^{-1}\frac{b}{a} = 90^\circ + \phi_A \tag{2.109}$$

となり，$\dot{H}$ は $\dot{A}$ より 90° 反時計方向に回転する。これより，ある複素数に j を掛けるとその複素数の方向は反時計方向に 90° 回転することがわかる。

このことは，j はオイラーの公式より

$$j = 0 + j \times 1 = e^{j\frac{\pi}{2}} \qquad \left(j = \cos\frac{\pi}{2} + j\sin\frac{\pi}{2}\right) \tag{2.110}$$

と表されるので

$$\dot{H} = j\dot{A} = e^{j\frac{\pi}{2}}Ae^{j\phi_A} = Ae^{j\left(\phi_A + \frac{\pi}{2}\right)} \tag{2.111}$$

となることからも理解できよう。

つぎに，ある複素数に $-j$ を掛けると

$$\dot{A}_1 = a, \qquad \dot{A}_2 = -j\dot{A}_1 = -ja \tag{2.112}$$

となるので，この場合は 90° 時計方向に回転することは明らかであろう。

2.5.4　基本回路素子における複素数表示

複素数の知識を学んだので，ここでは複素数を用いた回路計算を学ぶ。

〔1〕 抵抗（R）における電圧と電流の関係の複素数表示　　これまでに学んだ瞬時値表示，フェーザ表示と関連づけて説明する。すべて電圧を基準にして考える。まず，抵抗における電圧，電流の瞬時値 $v(t)$，$i(t)$ は

$$v(t) = \sqrt{2}\,V\sin\omega t, \qquad i(t) = \sqrt{2}\,I\sin\omega t \tag{2.113}$$

であった。電圧と電流は同相であり，それらの波形を図 **2.19**(*a*)に示す。

また，電圧，電流の大きさ V，I の関係は

$$I = \frac{V}{R} \tag{2.114}$$

であった。このフェーザ表示は図(*b*)に示すようになる。いま，図(*b*)のフェーザを図(*c*)の複素平面に対応させると，電圧 $\dot{V}$ と電流 $\dot{I}$ の関係は

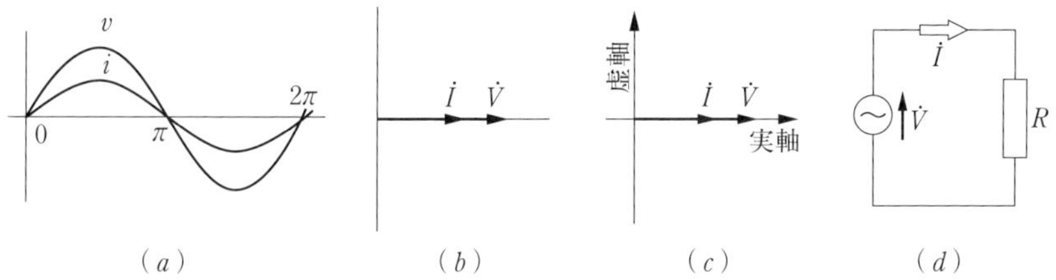

図 **2.19**　抵抗（R）における複素数表示

$$\dot{I} = \frac{\dot{V}}{R}, \qquad \dot{V} = R\dot{I} \tag{2.115}$$

となる。複素数表示の回路図を図(d)に示す。

〔**2**〕 **コイル（L）における電圧と電流の関係の複素数表示**　コイルにおける電圧，電流の瞬時値 $v(t)$，$i(t)$ は

$$v(t) = \sqrt{2}\,V\sin\omega t, \qquad i(t) = \sqrt{2}\,I\sin\left(\omega t - \frac{\pi}{2}\right) \tag{2.116}$$

であり，それらの波形を図 **2.20**(a)に示す。

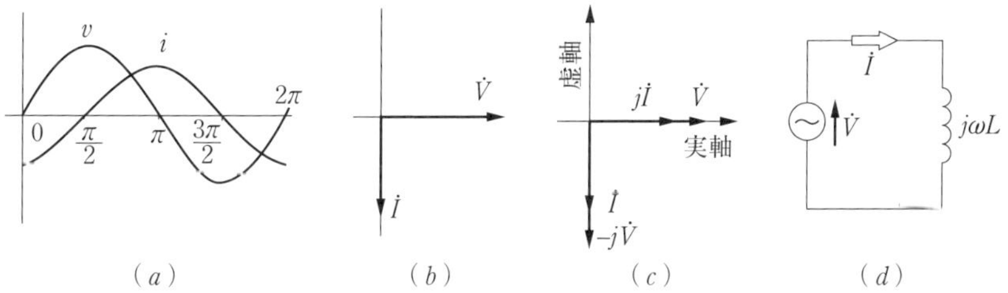

図 **2.20**　コイル（L）における複素数表示

大きさの関係は

$$I = \frac{V}{\omega L} \tag{2.117}$$

また，電流は電圧より $\pi/2$〔rad〕遅れているので，そのフェーザは図(b)のようであった。これを複素平面に対応させると，$\dot{I}$ は $\dot{V}$ より時計方向に $\pi/2$ だけ回転させた方向にあるので，$\dot{V}$ に $-j$ を掛けた方向となる。すなわち

$$\dot{I} = -j\frac{\dot{V}}{\omega L}, \qquad \dot{V} = j\omega L\dot{I} \tag{2.118}$$

となる。式(2.118)の第2式は，$\dot{V}$ は $\dot{I}$ に j を掛けた方向にあることを示しており，すなわち電圧は電流より $\pi/2$〔rad〕進むことを意味している（図(c)参照)。複素数表示の回路図を図(d)に示す。

〔3〕 **コンデンサ（C）における電圧と電流の関係の複素数表示**　これまでと同様に，瞬時値，大きさの関係，位相の関係などは

$$v(t) = \sqrt{2}\,V\sin\omega t \tag{2.119}$$

$$i(t) = \sqrt{2}\,I\sin\left(\omega t + \frac{\pi}{2}\right) \tag{2.120}$$

電流は電圧より $\pi/2$〔rad〕位相が進む

$$I = \omega CV$$

となる。波形，フェーザを図 **2.21**(a)，(b)に示す。

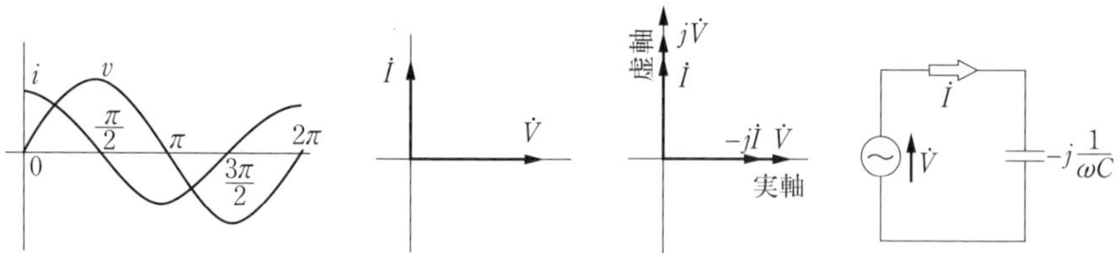

(a)　(b)　(c)　(d)

図 **2.21**　コンデンサ（C）における複素数表示

図(b)のフェーザを複素平面に対応させると図(c)のようになる。すなわち，$\dot{I}$ は $\dot{V}$ に j を掛けた方向になるので，電圧，電流の複素数表示 $\dot{V}$，$\dot{I}$ は

$$\dot{I} = j\omega C\dot{V}, \qquad \dot{V} = \frac{\dot{I}}{j\omega C} = -j\frac{1}{\omega C}\dot{I} \tag{2.121}$$

となる。また，複素数表示の回路図を図(d)に示す。

ここで

$$\dot{Z} = \frac{\dot{V}}{\dot{I}}, \qquad \dot{Y} = \frac{\dot{I}}{\dot{V}} = \frac{1}{\dot{Z}} \tag{2.122}$$

で表される $\dot{Z}$ を**複素インピーダンス**，$\dot{Y}$ を**複素アドミタンス**と呼ぶ。R，L，C のみの回路の場合は，式(2.115)，(2.118)，(2.121)より

$$\dot{Z} = R, \qquad \dot{Z} = j\omega L, \qquad \dot{Z} = \frac{1}{j\omega C} = -j\frac{1}{\omega C} \qquad (2.123)$$

である。その大きさは，明らかにそれぞれ式(2.124)となる。

$$Z = R, \qquad Z = \omega L, \qquad Z = \frac{1}{\omega C} \qquad (2.124)$$

以上，各基本回路素子の電圧，電流の関係について，瞬時値，フェーザ，複素数を対応させて説明したが，フェーザ表示と複素数表示は本質的には同じとして扱ってよいので，今後それらは同義語として用いる。

2.5.5　直列回路と並列回路の計算

瞬時値計算やフェーザ計算でこれまでに解析した回路を再び取りあげ，複素数を用いて計算する。

〔1〕 **RL 直列回路**　複素数表示の RL 直列回路を**図 2.22** に示す。

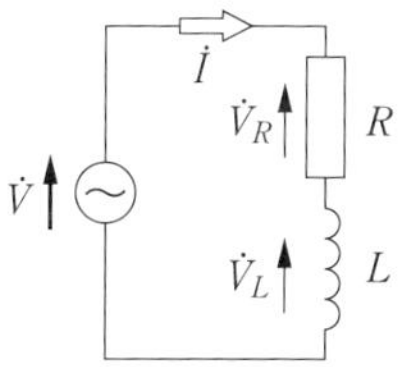

図 2.22　RL 直列回路

流れる電流を $\dot{I}$ とすると，抵抗，インダクタンスにおける電圧の複素数表示 $\dot{V}_R$，$\dot{V}_L$ はそれぞれ

$$\dot{V}_R = R\dot{I} \qquad (2.125)$$

$$\dot{V}_L = j\omega L\dot{I} \qquad (2.126)$$

となる。これらの和は電源電圧 $\dot{V}$ に等しいので

$$\begin{aligned}\dot{V} &= \dot{V}_R + \dot{V}_L = R\dot{I} + j\omega L\dot{I} \\ &= (R + j\omega L)\dot{I} \qquad (2.127)\end{aligned}$$

が成り立つ。これより，電流 $\dot{I}$ は

$$\dot{I} = \frac{\dot{V}}{R + j\omega L} \qquad (2.128)$$

となり，この式より電流の大きさ I と電圧との位相角 ϕ が求まる。いま，電圧 $\dot{V}$ を基準にとり

$$\dot{V} = V\angle 0 = V + j0 \qquad (2.129)$$

とする。電流 $\dot{I}$ は

$$\dot{I} = \frac{V}{R + j\omega L} \qquad (2.130)$$

となる。ここで，電流を $\dot{I} = \alpha \pm j\beta$ の形に直すため分母，分子に共役複素数 $(R - j\omega L)$ を掛けて整理すると

$$\dot{I} = \frac{R - j\omega L}{R^2 + (\omega L)^2} V$$
$$= \left\{ \frac{R}{R^2 + (\omega L)^2} - j\frac{\omega L}{R^2 + (\omega L)^2} \right\} V \qquad (2.131)$$

これより電流の大きさ I と位相差 ϕ は式(2.132)となる。

$$I = \frac{V}{\sqrt{R^2 + (\omega L)^2}}, \qquad \phi = \tan^{-1}\left(-\frac{\omega L}{R}\right) = -\tan^{-1}\frac{\omega L}{R} \qquad (2.132)$$

これらの結果はつぎのようにして求めてもよい。まず，RL 直列回路の複素インピーダンス $\dot{Z}$ は式(2.128)より

$$\dot{Z} = \frac{\dot{V}}{\dot{I}} = R + j\omega L \qquad (2.133)$$

であるので，この大きさ Z と偏角 θ は

$$Z = \sqrt{R^2 + (\omega L)^2} \qquad (2.134)$$

$$\theta = \tan^{-1}\frac{\omega L}{R} \qquad (2.135)$$

となるので，電流 $\dot{I}$ を極座標表示すると

$$\dot{I} = \frac{V}{Ze^{j\theta}} = \frac{V}{Z}e^{-j\theta} = \frac{V}{\sqrt{R^2 + (\omega L)^2}} e^{-j\tan^{-1}\frac{\omega L}{R}} \qquad (2.136)$$

となり，式(2.132)と同じ結果となる。これらの計算法は目的に応じて使い分けるとよい。これで電流の大きさと位相が求まったので，最終的に求める電流 $i(t)$ は

$$i(t) = \frac{\sqrt{2}\,V}{\sqrt{R^2 + (\omega L)^2}} \sin\left(\omega t - \tan^{-1}\frac{\omega L}{R}\right) \qquad (2.137)$$

となる。

このように複素数を用いると，簡単な代数計算だけで結果が得られる。回路計算の理解をより深めるためには，複素数の演算に加えフェーザ図を一緒に書く習慣をつけるとよい。

例題 2.4 **2.1.3** 項および **2.4.2** 項で解析した 40 Ω の抵抗と 30 Ω の誘導性リアクタンスの直列回路に 100 V の電圧を加えたとき，流れる電流と電圧との位相差を求めよ。

【解答】 電圧 $\dot{V} = 100\angle 0$ を基準とし複素インピーダンス $\dot{Z}$ と偏角 θ を求めると

$$\dot{Z} = 40 + j30 = 50e^{j\theta}, \qquad \theta = \tan^{-1}\frac{3}{4} \quad (= 36.9°)$$

となるので，電流 $\dot{I}$ はつぎのようになる。

$$\dot{I} = \frac{\dot{V}}{\dot{Z}} = \frac{100}{40 + j30} = \frac{100}{50e^{j\theta}} = 2e^{-j\tan^{-1}\frac{3}{4}}$$

電流の大きさは $I = 2$ A，電流は電圧より $\tan^{-1}(3/4)$〔rad〕位相が遅れる。 ◇

例題 2.5 **例題 2.4** の回路において $\dot{V}_R$，$\dot{V}_L$ を求め，$\dot{V}$，$\dot{V}_R$，$\dot{V}_L$，$\dot{I}$ のフェーザ図を示せ。

【解答】 $\dot{V}_R = 40\dot{I} = 80e^{-j\theta}$ であるので，$\dot{V}_R$ は $\dot{V}$ より $\theta = 36.9°$ 遅れる。また

$$\dot{V}_L = j30\dot{I} = j30 \times 2e^{-j\theta}$$
$$= e^{j\frac{\pi}{2}}60e^{-j\theta} = 60e^{j\left(\frac{\pi}{2}-\theta\right)}$$

であり，$\dot{V}_l$ は $\dot{V}$ より $\pi/2 - \theta = 53.1°$ 位相が進む。これらの関係を**図 2.23** に示す。

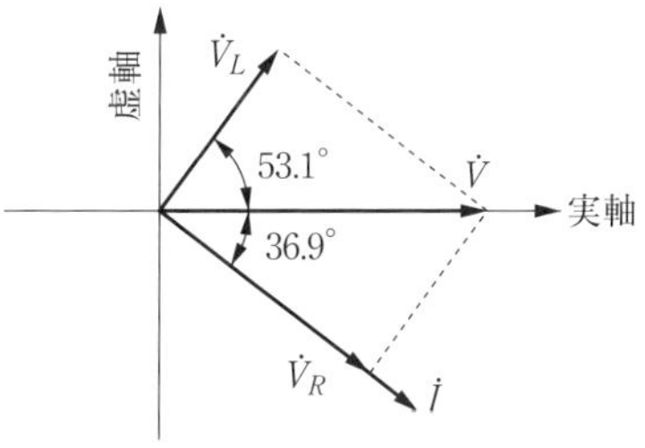

図 2.23 **例題 2.5** のフェーザ図 ◇

〔**2**〕 ***RLC* 直列回路** **図 2.24** の回路を計算する。

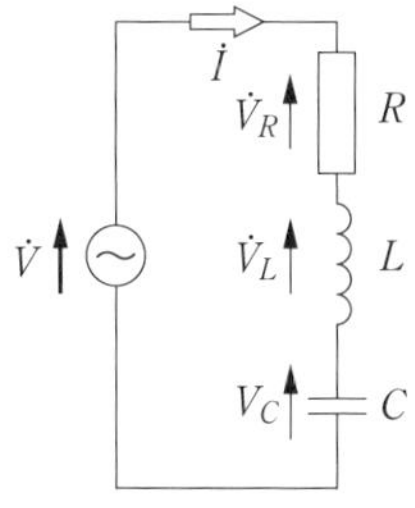

図 2.24 *RLC* 直列回路

$$\dot{V} = \dot{V}_R + \dot{V}_L + \dot{V}_C = RI + j\omega L\dot{I} - j\frac{1}{\omega C}\dot{I}$$
$$= \left(R + j\omega L - j\frac{1}{\omega C}\right)\dot{I} \qquad (2.138)$$

$$\dot{I} = \frac{\dot{V}}{R + j\left(\omega L - \frac{1}{\omega C}\right)}$$
$$= \frac{R - j\left(\omega L - \frac{1}{\omega C}\right)}{R^2 + \left(\omega L - \frac{1}{\omega C}\right)^2}\dot{V} \qquad (2.139)$$

$\dot{V}$ を基準として，電流の大きさ I，位相 ϕ は

$$I = \frac{V}{R^2 + \left(\omega L - \dfrac{1}{\omega C}\right)^2}\sqrt{R^2 + \left(\omega L - \frac{1}{\omega C}\right)^2}$$

$$= \frac{V}{\sqrt{R^2 + \left(\omega L - \dfrac{1}{\omega C}\right)^2}} \tag{2.140}$$

$$\phi = \tan^{-1}\frac{-\left(\omega L - \dfrac{1}{\omega C}\right)}{R} = -\tan^{-1}\frac{\omega L - \dfrac{1}{\omega C}}{R} \tag{2.141}$$

回路全体の複素インピーダンス $\dot{Z}$ とその大きさ Z は，式(2.142)のようになる。

$$\dot{Z} = R + j\omega L - j\frac{1}{\omega C} = R + j\left(\omega L - \frac{1}{\omega C}\right)$$

$$Z = \sqrt{R^2 + \left(\omega L - \frac{1}{\omega C}\right)^2} \tag{2.142}$$

〔3〕 **RLC 並列回路**　　**図 2.25** の回路を計算する。

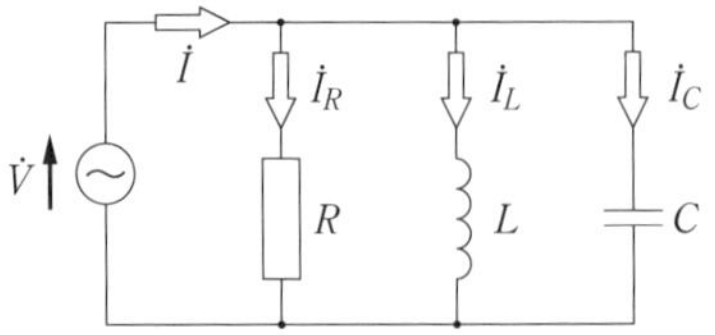

図 2.25　RLC 並列回路

$$\dot{I} = \dot{I}_R + \dot{I}_L + \dot{I}_C = \left\{\frac{1}{R} + j\left(\omega C - \frac{1}{\omega L}\right)\right\}\dot{V} \tag{2.143}$$

$$I = \sqrt{\left(\frac{1}{R}\right)^2 + \left(\omega C - \frac{1}{\omega L}\right)^2}\,V \tag{2.144}$$

$$\phi = \tan^{-1}\frac{\omega C - \dfrac{1}{\omega L}}{\dfrac{1}{R}} = \tan^{-1}R\left(\omega C - \frac{1}{\omega L}\right) \tag{2.145}$$

$$\dot{Y} = \frac{1}{R} + j\left(\omega C - \frac{1}{\omega L}\right), \qquad Y = \sqrt{\frac{1}{R^2} + \left(\omega C - \frac{1}{\omega L}\right)^2} \tag{2.146}$$

2.5.6 電圧方程式と複素数による解法

前項までに見たように，複素数を用いると回路の計算が簡単になる。それに関して**図 2.7** に示した RLC 直列回路を通して微積分を用いて補足する。

この回路の各基本素子の電圧は，式(1.1)，式(1.9)および式(1.16 b)で与えられるので，電圧方程式は

$$v(t) = Ri(t) + L\frac{di(t)}{dt} + \frac{1}{C}\int i(t)dt \tag{2.147 a}$$

となる。この微分，積分を含む電圧方程式は，任意の v に関して成り立つので，回路を解く際の出発点になるものである。しかしながら，$v(t)$ がこれまで学んできたような正弦波交流

$$v(t) = \sqrt{2}\,V \sin \omega t \tag{2.148}$$

の場合は式(2.147 a)を直接解かなくても複素数を用いて電流の解が得られた。その理由をここで説明する。

まず，**2.4.1** 項を思い出してみよう。式(2.57 a)の電圧 $v(t)$ や式(2.57 d)の電流 $i(t)$ の正弦波交流は**図 2.10**(a)において，長さが V_m，I_m の線分（最大値表示）が反時計方向に回転するときの縦軸成分の変化を示していた。そしてそれらの線分は，長さを $1/\sqrt{2}$ 倍して実効値表示とし，フェーザという考えを導入して**図 2.11**，式(2.58 a)，(2.58 d)のように表すことができた。さらにそれらのフェーザを複素数で表すと式(2.85)と式(2.84)の関係を用いて

$$\dot{V}_t = 120e^{j\omega t}, \qquad \dot{I}_t = 10e^{j(\omega t + 53.1)} \tag{2.149}$$

となる。時間要素を含むので，式(2.58 a)の $\dot{V}$ を上式では $\dot{V}_t$，式(2.58 d)の $\dot{I}$ を $\dot{I}_t$ としている。式(2.149)の複素数に $\sqrt{2}$ 倍し最大値表示に直すと

$$\dot{V}_{mt} = 120\sqrt{2}e^{j\omega t} = 120\sqrt{2}\,\{\cos \omega t + j \sin \omega t\}$$

$$\dot{I}_{mt} = 10\sqrt{2}e^{j(\omega t + 53.1)} = 10\sqrt{2}\,\{\cos(\omega t + 53.1°) + j \sin(\omega t + 53.1°)\}$$

となる。これらの虚数部をみると，それらは式(2.57 a)，(2.57 d)の電圧，電流になっていることがわかる。これらの式は

$$\dot{V}_{mt} = \sqrt{2}\,V\{\cos \omega t + j \sin \omega t\} = \sqrt{2}\,Ve^{j\omega t}$$

$$\dot{I}_{mt} = \sqrt{2}I\{\cos(\omega t + \phi) + j \sin(\omega t + \phi)\} = \sqrt{2}Ie^{j(\omega t + \phi)} = \sqrt{2}Ie^{j\phi}e^{j\omega t}$$

の形をしており，$Ie^{j\phi} = \dot{I}$ とおき，さらに電圧も基準に対して位相差をもって

いてよいとして V をより一般的に $\dot{V}$ とおくと，$\dot{V}_t=\dot{V}_{mt}/\sqrt{2}$，$\dot{I}_t=\dot{I}_{mt}/\sqrt{2}$ は

$$\dot{V}_t=\dot{V}e^{j\omega t},\qquad \dot{I}_t=\dot{I}e^{j\omega t} \tag{2.150}$$

となる。

上に述べた流れは，式(2.150)の電圧，電流の複素数を与えられた回路において計算し，得られた結果に $\sqrt{2}$ 倍し，その虚数部をみればそれが求める解になっていることを示している。

以上の考え方を式(2.147 a)に適用してみよう。式(2.148)の電圧 $v/\sqrt{2}$，これから求める電流 $i/\sqrt{2}$ の代わりに式(2.150)の電圧 $\dot{V}_t$，電流 $\dot{I}_t$ を用いて，式(2.147 a)の方程式を複素数で置き換えると

$$\dot{V}_t=R\dot{I}_t+L\frac{d\dot{I}_t}{dt}+\frac{1}{C}\int\dot{I}_t\,dt \tag{2.147 b}$$

となるので

$$\frac{d\dot{I}_t}{dt}=j\omega\dot{I}e^{j\omega t},\qquad \int\dot{I}_tdt=\frac{1}{j\omega}\dot{I}e^{j\omega t}$$

であることを考慮して式(2.147 b)は，つぎのようになる。

$$\dot{V}=R\dot{I}+j\omega L\dot{I}+\frac{1}{j\omega C}\dot{I} \tag{2.151}$$

式(2.151)の中には時間因子 $e^{j\omega t}$ は含まれていない。これより $\dot{I}$ を求めると

$$\dot{I}=\frac{\dot{V}}{\dot{Z}} \tag{2.152}$$

$$\dot{Z}=R+j\omega L+\frac{1}{j\omega C} \tag{2.153}$$

式(2.153)の複素インピーダンスは

$$\dot{Z}=Ze^{j\phi},\quad Z=\sqrt{R^2+\left(\omega L-\frac{1}{\omega C}\right)^2},\quad \phi=\tan^{-1}\frac{\omega L-\dfrac{1}{\omega C}}{R} \tag{2.154}$$

であるので，電流 $\dot{I}$ は

$$\dot{I}=\frac{\dot{V}}{\sqrt{R^2+\left(\omega L-\dfrac{1}{\omega C}\right)^2}}e^{-j\phi} \tag{2.155}$$

となる。これは，電流は電圧より位相が ϕ だけ遅れる（$\omega L>1/\omega C$ の場合）

ことを意味している。こうして，物理的に意味のある電流は，式(2.155)に時間因子 $e^{j\omega t}$ を掛け，さらに $\sqrt{2}$ 倍して，その虚部をとることにより得られる。それは，$\dot{V}=V\angle 0$ として，つぎのようになる。

$$i=\sqrt{2}\,\mathrm{Im}(\dot{I}_t)=\sqrt{2}\,\mathrm{Im}(\dot{I}e^{j\omega t})=\frac{\sqrt{2}\,V}{\sqrt{R^2+\left(\omega L-\dfrac{1}{\omega C}\right)^2}}\sin(\omega t-\phi) \qquad (2.156)$$

以上のように複素数を用いると，式(2.147 a)を直接に解く代わりに式(2.151)の代数方程式を解くことにより求まることがわかる。これをさらに発展させて，$j\omega$ の代わりに $s=\sigma+j\omega$ とおいて計算するのが**ラプラス変換**(Laplace transformation) と呼ばれる方法である。

2.6 交流回路の電力

交流回路の電力については，**1.5.3** 項で実効値を導入する際，直流との対応で簡単に述べたが，ここで詳しく述べる。

2.6.1 有効電力と力率

図 2.26 に示す交流回路を考える。いま，この回路に

$$v(t)=\sqrt{2}\,V\sin(\omega t+\phi_V) \qquad (2.157)$$

の電圧 $v(t)$ を加えたとき，回路には

$$i(t)=\sqrt{2}\,I\sin(\omega t+\phi_I) \qquad (2.158)$$

の電流 $i(t)$ が流れたとする。このとき，回路の電力はどのようになるか調べる。

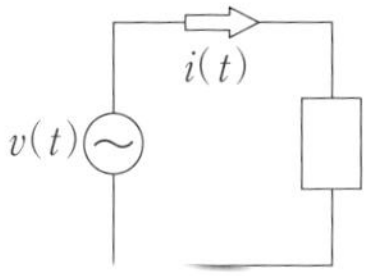

図 2.26 交流回路

式(2.157)および(2.158)の電圧，電流の積，すなわち瞬時電力 $p(t)$ は

$$p(t)=v(t)\,i(t)=2VI\sin(\omega t+\phi_V)\sin(\omega t+\phi_I) \qquad (2.159)$$

ここで

$$\sin A\sin B=\frac{1}{2}\{\cos(A-B)-\cos(A+B)\}$$

の三角関数の関係を利用して，式(2.159)の右辺を書き換えると式(2.160)のようになる。

$$p(t) = VI\{\cos(\phi_V - \phi_I) - \cos(2\omega t + \phi_V + \phi_I)\} \tag{2.160}$$

式(2.160)の｛　｝内の第1項は時間によって変化しない。第2項は時間とともに正負を繰り返す。これらの電圧，電流，瞬時電力の変化を**図 2.27**(*a*)，(*b*)に示す。

つぎに，式(2.160)の平均値を考える。それは，式中の第1項は時間的に変化しないこと(図(*c*))，第2項は正負を繰り返すので（図(*d*))，その平均値は零になることを考慮して

$$P = VI\cos(\phi_V - \phi_I) \tag{2.161}$$

となる。この P を交流回路の**有効電力**（active power）あるいは単に**電力**（power）という。単位は**ワット**〔W〕である。ここで，$\phi_V - \phi_I$ は電圧 v と電流 i の位相差で，いまこれを ϕ とおくと，式(2.161)は

$$P = VI\cos\phi \tag{2.162}$$

となる。また

$$\cos\phi = \frac{P}{VI} \tag{2.163}$$

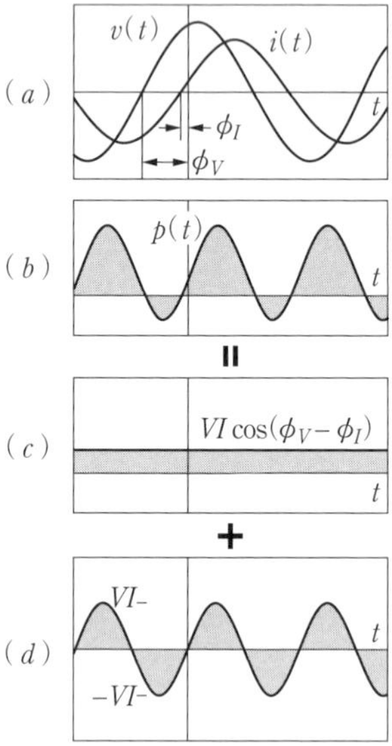

図 2.27　交流回路の電力

を**力率**（power factor）といい，VI のうちどれだけの割合が有効電力であるかを表している。

式(2.162)の有効電力に対して

$$H = VI \tag{2.164}$$

を**皮相電力**（apparent power）という。単位は**ボルトアンペア**〔V･A〕である。また

$$Q = VI\sin\phi \tag{2.165}$$

を**無効電力**（reactive power）という。単位はボルトアンペア〔V･A〕であるが，**バール**〔var〕も用いられる（1 V･A＝1 var)。

式(2.163)，(2.164)より $\cos\phi = P/H$，また，式(2.164)，(2.165)より $\sin\phi = Q/H$ であるので，$\cos^2\phi + \sin^2\phi = 1$ の関係より式(2.166)となる。

$$H = \sqrt{P^2 + Q^2} \tag{2.166}$$

式(2.162)の瞬時電力の平均値は図2.27から求めたが，**1.5.3**項の式(1.77)で述べたように平均値は積分により求められる。

$$P = \frac{1}{T}\int_0^T p(t)dt, \qquad T = \frac{2\pi}{\omega} \tag{2.167}$$

であるので

$$\begin{aligned} P &= \frac{\omega}{2\pi}\int_0^{2\pi/\omega} VI\{\cos(\phi_V - \phi_I) - \cos(2\omega t + \phi_V + \phi_I)\}dt \\ &= \frac{\omega}{2\pi} VI\cos(\phi_V - \phi_I)\int_0^{2\pi/\omega} dt - \frac{\omega}{2\pi} VI\int_0^{2\pi/\omega}\cos(2\omega t + \phi_V + \phi_I)dt \\ &= \frac{\omega}{2\pi} VI\cos(\phi_V - \phi_I)\frac{2\pi}{\omega} - \frac{\omega}{2\pi} VI\frac{1}{2\omega}\Big[\sin(2\omega t + \phi_V + \phi_I)\Big]_0^{2\pi/\omega} \\ &= VI\cos(\phi_V - \phi_I) - \frac{VI}{4\pi}\{\sin(4\pi + \phi_V + \phi_I) - \sin(\phi_V + \phi_I)\} \\ &= VI\cos(\phi_V - \phi_I) \end{aligned}$$

となる。ただし，$\sin(4\pi + \theta) = \sin\theta$ の関係を利用している。

2.6.2 基本回路素子と電力

ここで，これまでに学んだ抵抗（R），コイル（L），コンデンサ（C）の素子における電力を見てみよう。電圧 $v = \sqrt{2}\,V\sin\omega t$ を加えたときの結果を**表2.1**に示す。

この表からわかるように，交流回路においては，L や C の場合，電流は流

表2.1　基本回路素子における電流，位相差，力率，電力

基本回路素子	抵抗 R	コイル L	コンデンサ C
電流 I	$\frac{V}{R}$	$\frac{V}{\omega L}$	ωCV
位相差 $\phi = \phi_V - \phi_I$	0	$0 - \left(-\frac{\pi}{2}\right) = \frac{\pi}{2}$	$0 - \left(+\frac{\pi}{2}\right) = -\frac{\pi}{2}$
力率 $\cos\phi$	1	0	0
電力 $P = VI\cos\phi$	$VI = \frac{V^2}{R} = RI^2$ (直流と同じ表示)	0	0

れるが電力は零であり，電力は抵抗のみで消費する。それは図 **2.28**(*b*)，(*c*)に示すように，L や C では，瞬時電力は正負を交互に繰り返していることから理解できよう。図において，$p(t)$ が正の部分は，電源からエネルギーが供給されることを示しており，負の部分はエネルギーを電源に返還していることを示している。すなわち，エネルギーのやりとりをしているだけで消費はしていない。これに対して，抵抗では図(*a*)に示すように，$p(t)$ はつねに正であり，エネルギーを消費している。

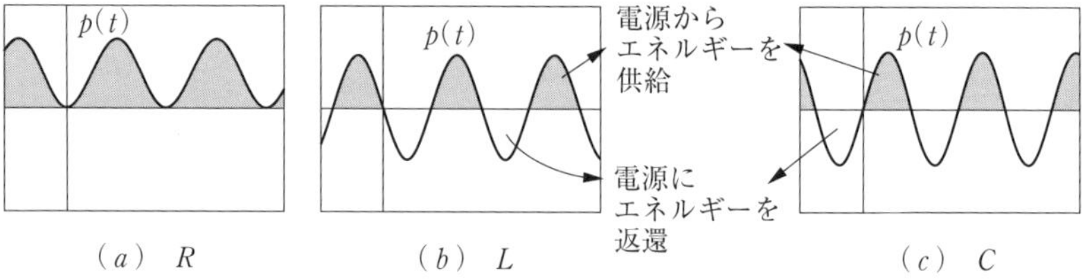

図 **2.28**　基本回路素子における瞬時電力

2.6.3　複素数表示の電圧，電流と電力の関係

2.5 節で，交流回路の計算には複素数を用いると便利であることを学んだ。ここで複素数を用いた電圧，電流と有効電力の関係を調べる。まず，式(2.157)，(2.158)の電圧 $v(t)$，電流 $i(t)$ を複素数表示すると式(2.168)，(2.169)のようになる。

$$\dot{V} = Ve^{j\phi_V} = V(\cos\phi_V + j\sin\phi_V) \tag{2.168}$$

$$\dot{I} = Ie^{j\phi_I} = I(\cos\phi_I + j\sin\phi_I) \tag{2.169}$$

まず，$\dot{V}\dot{I}$ を計算してみると

$$\dot{V}\dot{I} = VIe^{j(\phi_V+\phi_I)} = VI\{\cos(\phi_V + \phi_I) + j\sin(\phi_V + \phi_I)\} \tag{2.170}$$

となり，$P = VI\cos(\phi_V - \phi_I)$ に関係する項はどこにもでてこない。すなわち $\dot{V}$ と $\dot{I}$ の積では電力は求まらない。

つぎに，$\dot{I}$ の共役複素数 $\bar{\dot{I}} = Ie^{-j\phi_I}$ を考え，これと電圧 $\dot{V}$ の積を求めると

$$\dot{V}\bar{\dot{I}} = VIe^{j(\phi_V-\phi_I)} = VI\{\cos(\phi_V - \phi_I) + j\sin(\phi_V - \phi_I)\} \tag{2.171}$$

となり，実部が有効電力を表していることがわかる。すなわち

$$P = \mathrm{Re}(\dot{V}\bar{\dot{I}}) \tag{2.172}$$

また，$\dot{V}$ の共役複素数 $\bar{\dot{V}} = Ve^{-j\phi_V}$ を考え，これと電流 $\dot{I}$ の積を求めると

$$\bar{\dot{V}}\dot{I} = VIe^{j(\phi_I - \phi_V)} = VI\{\cos(\phi_I - \phi_V) + j\sin(\phi_I - \phi_V)\}$$
$$= VI\{\cos(\phi_V - \phi_I) - j\sin(\phi_V - \phi_I)\} \quad (2.173)$$

となり，やはり実部が有効電力 P を表している。

$$P = \mathrm{Re}(\bar{\dot{V}}\dot{I}) \quad (2.174)$$

以上のことから，複素数の電圧 $\dot{V}$ および電流 $\dot{I}$ から有効電力 P は，電圧あるいは電流の共役複素数 $\bar{\dot{V}}$，$\bar{\dot{I}}$ をとり

$$P = VI\cos(\phi_V - \phi_I) = \mathrm{Re}(\dot{V}\bar{\dot{I}}) = \mathrm{Re}(\bar{\dot{V}}\dot{I}) \quad (2.175\,a)$$

より求めればよいことがわかる。また，無効電力 Q は式(2.171)，(2.173)より

$$Q = VI\sin(\phi_V - \phi_I) = \mathrm{Im}(\dot{V}\bar{\dot{I}}) = -\mathrm{Im}(\bar{\dot{V}}\dot{I}) \quad (2.175\,b)$$

となるので，式(2.171)，(2.173)は有効電力 P，無効電力 Q で表すと

$$\dot{V}\bar{\dot{I}} = P + jQ \quad (2.176)$$

$$\bar{\dot{V}}\dot{I} = P - jQ \quad (2.177)$$

となる。

2.6.4 電力の計算例

電力の計算例として，これまでたびたび取りあげている RL 直列回路の電力を求めてみよう。図 **2.22** の回路において，電流 $\dot{I}$ は式(2.131)より

$$\dot{I} = \frac{V}{R + j\omega L} = \frac{R - j\omega L}{R^2 + (\omega L)^2}V \quad (2.178)$$

となるので，その大きさ I は

$$I = \frac{V}{\sqrt{R^2 + (\omega L)^2}} = \frac{V}{Z} \quad (2.179)$$

である。また，力率 $\cos\phi$ は図 **2.13**(*b*)のようなフェーザ図より

$$\cos\phi = \frac{V_R}{V} = \frac{RI}{ZI} = \frac{R}{Z} \quad (2.180)$$

となる。したがって，電力は式(2.162)より

$$P = VI\cos\phi = V\frac{V}{Z}\cdot\frac{R}{Z} = \frac{R}{Z^2}V^2 = \frac{RV^2}{R^2 + (\omega L)^2} = RI^2 \quad (2.181)$$

となる。前にも述べたように，電力は抵抗でしか消費されない。

つぎに，電力 P を式(2.175)より求めると

$$P = \mathrm{Re}(\dot{V}\bar{\dot{I}}) = \mathrm{Re}\left\{V\frac{R + j\omega L}{R^2 + (\omega L)^2}V\right\} = \mathrm{Re}\left\{\frac{R + j\omega L}{R^2 + (\omega L)^2}V^2\right\}$$

$$= \frac{RV^2}{R^2 + (\omega L)^2} = R\frac{V^2}{Z^2} = RI^2 \qquad (2.182)$$

となり，式(2.181)と一致する。

ここで，式(2.181)あるいは式(2.182)よりわかるように，電力は交流の場合も RI^2 で得られる。すなわち，この電力の表現は直流でも交流でも同じである。

例題 2.6　図 2.29 の RC 直列回路に，$V = 100$ V の電圧を加えた。回路の電力および力率を求めよ。ただし，$R = 30\,\Omega$，$1/\omega C = 40\,\Omega$ である。

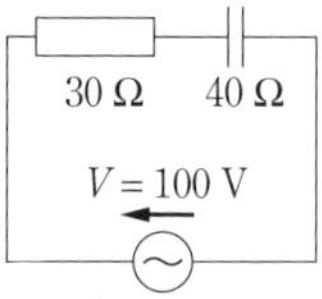

図 2.29　例題 2.6 の回路

【解答】（1）インピーダンス　$Z = \sqrt{R^2 + \left(\frac{1}{\omega C}\right)^2} = 50\,\Omega$

電流　$I = \frac{100}{50} = 2$ A，　　電力　$P = RI^2 = 30 \times 4 = 120$ W

力率　$\cos\phi = \frac{P}{VI} = \frac{120}{100 \times 2} = 0.6$

（2）電流　$\dot{I} = \frac{100}{30 - j40} = \frac{2}{5}(3 + j4)$〔A〕，　$\bar{\dot{I}} = \frac{2}{5}(3 - j4)$〔A〕

電力　$P = \mathrm{Re}\left\{100 \times \frac{2}{5}(3 - j4)\right\} = 100 \times \frac{6}{5} = 120$ W　◇

例題 2.7　図 2.30 の回路において，電力 P および力率 $\cos\phi$ を求めよ。

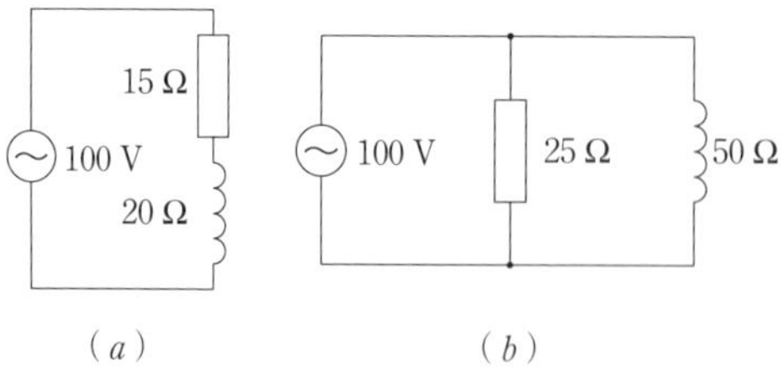

図 2.30　例題 2.7 の回路

【解答】（1）図(a)の回路

$$Z = \sqrt{15^2 + 20^2} = 25\,\Omega, \qquad I = \frac{V}{Z} = \frac{100}{25} = 4\ \mathrm{A}$$

$$P = RI^2 = 15 \times 16 = 240\ \mathrm{W}, \qquad \cos\phi = \frac{P}{VI} = \frac{240}{100 \times 4} = 0.6$$

あるいは

$$\dot{I} = \frac{100}{15 + j20} = \frac{20}{3 + j4} = \frac{4}{5}(3 - j4)\ \text{〔A〕}$$

$$P = \mathrm{Re}\left\{100 \times \frac{4}{5}(3 + j4)\right\} = 240\ \mathrm{W}$$

（2）　図(b)の回路

$$\dot{I} = \frac{100}{25} + \frac{100}{j50} = 4 - j2 = 2(2 - j)\ \text{〔A〕}, \qquad I = 2\sqrt{2^2 + 1} = 2\sqrt{5}\ \mathrm{A}$$

$$P = \mathrm{Re}\{100 \times 2(2 + j)\} = 400\ \mathrm{W}$$

$$\cos\phi = \frac{P}{VI} = \frac{400}{100 \times 2\sqrt{5}} = \frac{2}{\sqrt{5}} = \frac{2\sqrt{5}}{5}$$

◇

演　習　問　題

【1】　問図 ***2.1*** の RC 直列回路において，$v(t) = 100\sqrt{2}\sin(1\,000t)$〔V〕の電圧を加えたとき，つぎの問いに答えよ。

① C における容量性リアクタンスはいくらか。

② 回路に流れる電流 $i(t)$ を瞬時値による計算法（未定係数法）により求めよ。

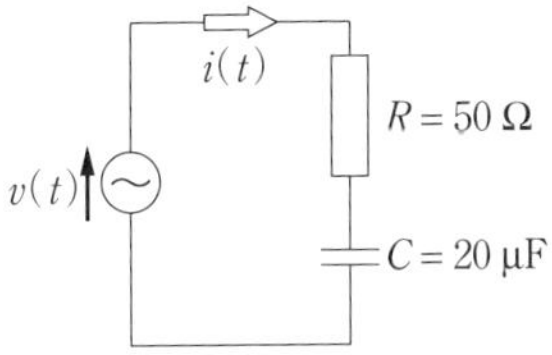

問図 ***2.1***

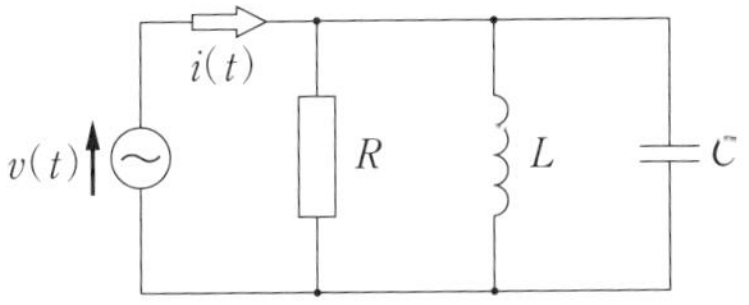

問図 ***2.2***

【2】　問図 ***2.2*** の RLC 並列回路で，$R = 30\ \Omega$，$\omega L = 60\ \Omega$，$1/\omega C = 24\ \Omega$ とし

$$v(t) = 120\sqrt{2}\sin\omega t\ \text{〔V〕}$$

の電圧を加えたとき，回路に流れる全電流 $i(t)$ を瞬時値による計算法（未定係数法）により求めよ。

【3】　問図 ***2.3*** の RC 並列回路において，$R = 20\ \Omega$ の抵抗には

$$i_R = 5\sqrt{2}\sin\omega t\ \text{〔A〕}$$

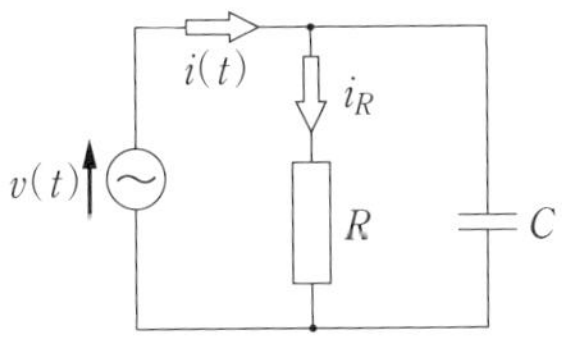

問図 ***2.3***

の電流が流れている。回路に流れる全電流 i を求めよ。ただし，$1/\omega C = 50$ Ω である。

【4】 問図 **2.4** の回路のインピーダンスはいくらか。また，周波数が 1/2 倍になるとインピーダンスは何倍になるか。

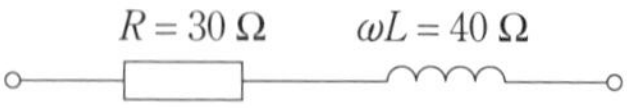

問図 **2.4**

【5】 問図 **2.5** の回路のアドミタンスはいくらか。また，周波数が 2 倍になるとアドミタンスは何倍になるか。

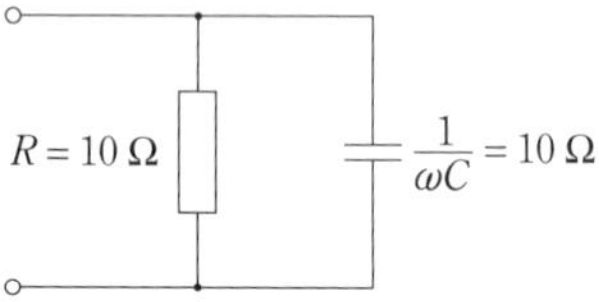

問図 **2.5**

【6】 $R = 10$ Ω，$1/\omega C = 20$ Ω の RC 並列回路に，$v = 100\sqrt{2}\sin\omega t$〔V〕の電圧を加えたとき，流れる全電流 i をフェーザ表示により求めよ。

【7】 問図 **2.6** の $R = 30$ Ω，$\omega L = 15$ Ω の RL 並列回路に，$v = 120\sqrt{2}\sin(\omega t + \pi/6)$〔V〕の電圧を加えたとき，回路の全電流 i をフェーザ表示により求めよ。

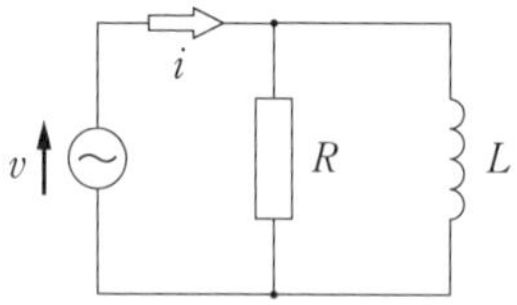

問図 **2.6**

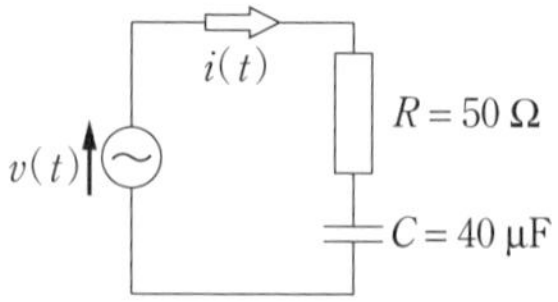

問図 **2.7**

【8】 問図 **2.7** の RC 直列回路において，$v(t) = 100\sqrt{2}\sin(1\,000t)$〔V〕の電圧を加えたとき，つぎの問いに答えよ。

① 回路に流れる電流 $i(t)$ をフェーザ表示により求めよ。

② 回路のインピーダンスはいくらか。

【9】 問図 **2.8** の回路において，$v(t) = 120\sqrt{2}\sin\omega t$〔V〕であるとき，つぎの問いに答えよ。$R = 20$ Ω，$\omega L = 20\sqrt{3}$ Ω，$1/\omega C = 80/\sqrt{3}$ Ω とする。

① RL 直列回路部に流れる電流 i_1 の実効値 I_1 および v との位相差 ϕ_1 はそれぞれいくらか。

② C に流れる電流 i_2 の実効値 I_2 および v

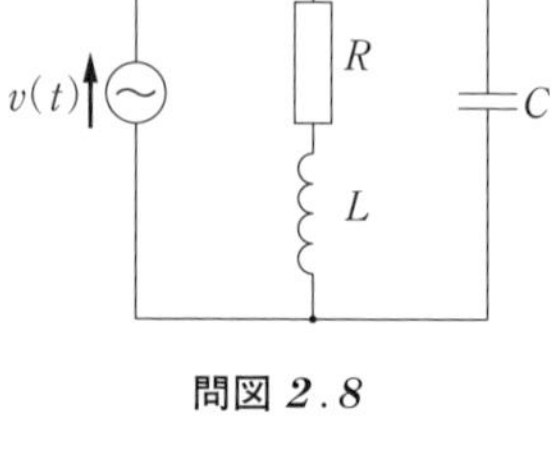

問図 **2.8**

との位相差 ϕ_2 はそれぞれいくらか。

③ v の実効値 V を基準にした I_1，I_2 のフェーザ図を書け。

④ 全電流 $i(t)$ を求めよ。

【10】 二つの複素数が $\dot{A} = 5 + j2$，$\dot{B} = 3 + j4$ であるとき，つぎの複素数の大きさと偏角をそれぞれ求めよ。

① $\dot{A} + \dot{B}$　② $\dot{A} - \dot{B}$　③ $\dot{A}\dot{B}$　④ $\dot{A}/\dot{B}$

【11】 つぎの問いに答えよ。

① $\sqrt{3}e^{j\pi/3}$ を直交座標表示せよ。

② $3 - j3$ を極座標表示せよ。

③ オイラーの公式を用いてつぎのことを示せ。

$$\cos\theta = \frac{1}{2}(e^{j\theta} + e^{-j\theta}), \qquad \sin\theta = \frac{1}{2j}(e^{j\theta} - e^{-j\theta})$$

【12】 $\dot{A} = 2e^{j\frac{\pi}{2}}$，$\dot{B} = 5(\sqrt{3} - j)$，$\dot{C} = 10(1 - j\sqrt{3})$ のとき，$\dot{A}\dot{B}/\dot{C}$ を求めよ。

【13】 **問図 2.9** の RL 直列回路において，$R = 20\,\Omega$，$L = 0.015\,\mathrm{H}$ である。また，電源の電圧は $\dot{V} = 100\,\mathrm{V}$，角周波数は $\omega = 1\,000\,\mathrm{rad/s}$ である。つぎの問いに答えよ。

① 複素数表示の電流 $\dot{I}$ を求めよ。また，その大きさと偏角を求めよ。

② 回路の複素インピーダンスおよびインピーダンスを求めよ。

③ 複素平面（ガウス平面）上に $\dot{V}$，$\dot{I}$ を書け。目盛は各自定めよ。

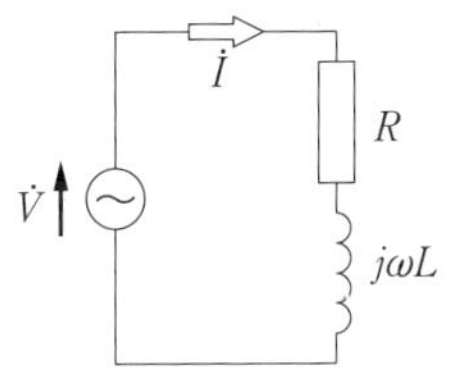

問図 2.9

【14】 抵抗とコイルからなる回路の端子電圧 $v(t)$ と流れる電流 $i(t)$ が次式のように表されるとき，回路の電力および力率はいくらか。

$$v(t) = 100\sqrt{2}\sin\left(\omega t + \frac{\pi}{4}\right)\ \text{〔V〕}$$

$$i(t) = 2\sqrt{2}\sin\left(\omega t - \frac{\pi}{12}\right)\ \text{〔A〕}$$

【15】 ある素子の電圧，電流が次式のように表されるとき，有効電力，無効電力，皮相電力および力率を求めよ。

$$\dot{V} = 60 + j80\ \text{〔V〕}, \qquad \dot{I} = 4 + j3\ \text{〔A〕}$$

3

交流回路網の計算

前章では，R，L，C の直列回路と並列回路について考えた。実際の回路はこのように簡単ではなく，複雑な回路網を構成しているのが普通である。ここでは，それらの回路を解析するのに必要な基礎的知識について学ぶ。

3.1 合成インピーダンス，合成アドミタンス

いま，**図 *3.1*** に示すような複素インピーダンス $\dot{Z}_1$，$\dot{Z}_2$，$\dot{Z}_3$ の三つの素子の直列接続について考える。

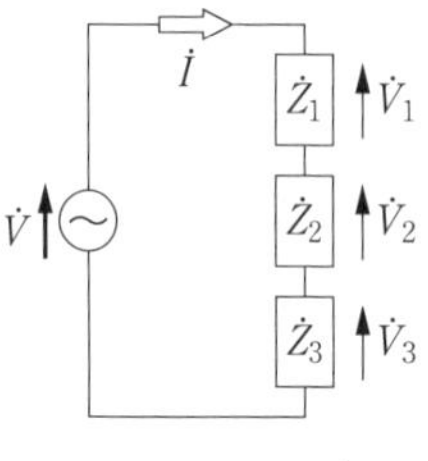

図 *3.1* インピーダンスの直列接続

各部の電圧の和は電源電圧 $\dot{V}$ に等しいので

$$\dot{V} = \dot{V}_1 + \dot{V}_2 + \dot{V}_3 = (\dot{Z}_1 + \dot{Z}_2 + \dot{Z}_3)\dot{I} \qquad (3.1)$$

が成り立つ。これより，回路全体の複素インピーダンス $\dot{Z}$ は

$$\dot{Z} = \frac{\dot{V}}{\dot{I}} = \dot{Z}_1 + \dot{Z}_2 + \dot{Z}_3 \qquad (3.2)$$

となり，これを**合成複素インピーダンス**という。また，この逆数である**合成複素アドミタンス** $\dot{Y}$ は式(*3.3*)となる。

$$\dot{Y} = \frac{1}{\dot{Z}} = \frac{1}{\dot{Z}_1 + \dot{Z}_2 + \dot{Z}_3} \qquad (3.3)$$

つぎに，**図 *3.2*** に示す並列接続について考える。

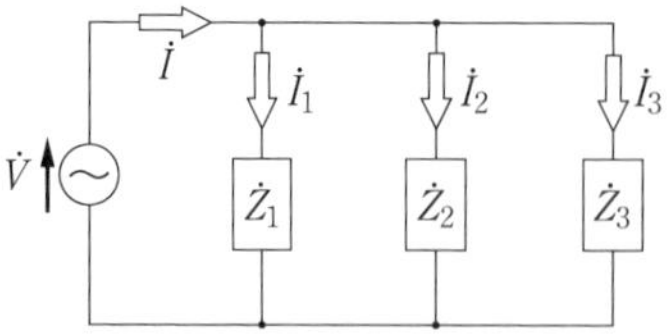

図 *3.2* インピーダンスの並列接続

各部の電流の和は全電流 $\dot{I}$ に等しいので

$$\dot{I} = \dot{I}_1 + \dot{I}_2 + \dot{I}_3 = \left(\frac{1}{\dot{Z}_1} + \frac{1}{\dot{Z}_2} + \frac{1}{\dot{Z}_3}\right)\dot{V} \tag{3.4}$$

が成り立つ。したがって，合成複素アドミタンス $\dot{Y}$ は

$$\dot{Y} = \frac{\dot{I}}{\dot{V}} = \frac{1}{\dot{Z}_1} + \frac{1}{\dot{Z}_2} + \frac{1}{\dot{Z}_3} \tag{3.5}$$

となり，合成複素インピーダンス $\dot{Z}$ は式(3.6)となる。

$$\dot{Z} = \frac{1}{\dot{Y}} = \frac{1}{\dfrac{1}{\dot{Z}_1} + \dfrac{1}{\dot{Z}_2} + \dfrac{1}{\dot{Z}_3}} \tag{3.6}$$

以上の考え方は，直流回路における抵抗の計算法とまったく同じであり，違いは複素数で計算する点だけである。

上記の結果を使うと，**図 3.3** のような直並列接続の合成インピーダンスは簡単に求まる。まず，並列になっている回路のインピーダンス $\dot{Z}_{bc}$ は

$$\frac{1}{\dot{Z}_{bc}} = \frac{1}{\dot{Z}_2} + \frac{1}{\dot{Z}_3}, \qquad \dot{Z}_{bc} = \frac{\dot{Z}_2\dot{Z}_3}{\dot{Z}_2 + \dot{Z}_3} \tag{3.7}$$

であるので，回路全体の合成複素インピーダンス $\dot{Z}$ は式(3.8)となる。

$$\dot{Z} = \dot{Z}_1 + \frac{\dot{Z}_2\dot{Z}_3}{\dot{Z}_2 + \dot{Z}_3} \tag{3.8}$$

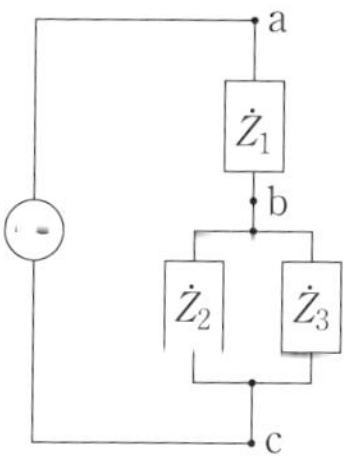

図 3.3　インピーダンスの直並列接続

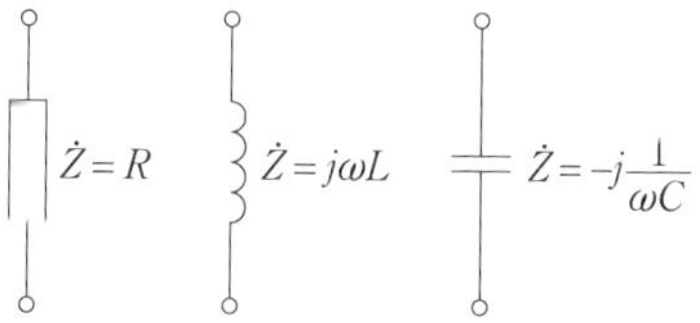

図 3.4　基本回路素子の複素インピーダンス

以上は一般的に複素インピーダンス $\dot{Z}_1$，$\dot{Z}_2$，$\dot{Z}_3$ で表したが，これらは具体的には，**2.5.4** 項の式(2.123)でも示したように，**図 3.4** の基本回路素子の複素インピーダンスで構成されている。

例題 3.1　図 3.5 に示す二つの回路の合成複素インピーダンスおよびその大きさを求めよ。

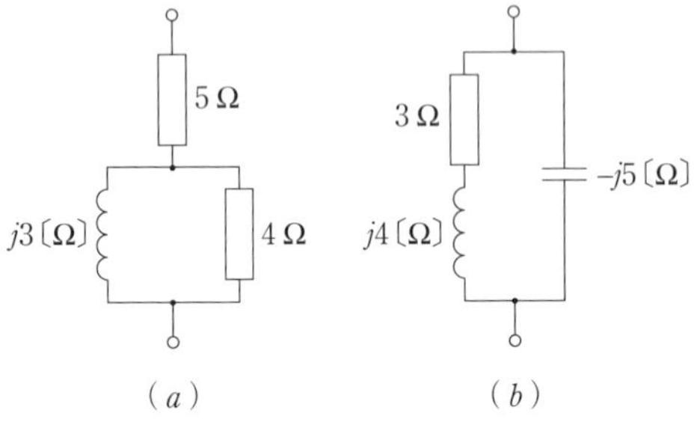

図 3.5　例題 3.1 の回路

【解答】

図(a)　$\dot{Z} = 5 + \dfrac{j12}{4 + j3} = 5 + \dfrac{j12(4 - j3)}{16 + 9} = \dfrac{1}{25}(161 + j48)$

$Z = \dfrac{1}{25}\sqrt{161^2 + 48^2} = 6.72\,\Omega$

図(b)　$\dot{Z} = \dfrac{-j5(3 + j4)}{3 + j4 - j5} = \dfrac{-j5(3 + j4)}{3 - j} = -j\dfrac{5}{2}(1 + j3) = \dfrac{5}{2}(3 - j)$

$Z = \dfrac{5}{2}\sqrt{3^2 + 1} = \dfrac{5}{2}\sqrt{10}$〔Ω〕　◇

例題 3.2　図 3.6 に示す三つの回路の合成複素インピーダンスを求めよ。角周波数を ω とする。

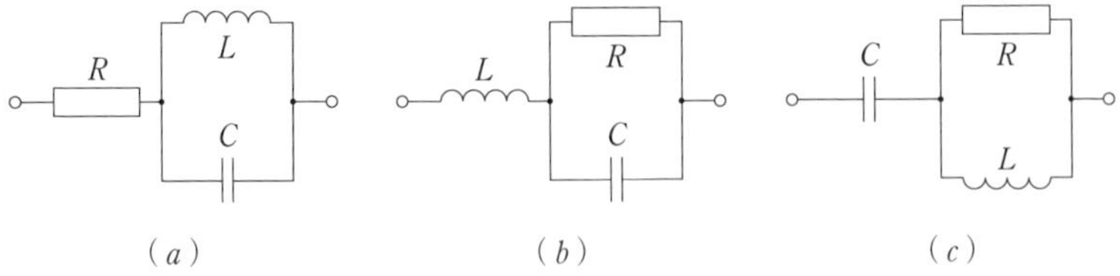

図 3.6　例題 3.2 の回路

【解答】

図(a)　$\dot{Z} = R + \dfrac{j\omega L \times \left(-j\dfrac{1}{\omega C}\right)}{j\omega L - j\dfrac{1}{\omega C}} = R + \dfrac{\dfrac{L}{C}}{j\left(\omega L - \dfrac{1}{\omega C}\right)} = R - j\dfrac{\dfrac{L}{C}}{\left(\omega L - \dfrac{1}{\omega C}\right)}$

図(b)　$\dot{Z} = j\omega L + \dfrac{-j\dfrac{R}{\omega C}}{R - j\dfrac{1}{\omega C}} = j\omega L + \dfrac{-j\dfrac{R}{\omega C}\left(R + j\dfrac{1}{\omega C}\right)}{R^2 + \left(\dfrac{1}{\omega C}\right)^2}$

$$= \frac{\dfrac{R}{(\omega C)^2}}{R^2 + \left(\dfrac{1}{\omega C}\right)^2} + j\left\{\omega L - \frac{\dfrac{R^2}{\omega C}}{R^2 + \left(\dfrac{1}{\omega C}\right)^2}\right\}$$

図(c)　$\dot{Z} = -j\dfrac{1}{\omega C} + \dfrac{R(j\omega L)}{R + j\omega L} = -j\dfrac{1}{\omega C} + \dfrac{jR\omega L(R - j\omega L)}{R^2 + (\omega L)^2}$

$$= \frac{R(\omega L)^2}{R^2 + (\omega L)^2} + j\left\{\frac{R^2\omega L}{R^2 + (\omega L)^2} - \frac{1}{\omega C}\right\}$$　◇

3.2 分 圧 と 分 流

図 3.7 に示す直列回路における**分圧**の関係を求める。流れる電流 $\dot{I}$ は

$$\dot{I} = \frac{\dot{V}}{\dot{Z}_1 + \dot{Z}_2} \tag{3.9}$$

であるので，各部の電圧 $\dot{V}_1$，$\dot{V}_2$ は式(3.10)のようになる。

$$\dot{V}_1 = \dot{Z}_1\dot{I} = \frac{\dot{Z}_1}{\dot{Z}_1 + \dot{Z}_2}\dot{V}, \qquad \dot{V}_2 = \dot{Z}_2\dot{I} = \frac{\dot{Z}_2}{\dot{Z}_1 + \dot{Z}_2}\dot{V} \tag{3.10}$$

つぎに，**図 3.8** に示す並列回路において**分流**の関係を求める。並列回路の

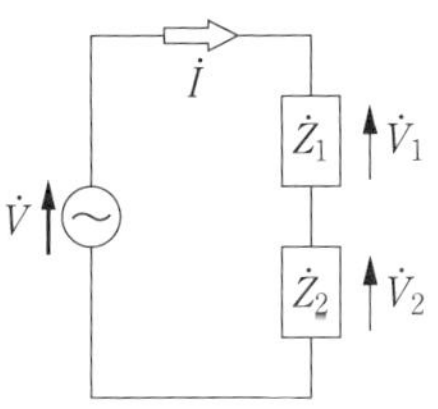

図 3.7　分　　圧

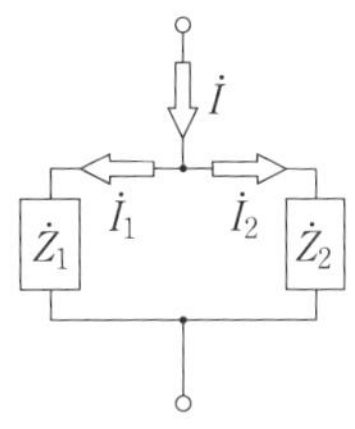

図 3.8　分　　流

合成複素インピーダンス $\dot{Z}$ は

$$\dot{Z} = \frac{\dot{Z}_1\dot{Z}_2}{\dot{Z}_1 + \dot{Z}_2} \tag{3.11}$$

であるので，流れる全電流を $\dot{I}$ とすると，並列回路部分にかかる電圧 $\dot{V}$ は

$$\dot{V} = \frac{\dot{Z}_1\dot{Z}_2}{\dot{Z}_1 + \dot{Z}_2}\dot{I} \tag{3.12}$$

となり，各素子に流れる電流 $\dot{I}_1$，$\dot{I}_2$ は式(3.13)のようになる。

$$\dot{I}_1 = \frac{\dot{V}}{\dot{Z}_1} = \frac{\dot{Z}_2}{\dot{Z}_1 + \dot{Z}_2}\dot{I}, \qquad \dot{I}_2 = \frac{\dot{V}}{\dot{Z}_2} = \frac{\dot{Z}_1}{\dot{Z}_1 + \dot{Z}_2}\dot{I} \tag{3.13}$$

以上の分圧，分流の関係も直流回路の抵抗の場合とまったく同じである。

3.3 回路計算例

ここで多くの例題を解くことを通して回路計算の知識を理解する。

例題 3.3　図 3.9 に示す回路において

$$v(t) = 250\sqrt{2}\sin\omega t \quad 〔\mathrm{V}〕$$

の電圧を加えたとき，回路を流れる電流 i を求めよ。

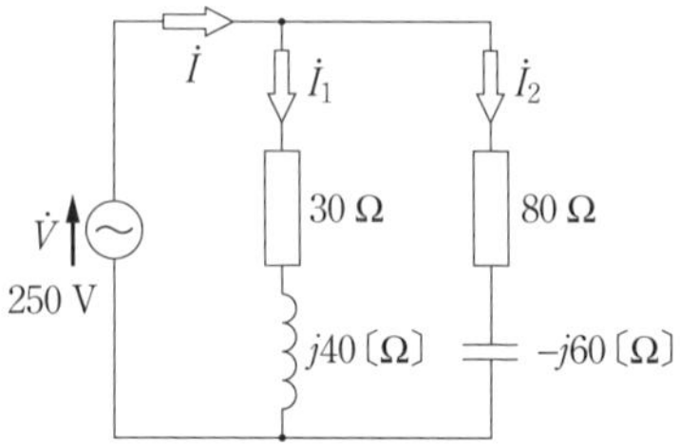

図 3.9　例題 3.3 の回路

【解答】　複素数を用いて求める。$\dot{V} = 250$ V を基準に考えると，各部の電流 $\dot{I}_1$，$\dot{I}_2$ は

$$\dot{I}_1 = \frac{250}{30 + j40} = \frac{25}{3 + j4} = 3 - j4 \quad 〔\mathrm{A}〕$$

$$\dot{I}_2 = \frac{250}{80 - j60} = \frac{25}{8 - j6} = \frac{1}{4}(8 + j6) = 2 + j\frac{3}{2} \quad 〔\mathrm{A}〕$$

となる。回路全体の電流 $\dot{I}$ は

$$\dot{I} = \dot{I}_1 + \dot{I}_2 = 3 - j4 + 2 + j\frac{3}{2} = 5\left(1 - j\frac{1}{2}\right) \quad 〔\mathrm{A}〕$$

であるので，その大きさ I および位相差 ϕ は

$$I = 5\sqrt{1^2 + \left(\frac{1}{2}\right)^2} = 5\sqrt{\frac{5}{4}} = \frac{5}{2}\sqrt{5} \quad \text{〔A〕}$$

$$\phi = \tan^{-1}\frac{-\frac{5}{2}}{5} = -\tan^{-1}\frac{1}{2} = -26.6°$$

よって，最終的に求める回路全体の電流 $i(t)$ は

$$i(t) = \left(\frac{5}{2}\sqrt{5}\right)\sqrt{2}\sin(\omega t - 26.6°) \quad \text{〔A〕}$$

となる。図 ***3.10*** に諸量のフェーザ図を示す。

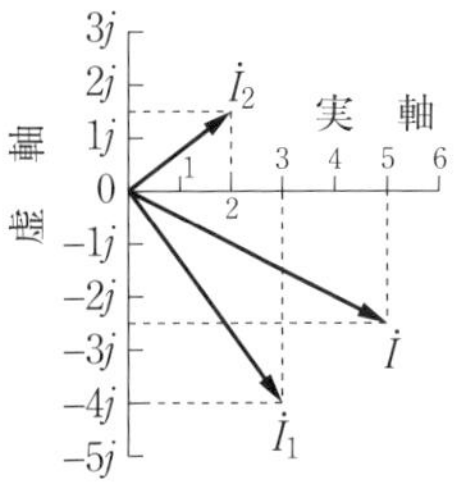

図 *3.10*　例題 *3.3* の諸量のフェーザ図

この問題は，回路の合成インピーダンス $\dot{Z}$ を先に求めてもよい。

$$\dot{Z} = \frac{(30 + j40)(80 - j60)}{(30 + j40) + (80 - j60)} = \frac{100(3 + j4)(8 - j6)}{110 - j20} = \frac{20(24 + j7)}{11 - j2} \quad \text{〔Ω〕}$$

であるので，電流 $\dot{I}$ はつぎのように求められる。

$$\dot{I} = \frac{\dot{V}}{\dot{Z}} = 250 \times \frac{11 - j2}{20(24 + j7)} = \frac{1}{2}(10 - j5) = 5\left(1 - j\frac{1}{2}\right) \quad \text{〔A〕}$$

◇

例題 *3.4*　図 ***3.11*** の回路において，$\dot{I}_0$ が与えられているとき $\dot{V}$ を求めよ。

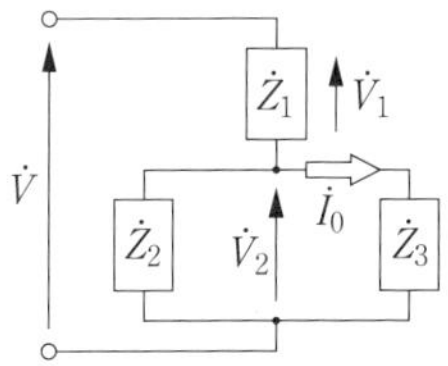

図 *3.11*　例題 *3.4* の回路

【解答】　$\dot{Z}_2$ と $\dot{Z}_3$ の並列回路部の電圧 $\dot{V}_2$ は

$$\dot{V}_2 = \dot{Z}_3\dot{I}_0$$

$\dot{Z}_2$ に流れる電流 $\dot{I}_2$ は

$$\dot{I}_2 = \frac{\dot{V}_2}{\dot{Z}_2} = \frac{\dot{Z}_3}{\dot{Z}_2}\dot{I}_0$$

となる。つぎに，$\dot{Z}_1$ に流れる電流 $\dot{I}$ は

$$\dot{I} = \dot{I}_0 + \dot{I}_2 = \left(1 + \frac{\dot{Z}_3}{\dot{Z}_2}\right)\dot{I}_0$$

であるので，$\dot{Z}_1$ の電圧 $\dot{V}_1$ は

$$\dot{V}_1 = \dot{Z}_1\dot{I} = \dot{Z}_1\left(1 + \frac{\dot{Z}_3}{\dot{Z}_2}\right)\dot{I}_0$$

こうして $\dot{V}$ を求めると，つぎのようになる。

$$\dot{V} = \dot{V}_1 + \dot{V}_2 = \frac{\dot{Z}_1\dot{Z}_2 + \dot{Z}_2\dot{Z}_3 + \dot{Z}_3\dot{Z}_1}{\dot{Z}_2}\dot{I}_0 = \left(\dot{Z}_1 + \dot{Z}_3 + \frac{\dot{Z}_1\dot{Z}_3}{\dot{Z}_2}\right)\dot{I}_0 \qquad \diamond$$

例題 3.5　**図 3.12** の回路において，$\dot{V}$ と $\dot{I}$ が同相となるための条件を求めよ。また，そのときの $\dot{I}$ を求めよ。

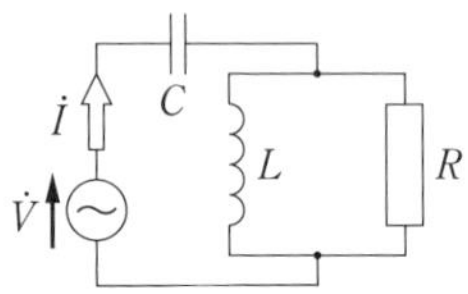

図 3.12　**例題 3.5** の回路

【解答】　この回路の複素インピーダンス $\dot{Z}$ は**例題 3.2** の回路(c)で求めており，その結果は

$$\dot{Z} = \frac{R(\omega L)^2}{R^2 + (\omega L)^2} + j\left\{\frac{R^2\omega L}{R^2 + (\omega L)^2} - \frac{1}{\omega C}\right\}$$

である。題意より，電圧と電流が同相であるためには，インピーダンスの虚数部が零でなければならないので

$$\frac{R^2\omega L}{R^2 + (\omega L)^2} = \frac{1}{\omega C}$$

より

$$R^2(\omega^2 LC - 1) = (\omega L)^2$$

となる。この条件が成り立つときに，電圧と電流は同相になる。また，そのときのインピーダンス $\dot{Z}$ および電流 $\dot{I}$ はつぎのようになる。

$$\dot{Z} = \frac{R(\omega L)^2}{R^2\omega^2 LC} = \frac{L}{RC}, \qquad \dot{I} = \frac{CR}{L}\dot{V} \qquad \diamond$$

〈定められた位相差にする条件〉　**例題 3.5** で述べたことを，より一般的に説明するとつぎのようになる。

回路の複素インピーダンスが $\dot{Z} = a + jb$ のとき，電流 $\dot{I}$ は

$$\dot{I} = \frac{\dot{V}}{\dot{Z}} = \frac{\dot{V}}{a + jb} = \frac{a - jb}{a^2 + b^2}\dot{V} \qquad (3.14)$$

であるので，$\dot{V}$ と $\dot{I}$ が同相となるための条件は

$$\dot{I} = (\text{実数}) \times \dot{V} \qquad (3.15)$$

の形になればよい。このことは，$\dot{I}$ の虚部が零，すなわち

$$b = 0 \qquad (3.16)$$

であればよいことになる。ここで，電流が式(3.14)のように $\dot{V}/\dot{Z}$ の形である場合は，$\dot{Z}$ の虚部を零とおいてよいことがわかる。

さらに，合成インピーダンスが周波数に無関係に純抵抗になる回路を**定抵抗回路**（constant-resistance circuit）という。

つぎに，$\dot{V}$ と $\dot{I}$ が $\pi/2$ の位相差となるための条件は

$$\dot{I} = \pm j(\text{実数}) \times \dot{V} \qquad (3.17)$$

の形になればよいので，$\dot{I}$ の実部が零，すなわち

$$a = 0 \qquad (3.18)$$

であればよい。これは $\dot{Z}$ の実部を零とおくことでもある。

以上は，位相差が 0 や $\pi/2$ の条件の求め方を示したが，$\dot{V}$ と $\dot{I}$ の位相差 ϕ は式(3.14)において

$$\phi = -\tan^{-1}\frac{b}{a} \qquad (3.19)$$

で与えられるので，他の位相差の条件も得られる。例えば，$\dot{V}$ と $\dot{I}$ が $\pi/4$ の位相差となるための条件は

$$a = b \qquad (3.20)$$

となる。

例題 3.6　**図 3.13** の回路において，$\dot{I}$ の位相が $\dot{V}$ の位相より $\pi/2$〔rad〕遅れるための条件を求めよ。また，そのときの $\dot{I}$ を求めよ。

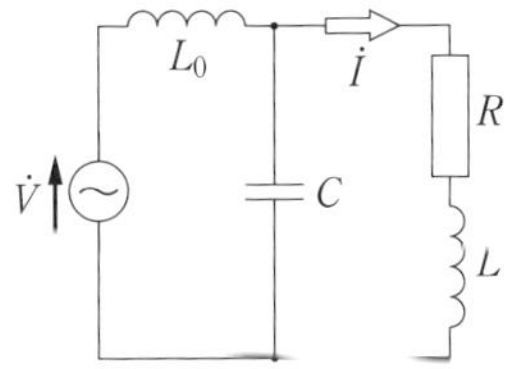

図 3.13　例題 3.6 の回路

【**解答**】 回路の全インピーダンス $\dot{Z}$ は

$$\dot{Z} = j\omega L_0 + \frac{\dfrac{1}{j\omega C}(R + j\omega L)}{R + j\left(\omega L - \dfrac{1}{\omega C}\right)}$$

$\dot{I}$ は分流の関係より

$$\dot{I} = \frac{\dfrac{1}{j\omega C}}{R + j\left(\omega L - \dfrac{1}{\omega C}\right)} \cdot \frac{\dot{V}}{\dot{Z}} = \frac{\dot{V}}{R(1 - \omega^2 L_0 C) + j\omega\{L + L_0(1 - \omega^2 LC)\}}$$

題意を満たすためには，上式の分母の実部が零であればよい。すなわち

$$\omega^2 L_0 C = 1$$

が条件となる。また，この条件が成り立つときの電流 $\dot{I}$ は次式となる。

$$\dot{I} = \frac{\dot{V}}{j\omega L_0}$$ ◇

〈ブーシェロの回路〉 上の例題のように，ある条件下で負荷（R と L の直列部）に流れる電流は負荷に無関係に一定となる。これを一般的に説明するとつぎのようになる。いま，**図 *3.14*** のような回路において，負荷 $\dot{Z}$ に流れる電流 $\dot{I}$ を求めると式(*3.21*)となる。

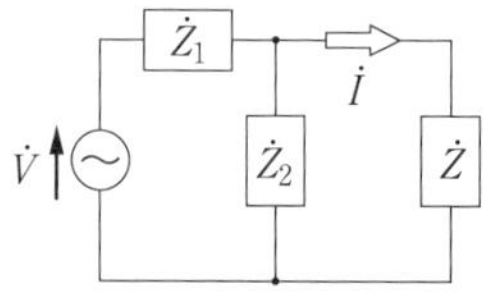

図 *3.14* ブーシェロの回路

$$\dot{I} = \frac{\dot{Z}_2}{\dot{Z}_2 + \dot{Z}} \cdot \frac{\dot{V}}{\dot{Z}_1 + \dfrac{\dot{Z}_2 \dot{Z}}{\dot{Z}_2 + \dot{Z}}} = \frac{\dot{Z}_2 \dot{V}}{\dot{Z}_1 \dot{Z}_2 + (\dot{Z}_1 + \dot{Z}_2)\dot{Z}} \qquad (3.21)$$

この電流が負荷に無関係であるためには，分母の $\dot{Z}$ の係数が零であればよい。すなわち

$$\dot{Z}_1 = -\dot{Z}_2 \qquad (3.22)$$

の関係があればよい。そのとき電流 $\dot{I}$ は式(*3.23*)となる。

$$\dot{I} = \frac{\dot{V}}{\dot{Z}_1} \qquad (3.23)$$

このような条件を満たす回路を**ブーシェロ**（Bouchelot）**の回路**という。

3.4 電位と電位差

図 *3.15*(*a*)に交流電源を示す。交流電源の場合，ab 間の電圧の時間的変化は，これまでも述べてきたように図(*b*)のようになる。ab 間の電圧は点 a と点 b の間の電位差でもある。すなわち，図(*b*)の v_{ab} は，点 b の電位を基準に

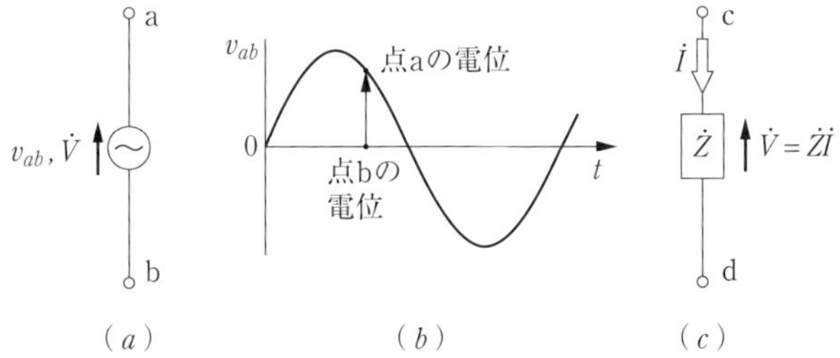

図 3.15　電位と電位差

とったときの点 a の電位の変化を表したものである。これまで断りもなしに述べてきたが，交流電源には図(a)のようにある方向に矢印をつける。この向きに考えたときが与えられた電圧 $v(t)$ であることを示している。複素数表示の場合も同様で，矢印の向きに起電力を考えたときが与えられた電圧 $\dot{V}$ であることを示している。

つぎに，図(c)のように，あるインピーダンス $\dot{Z}$ に電流 $\dot{I}$ が図示の向きに流れている場合を考える。電流は電位の高い点から低い点に向かって流れるので，図(c)の場合は，点 c の電位は点 d の電位より

$$\dot{V} = \dot{Z}\dot{I} \tag{3.24}$$

だけ高くなり，矢印の向きを図のように表す。

3.5　電圧源と電流源

これまで電源はすべて図 **3.16**(a)のような電圧源として扱ってきたが，回路によっては，電圧源でなく，図(b)のような電流源を考えたほうが便利なときがある。特に別に学ぶトランジスタなどを含む電子回路の等価回路の解析においては重要になる。いま，図(a)，(b)の $v(t)$，$i(t)$ は式(3.25)であるとする。

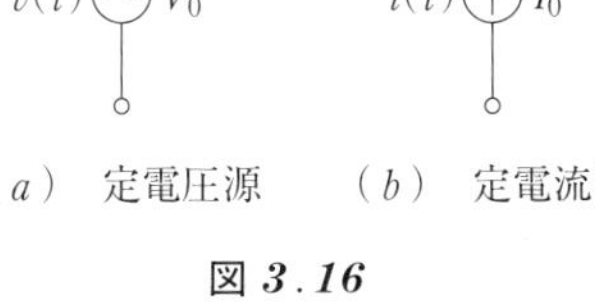

(a)　定電圧源　　(b)　定電流源

図 3.16

$$v(t) = \sqrt{2}\,V \sin \omega t \tag{3.25 a}$$

$$i(t) = \sqrt{2}\,I \sin \omega t \tag{3.25 b}$$

理想的な電圧源とは，どのような素子が接続されても，その端子電圧が式(3.25 a)の $v(t)$ に保たれているものであり，理想的な電流源とはそれにどのような素子を接続しても，つねにそこからは式(3.25 b)の電流 $i(t)$ が流れ出るものである。理想的な電圧源，電流源はそれぞれ**定電圧源**，**定電流源**とも呼ばれる。これらの定電圧源や定電流源を，図(*a*)，(*b*)のように複素数を用いた回路では，$\dot{V}_0$，$\dot{I}_0$ で表すとする。

図 3.17(*a*)のように定電圧源を直列接続にすると，AB 間の電圧 $\dot{V}$ は

$$\dot{V} = \dot{V}_1 + \dot{V}_2 + \dot{V}_3 \tag{3.26}$$

となる。また，図(*b*)のように定電流源を並列接続にすると，全体として

$$\dot{I} = \dot{I}_1 + \dot{I}_2 + \dot{I}_3 \tag{3.27}$$

の定電流源 $\dot{I}$ と等価になる。

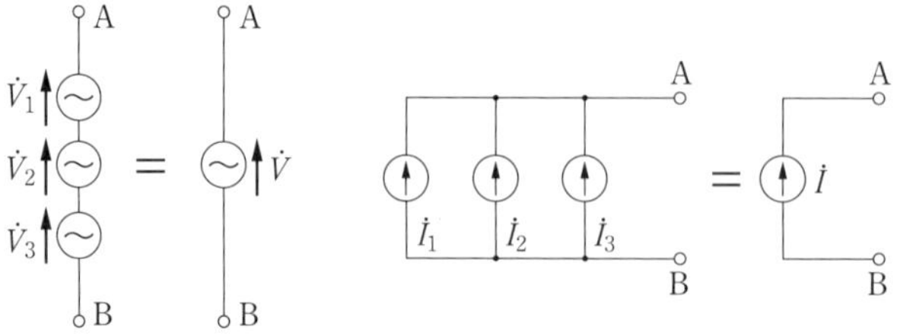

（*a*）　定電圧源の直列接続　　　　（*b*）　定電流源の並列接続

図 3.17

定電圧源，定電流源の電圧や電流は回路の状態にかかわらずつねに一定であるが，実際の電圧源の端子電圧や電流源の電流は回路に流れる電流などによって変化する。ここで，実際の電圧源，電流源を考えてみよう。

まず，実際の電圧源を考えると，端子電圧は電流によってほぼ直線的に変化するので，それは**図 3.18** のように，理想的な電圧源に内部インピーダンス $\dot{Z}_0$ を直列に接続して表すことができる。このとき電圧源には電流 $\dot{I}_V$ が流れるとすると，端子電圧 $\dot{V}$ は

$$\dot{V} = \dot{V}_0 - \dot{Z}_0 \dot{I}_V \tag{3.28}$$

となり，電流によって変化することになる。もし，内部インピーダンス $\dot{Z}_0$ が零ならば理想的な電圧源と一致する。すなわち理想的な電圧源の内部インピーダンス $\dot{Z}_0$ は零である。

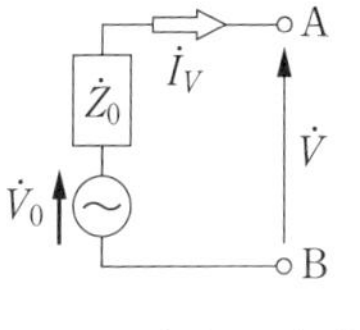

図 3.18　実際の電圧源

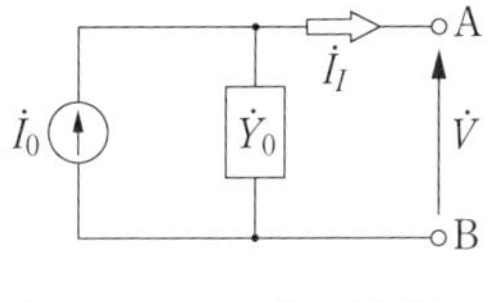

図 3.19　実際の電流源

実際の電流源も接続される素子によって電流が変化し，**図 3.19** に示すように，理想的な電流源 $\dot{I}_0$ にアドミタンス $\dot{Y}_0$ を並列に接続した回路で表すことができる。そのとき，電流源の端子電圧を $\dot{V}$ として，電流源に接続される回路には電流 $\dot{I}_I$ が流れるとすると

$$\dot{I}_I = \dot{I}_0 - \dot{Y}_0 \dot{V} \tag{3.29}$$

となる。$\dot{Y}_0$ が零のとき，理想的な電流源となる。すなわち，理想的な電流源の内部インピーダンスは無限大である。

電圧源と電流源はたがいに変換することができる。それは式(3.28)と式(3.29)を比較して容易に得られる。いま，電圧源，電流源にインピーダンス $\dot{Z}$ を接続したとすると，そこに流れる電流 $\dot{I}_V$，$\dot{I}_I$ は，それぞれ

$$\dot{I}_V = \frac{\dot{V}_0}{\dot{Z} + \dot{Z}_0}, \qquad \dot{I}_I = \frac{1/\dot{Y}_0}{\dot{Z} + 1/\dot{Y}_0}\dot{I}_0 \tag{3.30}$$

となるので，両回路に同じ電流 $\dot{I}_V = \dot{I}_I$ を供給するためには

$$\dot{Z}_0 = \frac{1}{\dot{Y}_0}, \qquad \dot{V}_0 = \frac{\dot{I}_0}{\dot{Y}_0} \tag{3.31}$$

でなければならない。式(3.31)の関係は電流源を電圧源に変換する場合の関係であり，電圧源を電流源に変換する場合には式(3.31)を変形して

$$\dot{Y}_0 = \frac{1}{\dot{Z}_0}, \qquad \dot{I}_0 = \dot{V}_0 \dot{Y}_0 = \frac{\dot{V}_0}{\dot{Z}_0} \tag{3.32}$$

となる。

以上のように，電圧源と電流源はたがいに変換でき，このことは同じ電源を電圧源でも電流源でも表すことができることを意味する。回路によっては電圧源を電流源に，あるいは電流源を電圧源に変換して解析したほうが便利なときがある。

例題 3.7　**図 3.20**(a)の回路において，AB 端から見た部分を等価電流源，等価電圧源に変換せよ。

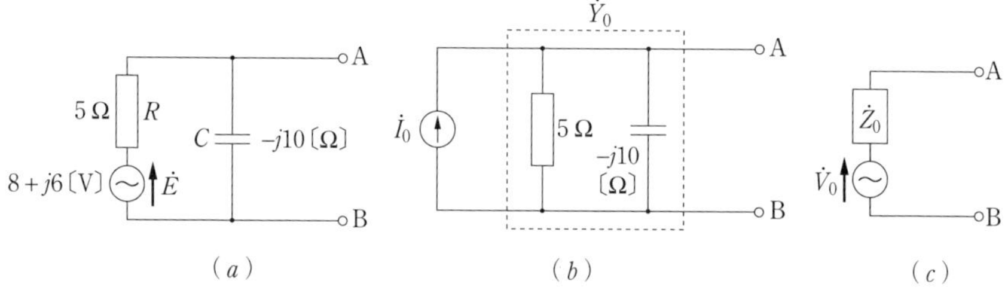

図 3.20　**例題 3.7** の回路

【解答】　まず $\dot{E}$ と抵抗 R の直列部を電流源に変換する。

$$\dot{I}_0 = \frac{\dot{E}}{R} = \frac{2}{5}(4 + j3)\ \text{〔A〕}, \qquad \dot{Y} = \frac{1}{R} = \frac{1}{5}\ \text{〔S〕}$$

抵抗 R とコンデンサ C の並列部のアドミタンス $\dot{Y}_0$ は

$$\dot{Y}_0 = \dot{Y} + \frac{1}{-j10} = \frac{1}{10}(2 + j)\ \text{〔S〕}$$

となり，図(b)のような等価電流源となる。

等価電圧源は等価電流源を変換して

$$\dot{Z}_0 = \frac{1}{\dot{Y}_0} = \frac{10}{2 + j} = 2(2 - j)\ \text{〔Ω〕}$$

$$\dot{V}_0 = \frac{\dot{I}_0}{\dot{Y}_0} = \frac{2}{5}(4 + j3) \times 2(2 - j) = \frac{4}{5}(11 + j2)\ \text{〔V〕}$$

となる（図(c)参照）。　◇

これまでは，電源が 1 個の回路を扱ってきた。電源が 2 個以上ある回路の計算はどのように扱えばよいか。直流回路の場合は，キルヒホッフの法則や重ね合わせの理，テブナンの定理などが有効であった。これらの法則や定理は交流回路に対しても成り立ち，違いは直流回路の電圧，電流，抵抗を交流回路の場合は複素数の電圧，電流，インピーダンスで置き換えればよいだけである。以下，それらについて述べる。より一般的な回路網方程式の取扱いについては**4**章で述べる。

3.6 キルヒホッフの法則

キルヒホッフの法則は，電源が1個の場合であれ複数個の場合であれ，あとで述べる三相交流のような場合であれ，どのような回路にも適用できるものである。***1.4.4*** 項で述べたように，キルヒホッフの法則には第一法則（電流則）と第二法則（電圧則）がある。ここでは復習を兼ねて再記する。

3.6.1 第一法則（電流則，KCL）

図 *3.21* に示すように，一つの接続点において，各枝の電流の向きが図示のようであったとすると電流の関係は式(*3.33*)となる。

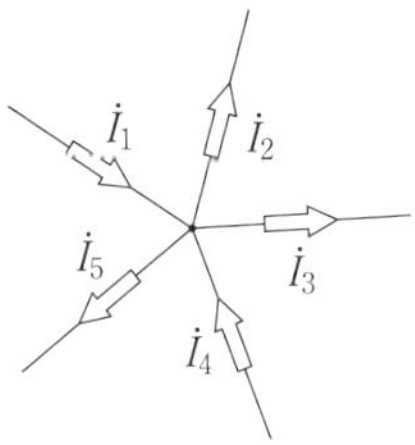

図 *3.21* キルヒホッフの第一法則

$$\dot{I}_1 - \dot{I}_2 - \dot{I}_3 + \dot{I}_4 - \dot{I}_5 = 0 \qquad (3.33)$$

すなわち，「回路網中の任意の接続点に流入する電流と流出する電流の複素数の総和は零である。ただし，流入する電流を正とすれば流出する電流を負にとる」。これはキルヒホッフの第一法則（電流則，KCL）である。

3.6.2 第二法則（電圧則，KVL）

図 *3.22* に示す回路網中の任意の一つの閉路において，起電力の複素数の和とインピーダンスによる電圧降下の複素数の和を考える。

このとき，「回路網中の任意の一つの閉路において，起電力の複素数の和とインピーダンスによる電圧降下の複素数の和の総和は零である。ただし，閉路

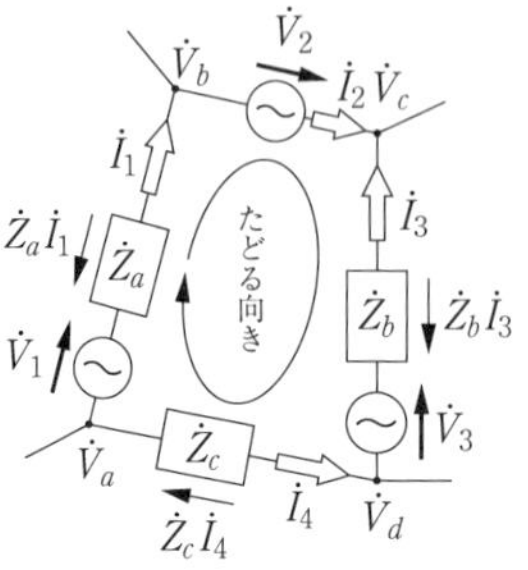

図 3.22　キルヒホッフの第二法則

をたどる向きと同じ向きの起電力および電圧降下を正とすれば，反対向きのものを負にとる」。これはキルヒホッフの第二法則（電圧則，KVL）である。図の場合は

$$\dot{V}_1 + \dot{V}_2 - \dot{V}_3 - \dot{Z}_a\dot{I}_1 + \dot{Z}_b\dot{I}_3 + \dot{Z}_c\dot{I}_4 = 0 \tag{3.34}$$

となる。

3.6.3　枝電流法と閉路電流法

直流回路でも学んだように，キルヒホッフの法則を適用する場合に，各枝に流れる電流を仮定する**枝電流法**と，閉路の電流を仮定する**閉路電流法**がある。これらは本質的には同じものであるが，枝の数が多くなると未知数の少ない閉路電流法のほうが計算が容易になる。ここで，**図 3.23** に示す回路網の電流をキルヒホッフの法則を用いて求めてみよう。

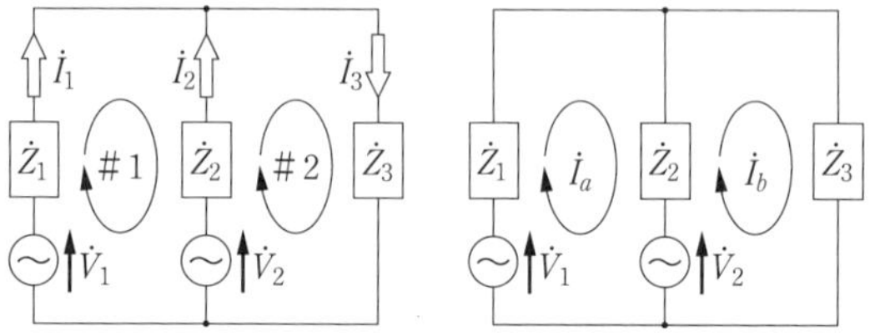

（a）　枝電流法　　　　（b）　閉路電流法

図 3.23　キルヒホッフの法則の適用

〔**1**〕　**枝 電 流 法**　　図(a)のように各枝に流れる電流 $\dot{I}_1$，$\dot{I}_2$，$\dot{I}_3$ を仮定する。任意の接続点に第一法則を適用して式(3.35)を得る。

$$\dot{I}_1 + \dot{I}_2 = \dot{I}_3 \tag{3.35}$$

つぎに，閉路#1，閉路#2 に沿って，第二法則をそれぞれ適用すると

$$\dot{V}_1 - \dot{V}_2 = \dot{Z}_1\dot{I}_1 - \dot{Z}_2\dot{I}_2 \tag{3.36}$$

$$\dot{V}_2 = \dot{Z}_2\dot{I}_2 + \dot{Z}_3\dot{I}_3 \tag{3.37}$$

となる。式(3.35)〜式(3.37)の連立方程式を解くのに代入法を用いるとして，まず，式(3.37)に式(3.35)の $\dot{I}_3$ を代入して整理すると

$$\dot{V}_2 = \dot{Z}_3\dot{I}_1 + (\dot{Z}_2 + \dot{Z}_3)\dot{I}_2 \tag{3.38}$$

となる。また，式(3.36)より $\dot{I}_1$ を求めると

$$\dot{I}_1 = \frac{1}{\dot{Z}_1}(\dot{V}_1 - \dot{V}_2) + \frac{\dot{Z}_2}{\dot{Z}_1}\dot{I}_2 \tag{3.39}$$

となるので，これを式(3.38)に代入して $\dot{I}_2$ は

$$\dot{I}_2 = \frac{(\dot{Z}_1 + \dot{Z}_3)\dot{V}_2 - \dot{Z}_3\dot{V}_1}{\dot{Z}_1\dot{Z}_2 + \dot{Z}_2\dot{Z}_3 + \dot{Z}_3\dot{Z}_1} \tag{3.40}$$

となる。この $\dot{I}_2$ を式(3.39)に代入して $\dot{I}_1$ は式(3.41)のようになる。

$$\dot{I}_1 = \frac{(\dot{Z}_2 + \dot{Z}_3)\dot{V}_1 - \dot{Z}_3\dot{V}_2}{\dot{Z}_1\dot{Z}_2 + \dot{Z}_2\dot{Z}_3 + \dot{Z}_3\dot{Z}_1} \tag{3.41}$$

また，式(3.40)および式(3.41)の $\dot{I}_1$，$\dot{I}_2$ を式(3.35)に代入して $\dot{I}_3$ は式(3.42)のようになる。

$$\dot{I}_3 = \frac{\dot{Z}_2\dot{V}_1 + \dot{Z}_1\dot{V}_2}{\dot{Z}_1\dot{Z}_2 + \dot{Z}_2\dot{Z}_3 + \dot{Z}_3\dot{Z}_1} \tag{3.42}$$

〔**2**〕 **閉路電流法**　図(b)のように閉路電流 $\dot{I}_a$，$\dot{I}_b$ をとるとして，キルヒホッフの第二法則を適用すると

$$\dot{V}_1 - \dot{V}_2 = \dot{Z}_1\dot{I}_a + \dot{Z}_2(\dot{I}_a - \dot{I}_b) \tag{3.43}$$

$$\dot{V}_2 = \dot{Z}_2(\dot{I}_b - \dot{I}_a) + \dot{Z}_3\dot{I}_b \tag{3.44}$$

となる。式(3.44)より $\dot{I}_a$ は

$$\dot{I}_a = \frac{\dot{Z}_2 + \dot{Z}_3}{\dot{Z}_2}\dot{I}_b - \frac{1}{\dot{Z}_2}\dot{V}_2 \tag{3.45}$$

であるので，これを式(3.43)に代入して $\dot{I}_b$ は式(3.46)となる。

$$\dot{I}_b = \frac{\dot{Z}_2\dot{V}_1 + \dot{Z}_1\dot{V}_2}{\dot{Z}_1\dot{Z}_2 + \dot{Z}_2\dot{Z}_3 + \dot{Z}_3\dot{Z}_1} \tag{3.46}$$

つぎに，式(3.46)を式(3.45)に代入して $\dot{I}_a$ は式(3.47)となる。

$$\dot{I}_a = \frac{(\dot{Z}_2 + \dot{Z}_3)\dot{V}_1 - \dot{Z}_3\dot{V}_2}{\dot{Z}_1\dot{Z}_2 + \dot{Z}_2\dot{Z}_3 + \dot{Z}_3\dot{Z}_1} \tag{3.47}$$

$\dot{Z}_2$の素子に流れる電流 $\dot{I}_b - \dot{I}_a$ は，$\dot{I}_b$ の向きを基準に考えると

$$\dot{I}_b - \dot{I}_a = \frac{(\dot{Z}_1 + \dot{Z}_3)\dot{V}_2 - \dot{Z}_3\dot{V}_1}{\dot{Z}_1\dot{Z}_2 + \dot{Z}_2\dot{Z}_3 + \dot{Z}_3\dot{Z}_1} \qquad (3.48)$$

となる。当然のことながら，枝電流法と閉路電流法の結果は同じとなる。

3.7 重ね合わせの理

電源が二つ以上ある回路の解法には，キルヒホッフの法則以外にもいくつかあるが，***1.4.5*** 項で述べた重ね合わせの理もその一つである。

重ね合わせの理は，**図 *3.23*(*a*)**の回路を**図 *3.24*(*a*)**に再記し，説明するとつぎのようになる。

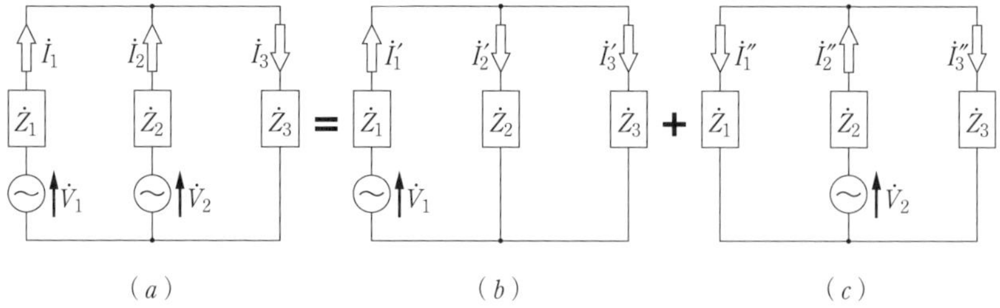

図 *3.24* 重ね合わせの理の適用

まず，図(*b*)に示すように $\dot{V}_1$ の電源だけがある回路を考え，各部の電流 $\dot{I}_1'$，$\dot{I}_2'$，$\dot{I}_3'$ を求める。その際，電源 $\dot{V}_2$ は零，すなわち短絡して考える。つぎに，図(*c*)に示す電源 $\dot{V}_2$ だけがある回路（電源 $\dot{V}_1$ は零，すなわち短絡）の各部の電流 $\dot{I}_1''$，$\dot{I}_2''$，$\dot{I}_3''$ を求める。こうして，図(*a*)の電流は，図(*b*)の電流と図(*c*)の電流を向きを考慮して重ね合わせ

$$\dot{I}_1 = \dot{I}_1' - \dot{I}_1'', \qquad \dot{I}_2 = -\dot{I}_2' + \dot{I}_2'', \qquad \dot{I}_3 = \dot{I}_3' + \dot{I}_3'' \qquad (3.49)$$

より得られる。

ここで，具体的に，図(*b*)の回路を解いて各部の電流 $\dot{I}_1'$，$\dot{I}_2'$，$\dot{I}_3'$ を求める。まず，回路の合成インピーダンス $\dot{Z}$ は

$$\dot{Z} = \dot{Z}_1 + \frac{\dot{Z}_2\dot{Z}_3}{\dot{Z}_2 + \dot{Z}_3} = \frac{\dot{Z}_1\dot{Z}_2 + \dot{Z}_2\dot{Z}_3 + \dot{Z}_3\dot{Z}_1}{\dot{Z}_2 + \dot{Z}_3} \tag{3.50}$$

となるので $\dot{I}_1'$ は

$$\dot{I}_1' = \frac{\dot{V}_1}{\dot{Z}} = \frac{\dot{Z}_2 + \dot{Z}_3}{\dot{Z}_1\dot{Z}_2 + \dot{Z}_2\dot{Z}_3 + \dot{Z}_3\dot{Z}_1}\dot{V}_1 \tag{3.51}$$

となる。$\dot{I}_2'$，$\dot{I}_3'$ は分流の公式を用いて，それぞれ

$$\dot{I}_2' = \frac{\dot{Z}_3}{\dot{Z}_2 + \dot{Z}_3}\dot{I}_1' = \frac{\dot{Z}_3}{\dot{Z}_1\dot{Z}_2 + \dot{Z}_2\dot{Z}_3 + \dot{Z}_3\dot{Z}_1}\dot{V}_1 \tag{3.52}$$

$$\dot{I}_3' = \frac{\dot{Z}_2}{\dot{Z}_2 + \dot{Z}_3}\dot{I}_1' = \frac{\dot{Z}_2}{\dot{Z}_1\dot{Z}_2 + \dot{Z}_2\dot{Z}_3 + \dot{Z}_3\dot{Z}_1}\dot{V}_1 \tag{3.53}$$

となる。同様にして，図(c)の回路の各部の電流を求めると

$$\dot{Z} = \dot{Z}_2 + \frac{\dot{Z}_1\dot{Z}_3}{\dot{Z}_1 + \dot{Z}_3} = \frac{\dot{Z}_1\dot{Z}_2 + \dot{Z}_2\dot{Z}_3 + \dot{Z}_3\dot{Z}_1}{\dot{Z}_1 + \dot{Z}_3} \tag{3.54}$$

であるから

$$\dot{I}_2'' = \frac{\dot{V}_2}{\dot{Z}} = \frac{\dot{Z}_1 + \dot{Z}_3}{\dot{Z}_1\dot{Z}_2 + \dot{Z}_2\dot{Z}_3 + \dot{Z}_3\dot{Z}_1}\dot{V}_2 \tag{3.55}$$

$$\dot{I}_1'' = \frac{\dot{Z}_3}{\dot{Z}_1 + \dot{Z}_3}\dot{I}_2'' = \frac{\dot{Z}_3}{\dot{Z}_1\dot{Z}_2 + \dot{Z}_2\dot{Z}_3 + \dot{Z}_3\dot{Z}_1}\dot{V}_2 \tag{3.56}$$

$$\dot{I}_3'' = \frac{\dot{Z}_1}{\dot{Z}_1 + \dot{Z}_3}\dot{I}_2'' = \frac{\dot{Z}_1}{\dot{Z}_1\dot{Z}_2 + \dot{Z}_2\dot{Z}_3 + \dot{Z}_3\dot{Z}_1}\dot{V}_2 \tag{3.57}$$

となるので，式(3.51)～式(3.53)および式(3.55)～式(3.57)の結果を式(3.49)の各式に代入して

$$\dot{I}_1 = \dot{I}_1' - \dot{I}_1'' = \frac{(\dot{Z}_2 + \dot{Z}_3)\dot{V}_1 - \dot{Z}_3\dot{V}_2}{\dot{Z}_1\dot{Z}_2 + \dot{Z}_2\dot{Z}_3 + \dot{Z}_3\dot{Z}_1} \tag{3.58}$$

$$\dot{I}_2 = -\dot{I}_2' + \dot{I}_2'' = \frac{(\dot{Z}_1 + \dot{Z}_3)\dot{V}_2 - \dot{Z}_3\dot{V}_1}{\dot{Z}_1\dot{Z}_2 + \dot{Z}_2\dot{Z}_3 + \dot{Z}_3\dot{Z}_1} \tag{3.59}$$

$$\dot{I}_3 = \dot{I}_3' + \dot{I}_3'' = \frac{\dot{Z}_2\dot{V}_1 + \dot{Z}_1\dot{V}_2}{\dot{Z}_1\dot{Z}_2 + \dot{Z}_2\dot{Z}_3 + \dot{Z}_3\dot{Z}_1} \tag{3.60}$$

を得る。これらの結果は **3.6** 節においてキルヒホッフの法則により求めた結果と一致する。

3.8　テブナンの定理

ここでは，**図 3.23**(*a*)（**図 3.25**(*a*)に再記）の回路の $\dot{Z}_3$ に流れる電流を ***1.4.6*** 項で述べた**テブナンの定理**で求めることを考える。

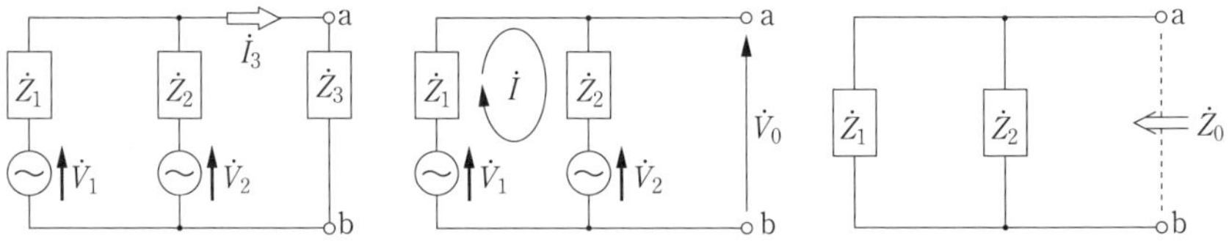

図 3.25　テブナンの定理の適用

テブナンの定理は，図(*b*)に示すように，$\dot{Z}_3$ を切り離した回路において，ab 間の電圧が $\dot{V}_0$ であり，図(*c*)のように端子 ab から回路網を見た合成インピーダンスが $\dot{Z}_0$ であるとき，ab 間に $\dot{Z}_3$ を接続すると，そこに流れる電流 $\dot{I}_3$ は式(3.61)で与えられるというものである。

$$\dot{I}_3 = \frac{\dot{V}_0}{\dot{Z}_0 + \dot{Z}_3} \tag{3.61}$$

ただし，端子 ab から回路網を見た合成インピーダンス $\dot{Z}_0$ を求める際には，回路網中に含まれる起電力は短絡する。

以上のことは，$\dot{Z}_3$ を切り離した回路を電源 $\dot{V}_0$，内部インピーダンス $\dot{Z}_0$ の等価電圧源に変換したのと同じである。

図(*b*)の回路において，$\dot{V}_0$ は電圧降下の定義より式(3.62)となる。

$$\begin{aligned}\dot{V}_0 &= \dot{V}_1 - \dot{Z}_1\dot{I} = \dot{V}_2 + \dot{Z}_2\dot{I} \\ &= \dot{V}_1 - \dot{Z}_1\frac{\dot{V}_1 - \dot{V}_2}{\dot{Z}_1 + \dot{Z}_2} = \dot{V}_2 + \dot{Z}_2\frac{\dot{V}_1 - \dot{V}_2}{\dot{Z}_1 + \dot{Z}_2} = \frac{\dot{Z}_2\dot{V}_1 + \dot{Z}_1\dot{V}_2}{\dot{Z}_1 + \dot{Z}_2}\end{aligned} \tag{3.62}$$

つぎに，端子 ab から回路網を見た合成インピーダンス $\dot{Z}_0$ は，二つの電源部を短絡した図(*c*)の回路より

$$\dot{Z}_0 = \frac{\dot{Z}_1\dot{Z}_2}{\dot{Z}_1 + \dot{Z}_2} \tag{3.63}$$

となる。よって図(a)の $\dot{Z}_3$ に流れる電流 $\dot{I}_3$ は，式(3.61)より

$$\dot{I}_3 = \frac{\dot{V}_0}{\dot{Z}_0 + \dot{Z}_3} = \frac{\dot{Z}_2\dot{V}_1 + \dot{Z}_1\dot{V}_2}{\dot{Z}_1\dot{Z}_2 + \dot{Z}_2\dot{Z}_3 + \dot{Z}_3\dot{Z}_1} \tag{3.64}$$

となり，キルヒホッフの法則や重ね合わせの理で求めた結果と一致する。

例題 3.8　**図 3.26** に示す回路において，中心の枝に流れる電流をつぎの三つの方法で求めよ。

① キルヒホッフの法則

② 重ね合わせの理

③ テブナンの定理

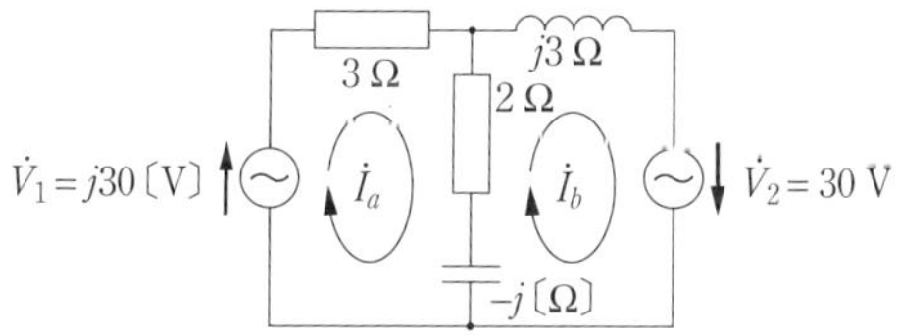

図 3.26　**例題 3.8** の回路

【解答】　**① キルヒホッフの法則**　図に示すように閉路電流 $\dot{I}_a$ および $\dot{I}_b$ を仮定する。キルヒホッフの第二法則より，式(1)，(2)を得る。

$$j30 = 3\dot{I}_a + (2 - j)(\dot{I}_a - \dot{I}_b) \tag{1}$$

$$30 = (2 - j)(\dot{I}_b - \dot{I}_a) + j3\dot{I}_b \tag{2}$$

式(1)より $\dot{I}_a$ は

$$\dot{I}_a = \frac{1}{5 - j}\{(2 - j)\dot{I}_b + j30\} \tag{3}$$

となるので，これを式(2)に代入して $\dot{I}_b$ を求めると式(4)となる。

$$\dot{I}_b = \frac{10(6 + j)}{3 + j4} \tag{4}$$

中心の枝に流れる電流 $\dot{I}_a - \dot{I}_b$ は，$\dot{I}_a$ の向きを基準に考えると式(5)となる。

$$\dot{I}_a - \dot{I}_b = \frac{2 - j}{5 - j}\dot{I}_b - \dot{I}_b + \frac{j30}{5 - j} = \frac{1}{5 - j}(-3\dot{I}_b + j30) = -\frac{12}{5}(3 - j4) \tag{5}$$

② 重ね合わせの理　**図 3.26** の回路を，**図 3.27** に示すような二つの回路の重ね合わせと考え，それぞれの回路の電流を求める。

まず，図(a)の回路の電流を求める。回路の合成インピーダンス $\dot{Z}$ は

$$\dot{Z}_a = 3 + \frac{j3(2 - j)}{2(1 + j)} = \frac{9 + j12}{2(1 + j)} \tag{1}$$

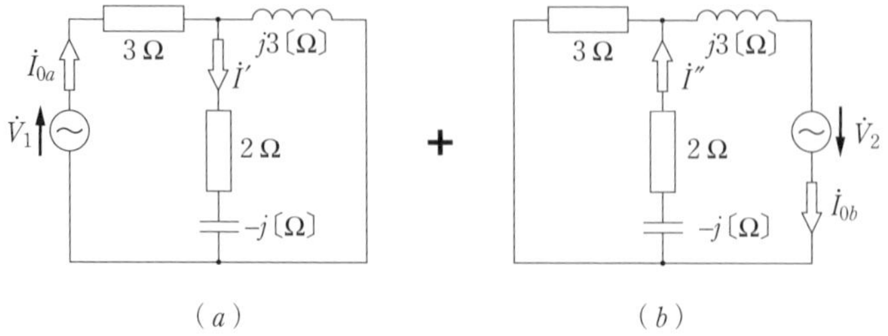

図 3.27　重ね合わせの理の適用

全電流 $\dot{I}_{0a}$ は

$$\dot{I}_{0a} = \frac{\dot{V}_1}{\dot{Z}_a} = \frac{j60(1+j)}{9+j12} = \frac{j20(1+j)}{3+j4} \tag{2}$$

中心の枝に流れる電流 $\dot{I}'$ は，分流の関係より式(3)となる。

$$\dot{I}' = \frac{j3}{2(1+j)}\dot{I}_{0a} = \frac{j3 \times j10}{3+j4} = -\frac{30}{3+j4} \tag{3}$$

つぎに，図(b)の回路に対しても同様に，中心の枝に流れる電流 $\dot{I}''$ を求めると

$$\dot{Z}_b = j3 + \frac{3 \times (2-j)}{5-j} = \frac{9+j12}{5-j} \tag{4}$$

$$\dot{I}_{0b} = \frac{\dot{V}_2}{\dot{Z}_b} = \frac{30(5-j)}{9+j12} = \frac{10(5-j)}{3+j4} \tag{5}$$

であるから

$$\dot{I}'' = \frac{3}{5-j}\dot{I}_{0b} = \frac{3 \times 10}{3+j4} = \frac{30}{3+j4} \tag{6}$$

となる。こうして，求める電流 $\dot{I}' - \dot{I}''$ は式(7)となる。

$$\dot{I}' - \dot{I}'' = -\frac{60}{3+j4} = -\frac{12}{5}(3-j4) \tag{7}$$

③ **テブナンの定理**　**図 3.26** の回路において，中心部の枝を除いた回路を**図 3.28** に示す。

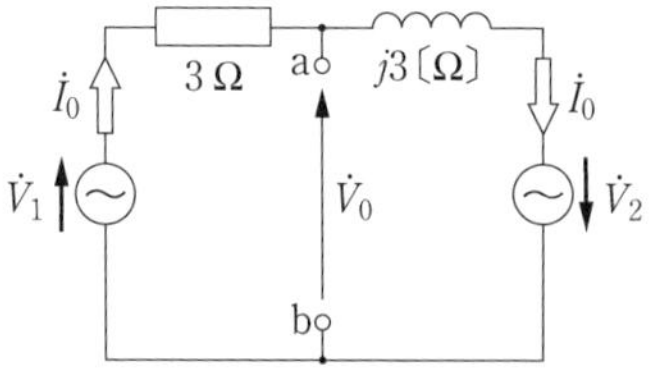

図 3.28　テブナンの定理の適用

この回路に流れる電流 $\dot{I}_0$ は

$$\dot{I}_0 = \frac{30+j30}{3+j3} = 10 \tag{1}$$

であるので，端子 ab 間の電圧 $\dot{V}_0$ は式(2)となる。

$$\dot{V}_0 = j30 - 3 \times 10 = -30(1-j) \tag{2}$$

つぎに，端子 ab からみたインピーダンス $\dot{Z}_0$ は

$$\dot{Z}_0=\frac{3\times j3}{3+j3}=\frac{j3}{1+j} \tag{3}$$

となる。こうして，求める電流 $\dot{I}$ は式(4)となる。

$$\dot{I}=\frac{\dot{V}_0}{\dot{Z}_0+(2-j)}=\frac{-30(1-j)(1+j)}{j3+(2-j)(1+j)}=-\frac{12}{5}(3-j4) \tag{4}$$

◇

3.9 回路理論におけるその他の定理

回路理論における定理には，重ね合わせの理やテブナンの定理以外にも多く存在する。ここでは，ミルマンの定理とノートンの定理について説明する。

3.9.1 ミルマンの定理

内部インピーダンス $\dot{Z}_i\,(i=1,\ 2,\ \cdots,\ n)$ を持つ n 個の電圧源 $\dot{V}_i\,(i=1,\ 2,\ \cdots,\ n)$ を，図 **3.29** のように並列接続にしたとき，各端子電圧 $\dot{V}$ は

$$\dot{V}=\frac{\dfrac{\dot{V}_1}{\dot{Z}_1}+\dfrac{\dot{V}_2}{\dot{Z}_2}+\cdots+\dfrac{\dot{V}_n}{\dot{Z}_n}}{\dfrac{1}{\dot{Z}_1}+\dfrac{1}{\dot{Z}_2}+\cdots+\dfrac{1}{\dot{Z}_n}} \tag{3.65}$$

となる。これを**ミルマンの定理**（Millman's theorem）という。

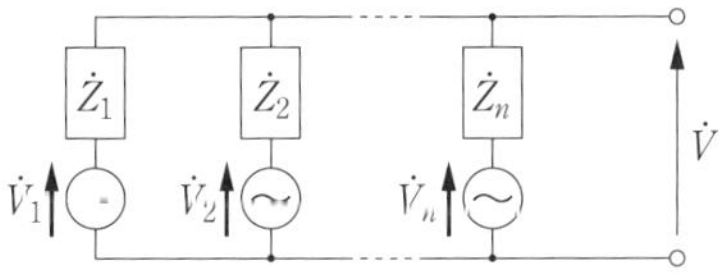

図 **3.29**　電圧源の並列接続とミルマンの定理

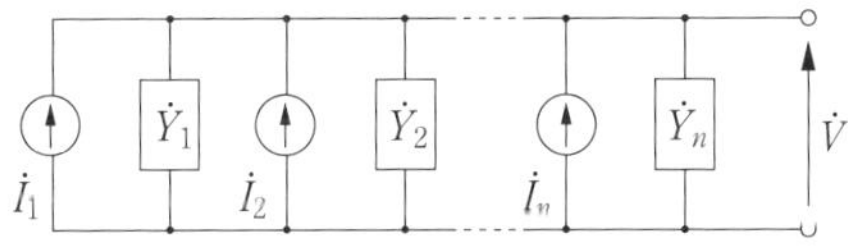

図 **3.30**　図 **3.29** の電圧源の電流源への変換

式(3.65)は，図 **3.29** の回路を図 **3.30** のように等価な電流源に変換して容易に得られる。すなわち，図 **3.30** において，n 個の電流源の全電流 $\dot{I}$ は

$$\dot{I}=\frac{\dot{V}_1}{\dot{Z}_1}+\frac{\dot{V}_2}{\dot{Z}_2}+\cdots+\frac{\dot{V}_n}{\dot{Z}_n} \tag{3.66}$$

であり，n 個の並列接続のインピーダンスの合成アドミタンス $\dot{Y}$ は

$$\dot{Y} = \frac{1}{\dot{Z}_1} + \frac{1}{\dot{Z}_2} + \cdots + \frac{1}{\dot{Z}_n} \tag{3.67}$$

であるので，端子電圧は $\dot{V} = \dot{I}/\dot{Y}$ より式(3.65)となる。

3.9.2 ノートンの定理

図 3.31(a)のような内部に電源を含む回路網にアドミタンス $\dot{Y}$ の素子が接続された回路を考える。

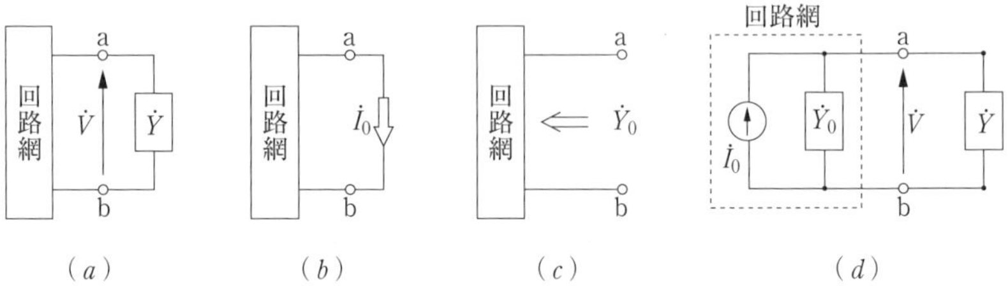

図 3.31　ノートンの定理の説明

端子 ab を短絡したときの電流が $\dot{I}_0$ であり（図(b)），端子 ab から回路網を見たアドミタンスが $\dot{Y}_0$ であるとする（図(c)）。このとき，図(a)の ab 間の電圧 $\dot{V}$ は

$$\dot{V} = \frac{\dot{I}_0}{\dot{Y}_0 + \dot{Y}} \tag{3.68}$$

となる。これを**ノートンの定理**（Norton's theorem）という。このことは，ab 間からみた回路網を図(d)のように等価電流源に変換したことでもある。これより，ただちに式(3.68)が得られる。

例題 3.9　**図 3.32** の回路において R の両端の電圧 $\dot{V}$ を求めよ。

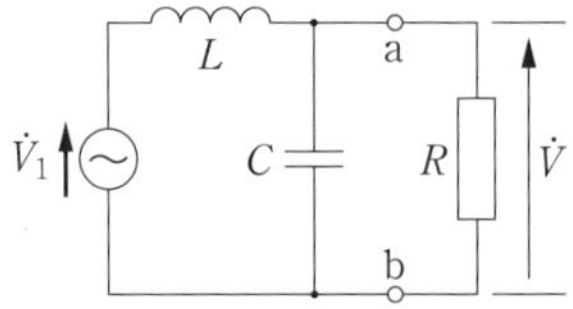

図 3.32　**例題 3.9** の回路

【解答】 抵抗を取り外した回路において，まずab間を短絡すると，そこに流れる電流 $\dot{I}_0$ は

$$\dot{I}_0 = \frac{\dot{V}_1}{j\omega L}$$

となる。つぎに，ab端から回路網を見た L と C の並列回路のアドミタンス $\dot{Y}_0$ は

$$\dot{Y}_0 = \frac{1}{j\omega L} + j\omega C$$

となる。これらを式(3.68)に代入して電圧 $\dot{V}$ はつぎのようになる。

$$\dot{V} = \frac{R\dot{V}_1}{R(1-\omega^2 LC) + j\omega L}$$

◇

3.10 交流ブリッジ

図 3.33(a)に示すような回路を**交流ブリッジ**という。いま，$\dot{Z}_5$ に流れる電流をテブナンの定理を用いて求めてみよう。

図(b)のように，$\dot{Z}_5$ を取り除いた回路において，まずbc間の電圧 $\dot{V}_0$ を求める。各枝に流れる電流を $\dot{I}_1$，$\dot{I}_2$ とすると

$$\dot{I}_1 = \frac{\dot{V}}{\dot{Z}_1 + \dot{Z}_3}, \qquad \dot{I}_2 = \frac{\dot{V}}{\dot{Z}_2 + \dot{Z}_4} \tag{3.69}$$

であるので，点dの電位 $\dot{V}_d$ を基準に考えると，点b，点cの電位 $\dot{V}_b$，$\dot{V}_c$ は

$$\dot{V}_b = \dot{V}_d + \dot{Z}_3\dot{I}_1, \qquad \dot{V}_c = \dot{V}_d + \dot{Z}_4\dot{I}_2 \tag{3.70}$$

となるので，bc間の電圧 $\dot{V}_0$ は式(3.71)となる。

$$\begin{aligned}\dot{V}_0 = \dot{V}_b - \dot{V}_c = \dot{Z}_3\dot{I}_1 - \dot{Z}_4\dot{I}_2 &= \left(\frac{\dot{Z}_3}{\dot{Z}_1 + \dot{Z}_3} - \frac{\dot{Z}_4}{\dot{Z}_2 + \dot{Z}_4}\right)\dot{V} \\ &= \frac{\dot{Z}_2\dot{Z}_3 - \dot{Z}_1\dot{Z}_4}{(\dot{Z}_1 + \dot{Z}_3)(\dot{Z}_2 + \dot{Z}_4)}\dot{V}\end{aligned} \tag{3.71}$$

つぎに，図(c)の回路より，bc間から見たインピーダンス $\dot{Z}_0$ を求めると

$$\dot{Z}_0 = \frac{\dot{Z}_1\dot{Z}_3}{\dot{Z}_1 + \dot{Z}_3} + \frac{\dot{Z}_2\dot{Z}_4}{\dot{Z}_2 + \dot{Z}_4} \tag{3.72}$$

となる。これより，求める電流 $\dot{I}_g$ は

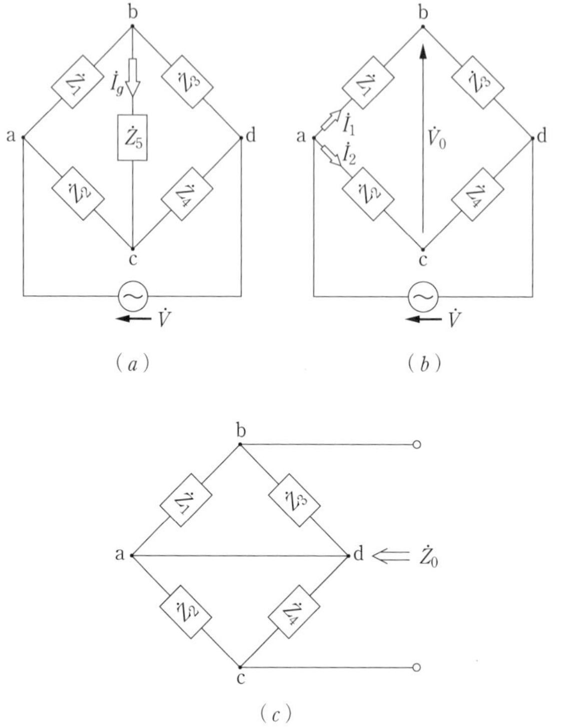

図 3.33　交流ブリッジとテブナンの定理の適用

$$\dot{I}_g=\frac{\dot{V}_0}{\dot{Z}_0+\dot{Z}_5}=\frac{\dot{Z}_2\dot{Z}_3-\dot{Z}_1\dot{Z}_4}{\dot{Z}_1\dot{Z}_3(\dot{Z}_2+\dot{Z}_4)+\dot{Z}_2\dot{Z}_4(\dot{Z}_1+\dot{Z}_3)+\dot{Z}_5(\dot{Z}_1+\dot{Z}_3)(\dot{Z}_2+\dot{Z}_4)}\dot{V} \tag{3.73}$$

となる。

〈**ブリッジの平衡条件**〉　式(3.73)において，$\dot{I}_g=0$ となる条件を求めると

$$\dot{Z}_2\dot{Z}_3=\dot{Z}_1\dot{Z}_4 \tag{3.74}$$

となる。この関係は**交流ブリッジの平衡条件**と呼ばれ，抵抗やインダクタンス，静電容量の測定などに用いられる。式(3.74)は複素数であるので，右辺と左辺が $a+jb=c+jd$ の形になったとすると $a=c$，$b=d$ が平衡条件となる。

例題 3.10 図 3.34 に示す交流ブリッジにおいて，R_1, R_3, R_4, C が既知であるとき，コイルの抵抗 R_2 およびインダクタンス L を求めよ。G は検電器と呼ばれ，ブリッジが平衡条件を満たしたとき振れが零になるものである。

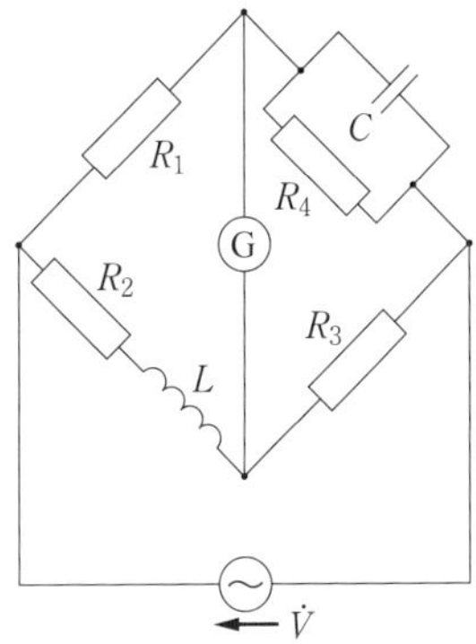

図 3.34 例題 3.10 の回路

【解答】 ブリッジの平衡条件より，次式が成り立つ。

$$R_1R_3 = (R_2 + j\omega L)\frac{-j\dfrac{R_4}{\omega C}}{R_4 - j\dfrac{1}{\omega C}} \tag{1}$$

両辺に $R_4 - j\dfrac{1}{\omega C}$ をかけると

$$R_1R_3\left(R_4 - j\frac{1}{\omega C}\right) = -j\frac{R_4}{\omega C}(R_2 + j\omega L) = \frac{LR_4}{C} - j\frac{R_2R_4}{\omega C} \tag{2}$$

となる。式(2)において，左辺の複素数と右辺の複素数が等しいためには，両辺の実部どうし，虚部どうしがそれぞれ等しくなければならないので，式(3)が成り立つ。

$$R_1R_3R_4 = \frac{LR_4}{C}, \qquad \frac{R_1R_3}{\omega C} = \frac{R_2R_4}{\omega C} \tag{3}$$

これらより

$$L = R_1R_3C \tag{4}$$

$$R_2 = \frac{R_1R_3}{R_4} \tag{5}$$

が得られる。 ◇

演　習　問　題

【1】 問図 **3.1** の回路の合成複素インピーダンスおよびインピーダンスをそれぞれ求めよ。

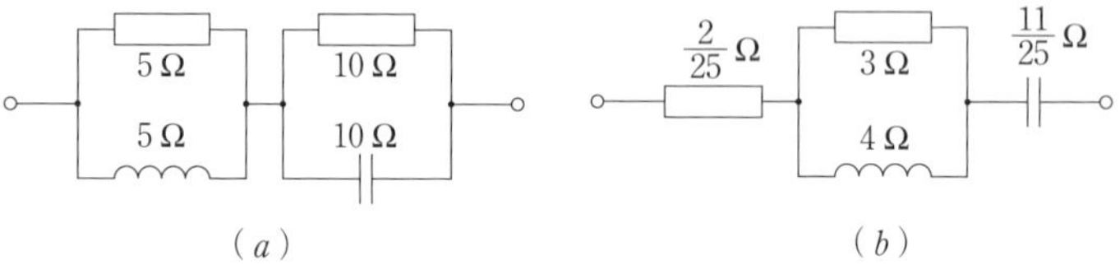

問図 **3.1**

【2】 問図 **3.2** のように，$R = 20\,\Omega$ の抵抗と，あるコンデンサを直列接続して $V = 50$ V の電圧を加えたら，回路には大きさが 2 A の電流が流れた。コンデンサのリアクタンス X_c〔Ω〕を求めよ。

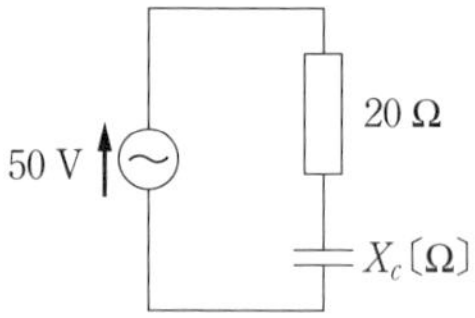

問図 **3.2**

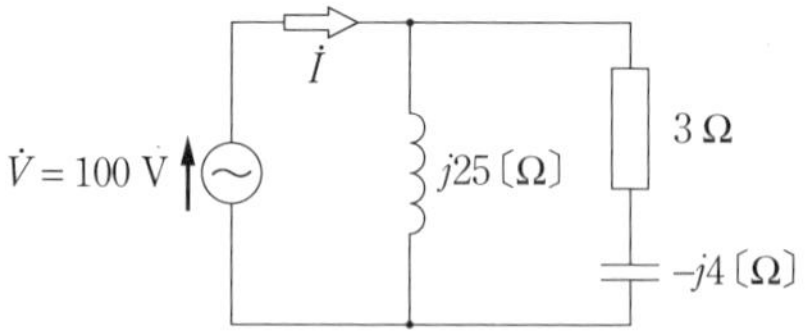

問図 **3.3**

【3】 問図 **3.3** の回路に 100 V の電圧を加えたとき，回路の電流 $\dot{I}$ を求めよ。また，その大きさと電圧との位相差はいくらか。

【4】 問図 **3.4** の回路において，$\dot{V} = 10$ V であるとき，つぎの問いに答えよ。

① 回路の複素インピーダンス $\dot{Z}$ を求めよ。

② $\dot{I}$ を求めよ。

③ $\dot{I}_1$，$\dot{I}_2$ をそれぞれ求めよ。

④ $\dot{V}$ を基準にしたときの $\dot{I}$，$\dot{I}_1$，$\dot{I}_2$ のフェーザ図を書け。目盛は各自定めよ。

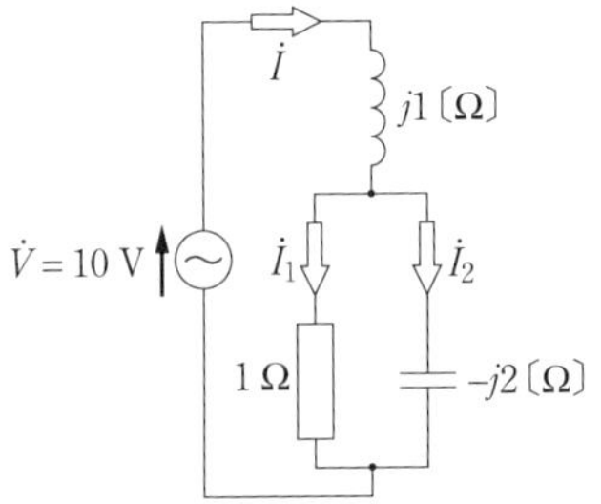

問図 *3.4*

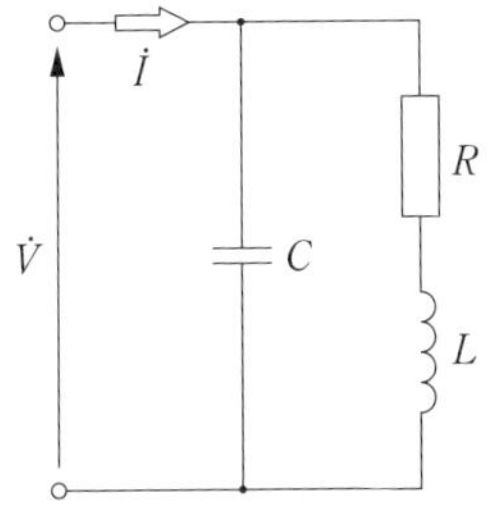

問図 *3.5*

【5】 問図 *3.5* の回路において，$\dot{V}$ と $\dot{I}$ が同相になるのは C がどのような値のときか。

【6】 問図 *3.6* の回路において，$\dot{V}$ と $\dot{I}$ を同相にしたい。R をいくらにすればよいか。

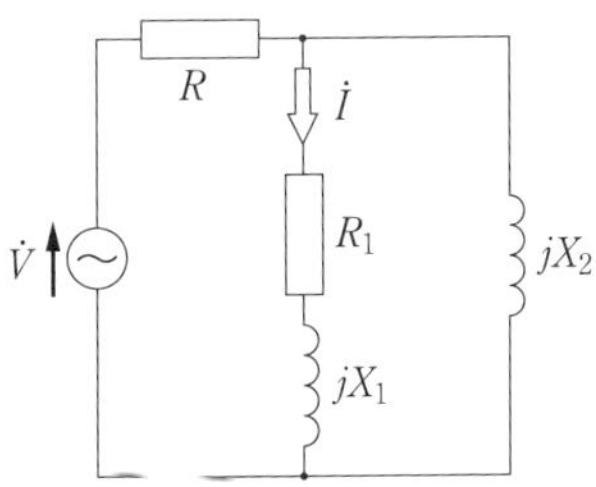

問図 *3.6*

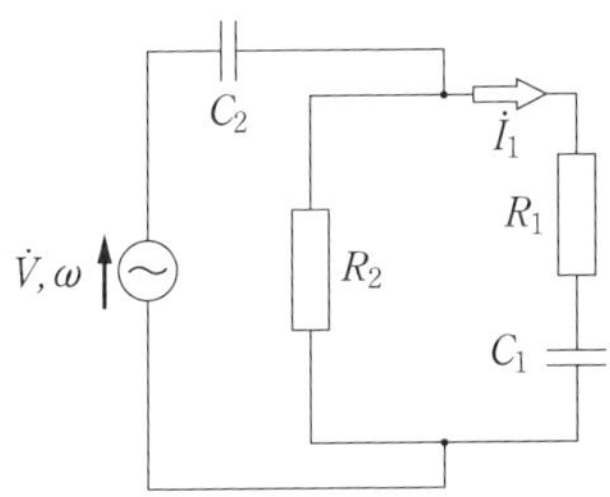

問図 *3.7*

【7】 問図 *3.7* の回路において，$\dot{I}_1$ が $\dot{V}$ より位相が 90°進むための条件を求めよ。

【8】 問図 *3.8* に示す回路を等価電圧源および等価電流源に変換せよ。

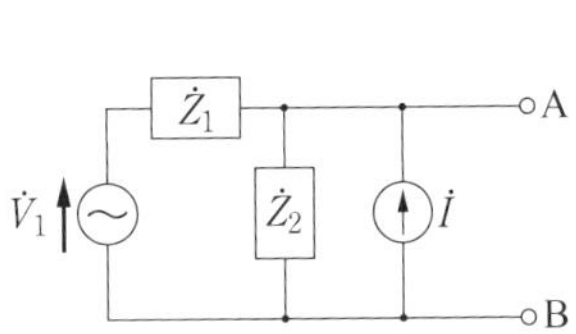

問図 *3.8*

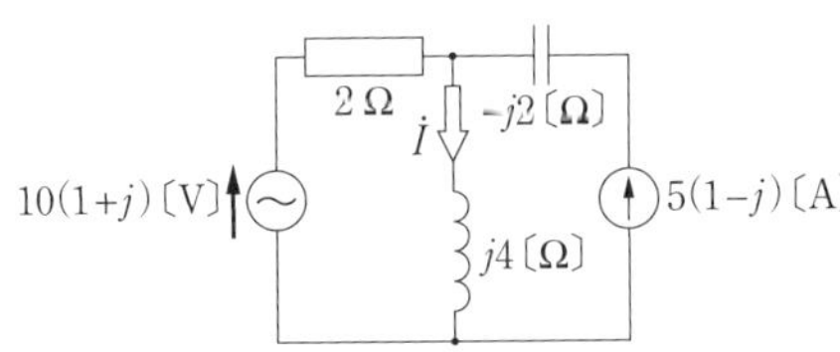

問図 *3.9*

【9】 問図 *3.9* の回路において，コイルに流れる電流 $\dot{I}$ を求めよ。

【10】 問図 ***3.10*** の回路において，$\dot{Z}_3$ に流れる電流を求めよ。

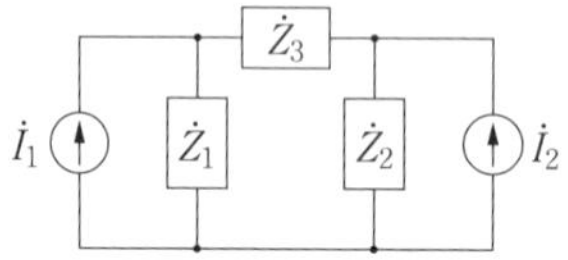

問図 ***3.10***

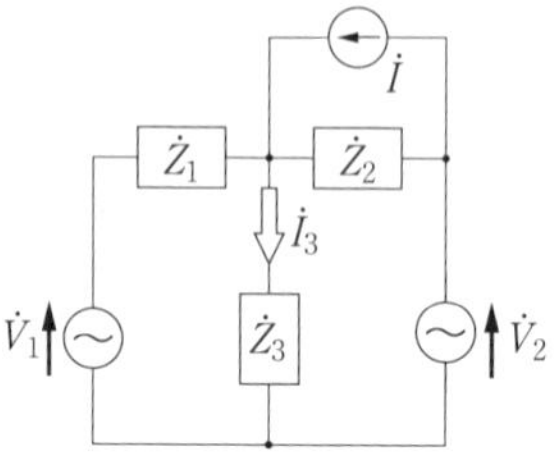

問図 ***3.11***

【11】 問図 ***3.11*** の回路において，$\dot{Z}_3$ に流れる電流 $\dot{I}_3$ を求めよ。

【12】 問図 ***3.12*** の回路において，6 Ω の抵抗に流れる電流 $\dot{I}$ を求めよ。

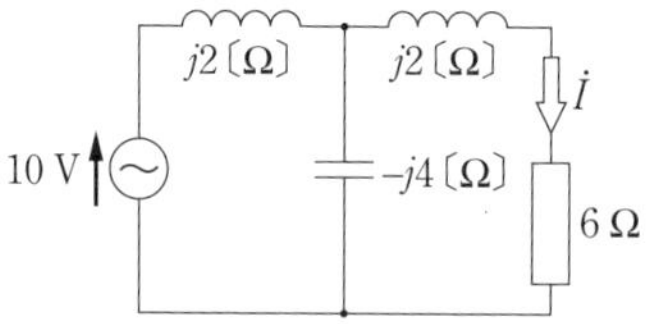

問図 ***3.12***

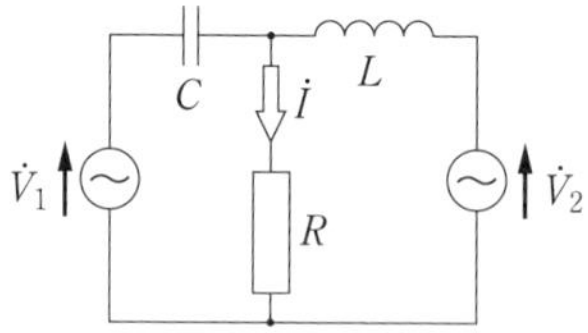

問図 ***3.13***

【13】 問図 ***3.13*** の回路において，R に流れる電流を，キルヒホッフの法則，重ね合わせの理，テブナンの定理を用いてそれぞれ求め，同じ結果となることを確認せよ。

【14】 問図 ***3.14***(*a*)のような RC 並列回路と等価な図(*b*)の $R'C'$ 直列回路を考えたとき，R'，C' はいくらか。角周波数を ω とする。

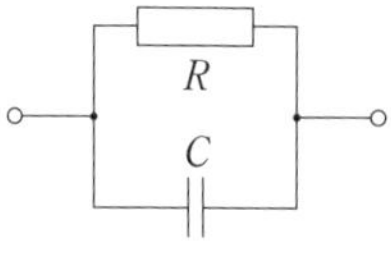

(*a*)

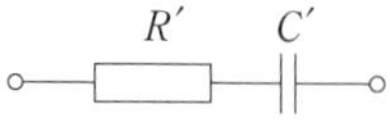

(*b*)

問図 ***3.14***

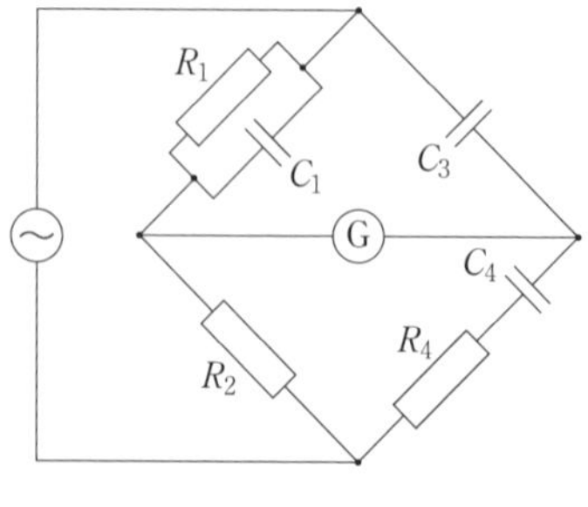

問図 ***3.15***

【15】 問図 ***3.15*** の回路において，R_1，R_2，C_1，C_3 が既知のとき，R_4 および C_4 を求めよ。

【16】 問図 ***3.16*** に示すマクスウェル（Maxwell）ブリッジの平衡条件を求めよ。

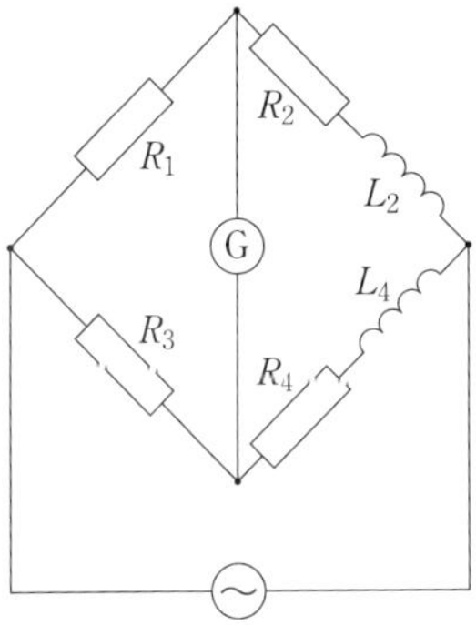

問図 ***3.16***

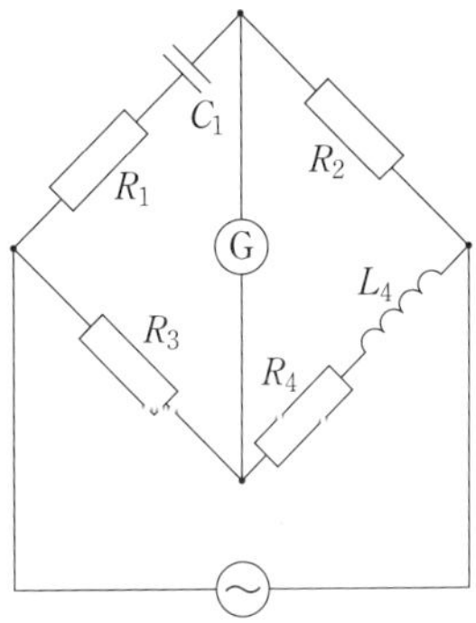

問図 ***3.17***

【17】 問図 ***3.17*** に示すヘイ（Hay）ブリッジの平衡条件を求めよ。

【18】 問図 ***3.18*** の回路において，つぎの問いに答えよ。

① 回路の合成複素インピーダンスを求めよ。

② 電流 $\dot{I}_1$，$\dot{I}_2$，$\dot{I}_3$ を求めよ。

③ $\dot{V}$ を基準としたとき，電流 $\dot{I}_1$，$\dot{I}_2$，$\dot{I}_3$ のフェーザ図を書け。目盛は各自定めよ。

④ 回路の電力および力率を求めよ。

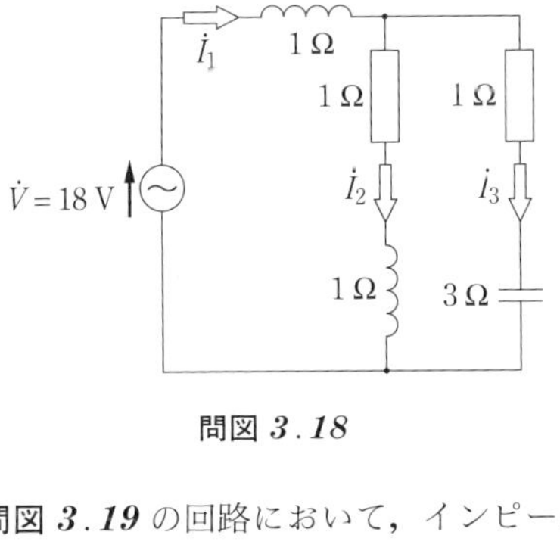

問図 ***3.18***

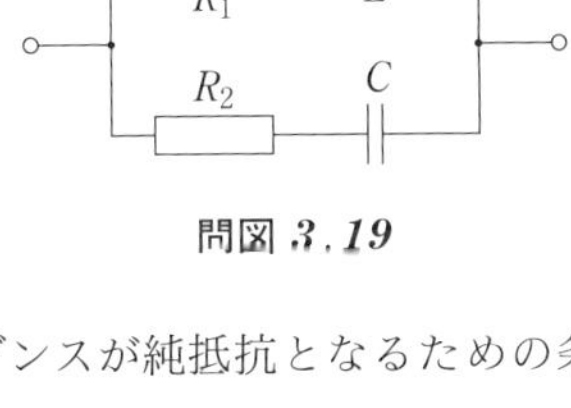

問図 ***3.19***

【19】 問図 ***3.19*** の回路において，インピーダンスが純抵抗となるための条件を求めよ。

【20】 問図 **3.20** の直列回路において，流れる電流は大きさが $25\sqrt{2}/4$〔A〕であり，位相は電源電圧より $\pi/4$〔rad〕遅れているという。R および X を求めよ。

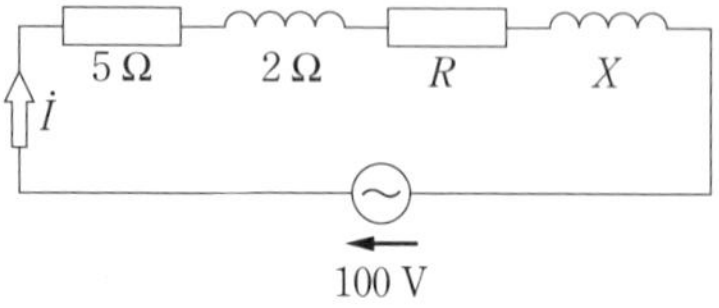

問図 **3.20**

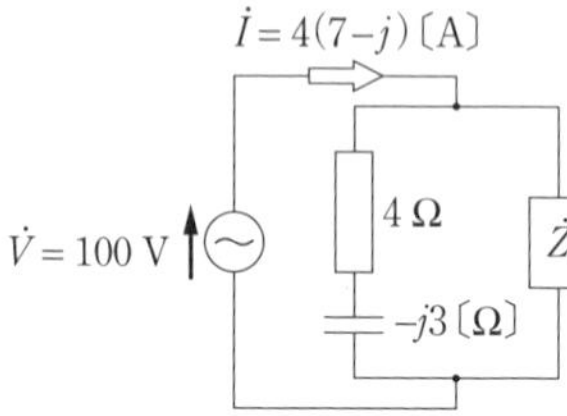

問図 **3.21**

【21】 問図 **3.21** の回路において，回路に流れる電流は $\dot{I} = 4(7 - j)$〔A〕である。$\dot{Z}$ を求めよ。

【22】 問図 **3.22** の回路において，スイッチ S を開いたときと閉じたときで，回路に流れる電流の大きさが同じになるための条件を求めよ。

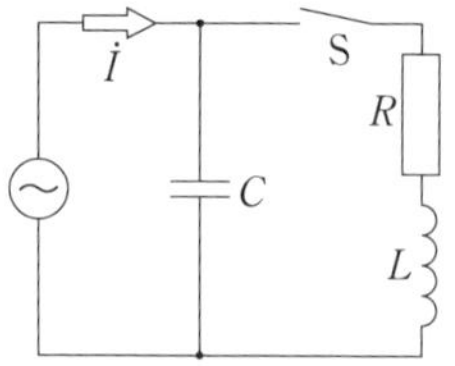

問図 **3.22**

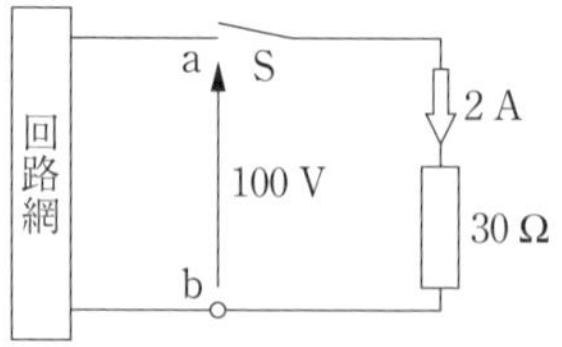

問図 **3.23**

【23】 問図 **3.23** の回路網において，スイッチ S を開いたとき ab 間の電圧は 100 V であった。つぎに，ab 間に 30 Ω の抵抗を接続し，S を閉じたとき抵抗には 2 A の電流が流れたという。S を開いたときの ab から見た回路網の抵抗はいくらか。

【24】 問図 **3.24** の回路において，C の値を変化させたとき，R での消費電力が最大になるのは C がどのような値のときか。また，最大電力はいくらになるか。電源の角周波数 ω は一定であるとする。

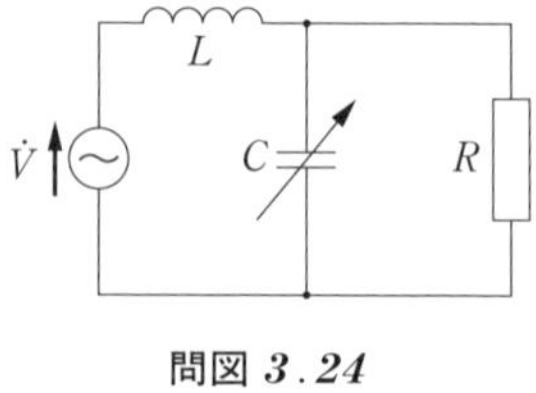

問図 **3.24**

【25】 **問図 3.25** の回路につぎの電圧を加えたとき，回路で消費される電力を求めよ。ただし，$R_1 = R_2 = 1\ \mathrm{k\Omega}$，$L = 100\ \mathrm{mH}$ である。

$$v(t) = 10\sqrt{2}\sin 5\,000t \quad 〔\mathrm{V}〕$$

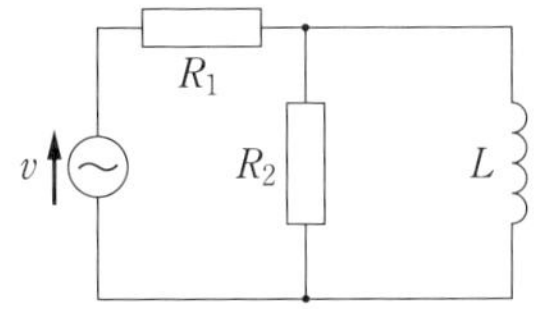

問図 3.25

【26】 **問図 3.26** の回路の電力および力率を求めよ。また，R，L の値が既知のとき，回路の力率を 1 にするには C の値をいくらにすればよいか。電源の角周波数を ω とする。

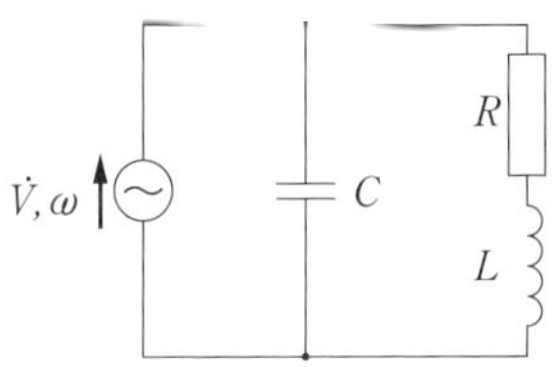

問図 3.26

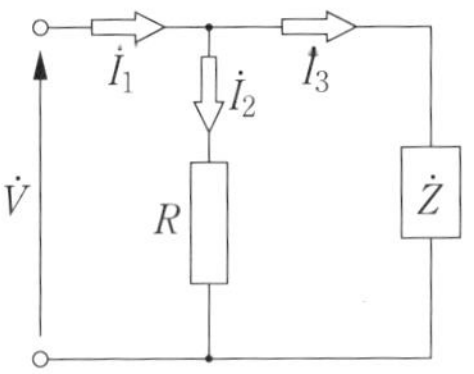

問図 3.27

【27】 **問図 3.27** の回路において，各部の電流 $\dot{I}_1$，$\dot{I}_2$，$\dot{I}_3$ の大きさを I_1，I_2，I_3 とすると，負荷 $\dot{Z}$ で消費する電力は

$$P = \frac{R}{2}(I_1^2 - I_2^2 - I_3^2)$$

で得られることを示せ。この原理による電力測定法を**三電流計法**という。

【28】 **問図 3.28** の回路において，各部の電圧 $\dot{V}_1$，$\dot{V}_2$，$\dot{V}_3$ の大きさを V_1，V_2，V_3 とすると，負荷 $\dot{Z}$ で消費する電力は

$$P = \frac{1}{2R}(V_1^2 - V_2^2 - V_3^2)$$

で得られることを示せ。この原理による電力測定法を**三電圧計法**という。

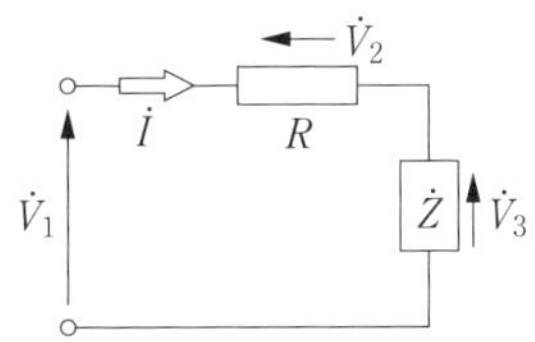

問図 3.28

4

回路網方程式

前章では，回路網解析のための法則や諸定理を述べた。そのなかでキルヒホッフの法則に基づく枝電流法や閉路電流法について述べたが，ここでもう少し詳しく方程式の独立性，すなわち解くべき方程式の数や方程式の立て方などを説明する。また，節点電位法についても述べる。

ここに述べる内容はグラフ理論と呼ばれる内容の基礎となる部分であるが，グラフ理論には深入りせず，回路網を解析するのに必要な最小限の知識だけを説明するにとどめる。

4.1 節点，枝，閉路，木，補木

いま，**図 4.1**(a)に示す回路を考える。電気回路において電源や抵抗などの回路素子の接続点を**節点**（node）といい，隣接する節点間の線路を**枝**（branch）という。図(b)のように節点，枝を考えると，節点数 $n = 6$，枝数

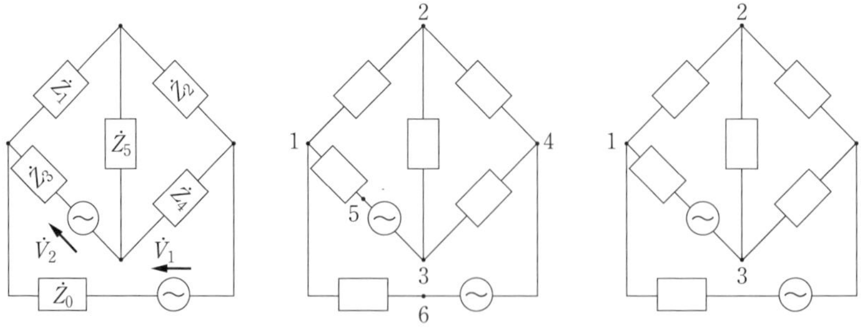

（a） 回　路　　（b） $n = 6, b = 8$　　（c） $n = 4, b = 6$

図 4.1 節点，枝，閉路

$b = 8$ となる。枝は途中で分岐していなければ，複数の電源や素子で構成されてもよい。例えば，図(c)のように $\dot{V}_1$ の電源と $\dot{Z}_0$ の直列部，$\dot{V}_2$ の電源と $\dot{Z}_3$ の直列部をそれぞれ一つの枝と考えてもよい。この場合は，節点数 $n = 4$，枝数 $b = 6$ となる。図(b)，(c)どちらで考えても解析結果に違いは生じないが，n や b は小さい数のほうが取扱いは簡単であるので，以後は特に断らないかぎり，図(c)のように，電源や素子の直列部は一つの枝として扱うとする。このように枝を考える場合は，「節点とは三つ以上の枝が接続されている点」ということができる。

また，ある節点から同じ枝を通ることなく元の節点にもどる回路を**閉路**（close，closed circuit，make）または**ループ**（loop）と呼ぶ。図(c)の回路において，1 → 2 → 4 → 1 も一つの閉路であるし，1 → 2 → 3 → 1 も閉路である。閉路の取り方についてはあとで詳しく述べる。

次節以降でキルヒホッフの第二法則（電圧則）の適用法について述べるが，その際には，独立した閉路を考えなければならない。そのため，ここで**木**（tree）の概念を導入する。木とは，節点数 n，枝数 b の回路において，閉路を含むことなくすべての節点を接続する最小限の枝の集まりをいう。そのとき，木に含まれる枝数は $(n - 1)$ である。例えば，節点数 $n = 4$ の図(c)の回路に対して，**図 4.2**(a)の実線のように節点を接続し，木を構成したとすると，その中に使われている枝数は 3 である。木は図(b)，(c)のように考えてもよい。このように木の形は一通りではないが，いずれの場合でも木を構成している枝数は $n - 1 = 3$ である。

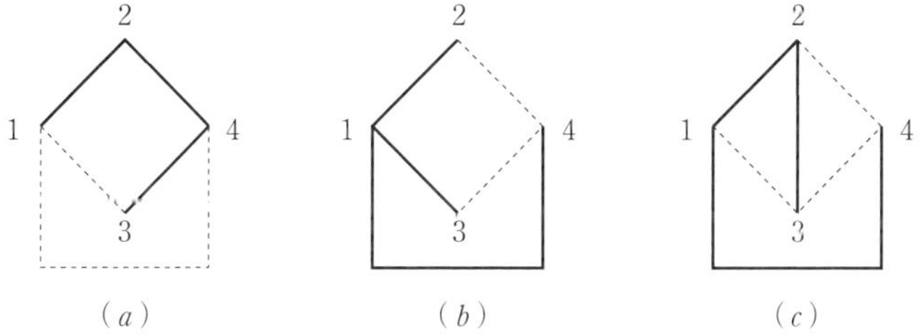

図 4.2　木と枝数，補木と補木の枝数

つぎに，**図 4.2** を見てもわかるように，回路を構成している枝は，実線部の木に属する枝か，破線で示したような木に属さない枝かのいずれかである。木に属さない枝の集まりを**補木**（co-tree）といい，それらの枝を**補木の枝**（co-tree branch）という。節点数 n，枝数 b の回路において，ある木を考えたとき，木に属さない枝数，すなわち補木の枝数 l は，明らかに

$$l = b - (n - 1) \tag{4.1}$$

である。

4.2　補木の枝数と独立した閉路の数

図 4.2(*a*)の木を再び考え，**図 4.3**(*a*)に示すように，2-3 の枝を加えると 2-4-3-2 の一つの閉路①となることがわかる。つぎに，図(*b*)のように，さらに枝 1-3 を加えると 1-2-3-1 の閉路②となる。最後に図(*c*)のように，枝 1-4 を加えると 1-3-4-1 の閉路③ができる。

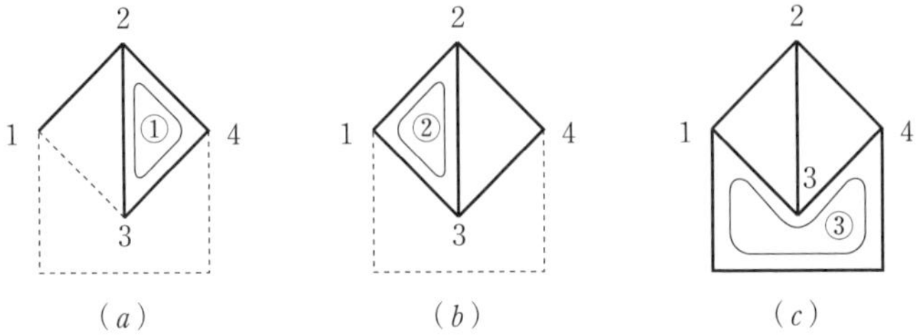

図 4.3　補木の枝数と閉路の数

このように，補木のうち一度も使われていない枝を木に付け加えるたびに，独立な閉路ができることがわかる。これは，補木の枝の両端の節点はすでに木の枝によって連結されているからである。補木の枝数は l であったので，独立な閉路の数も $l = b - (n - 1)$ となる。**図 4.3** の場合は $l = 3$ となる。

図(*b*)において，閉路②は 1-2-3-1 としたが，1-2-4-3-1 と選ぶこともできる。また，図(*c*)においても閉路③は 1-2-4-1 でも 1-2-3-4-1 でもよい。この

ように独立な閉路のとり方は，まだ使われていない補木の枝を少なくても1本含むようにとればどのように選んでもよい。しかし，閉路を考える際には，それが最小の枝数で構成されるようにとったほうが式が複雑にならずにすむ。

4.3 回路網方程式の立て方

回路の解析を行う場合には，解くべき物理量を未知数とした回路方程式を立てなければならない。ほとんどの場合，未知数は枝電流，閉路電流，接点の電位であるが，なにを未知数にとるかで必要な方程式の数も違ってくる。

4.3.1 枝電流法

3.6.3 項でみたように，この方法は枝に流れる電流を未知数とするもので，キルヒホッフの第一法則と第二法則を用いる。未知数の数は枝数 b に等しいので，必要な式の数は b である。これは，第一法則で独立な式の数は $(n-1)$ であり，第二法則に必要な独立な式の数は $b-(n-1)$ で，加えて b となるからである。

枝電流法は枝に流れる電流を未知数にするので初心者にはわかりやすいが，つぎに述べる閉路電流法に比べ，式の数が多くなるので，複雑な回路の解析には適さない。

4.3.2 閉路電流法

閉路電流を未知数とする方法は，第一法則は必要なく，第二法則に基づく式だけでよいので，必要な式の数は独立した閉路の数となる。それは，**4.2** 節で述べたように，$l=b-(n-1)$ となる。

ここで，**図 4.1**(a)の回路および図(c)の節点を例にとり，閉路電流法の式を立ててみよう。**図 4.1**(a)を**図 4.4** に再記する。この回路は節点数 $n=4$，枝数 $b=6$ であるので，必要な式の数，すなわち未知数の数は $l=b-(n-1)=3$ となる。

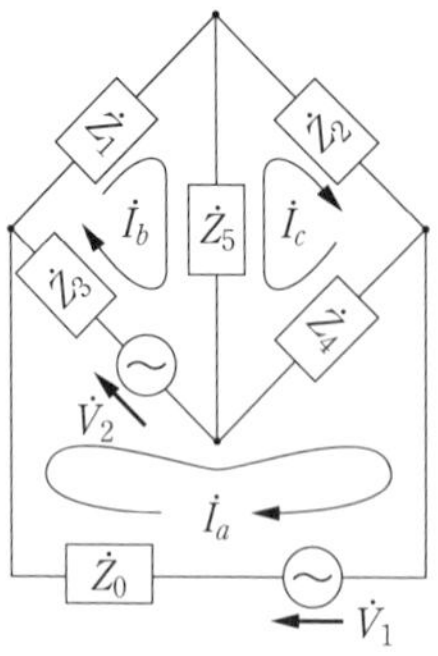

図 4.4　閉路電流法の適用

閉路電流法では，必要な式の数と閉路の数は等しいので，まず，図のように三つの閉路と閉路電流 $\dot{I}_a$，$\dot{I}_b$，$\dot{I}_c$ を仮定する。すべて右回りにたどると仮定している。つぎに，閉路 ① に対して第二法則を適用する。

$$\dot{V}_1 - \dot{V}_2 = \dot{Z}_0\dot{I}_a + \dot{Z}_3(\dot{I}_a - \dot{I}_b) + \dot{Z}_4(\dot{I}_a - \dot{I}_c) \qquad (4.2\,a)$$

同様に，閉路 ②，③ に対して第二法則を適用する。

$$\dot{V}_2 = \dot{Z}_1\dot{I}_b + \dot{Z}_5(\dot{I}_b - \dot{I}_c) + \dot{Z}_3(\dot{I}_b - \dot{I}_a) \qquad (4.2\,b)$$

$$0 = \dot{Z}_2\dot{I}_c + \dot{Z}_4(\dot{I}_c - \dot{I}_a) + \dot{Z}_5(\dot{I}_c - \dot{I}_b) \qquad (4.2\,c)$$

となる。これを閉路電流で整理して

$$\dot{V}_1 - \dot{V}_2 = (\dot{Z}_0 + \dot{Z}_3 + \dot{Z}_4)\dot{I}_a - \dot{Z}_3\dot{I}_b - \dot{Z}_4\dot{I}_c \qquad (4.3\,a)$$

$$\dot{V}_2 = -\dot{Z}_3\dot{I}_a + (\dot{Z}_1 + \dot{Z}_3 + \dot{Z}_5)\dot{I}_b - \dot{Z}_5\dot{I}_c \qquad (4.3\,b)$$

$$0 = -\dot{Z}_4\dot{I}_a - \dot{Z}_5\dot{I}_b + (\dot{Z}_2 + \dot{Z}_4 + \dot{Z}_5)\dot{I}_c \qquad (4.3\,c)$$

となる。この連立方程式を行列で表すと

$$\begin{bmatrix} \dot{V}_1 - \dot{V}_2 \\ \dot{V}_2 \\ 0 \end{bmatrix} = \begin{bmatrix} \dot{Z}_0 + \dot{Z}_3 + \dot{Z}_4 & -\dot{Z}_3 & -\dot{Z}_4 \\ -\dot{Z}_3 & \dot{Z}_1 + \dot{Z}_3 + \dot{Z}_5 & -\dot{Z}_5 \\ -\dot{Z}_4 & -\dot{Z}_5 & \dot{Z}_2 + \dot{Z}_4 + \dot{Z}_5 \end{bmatrix} \begin{bmatrix} \dot{I}_a \\ \dot{I}_b \\ \dot{I}_c \end{bmatrix} \qquad (4.4)$$

となる。このように連立方程式は一般に

$$\begin{bmatrix} \dot{V}_1 \\ \dot{V}_2 \\ \cdots \\ \dot{V}_m \end{bmatrix} = \begin{bmatrix} \dot{Z}_{11} & \dot{Z}_{12} & \cdots & \dot{Z}_{1m} \\ \dot{Z}_{21} & \dot{Z}_{22} & \cdots & \dot{Z}_{2m} \\ \cdots & \cdots & \cdots & \cdots \\ \dot{Z}_{m1} & \dot{Z}_{m2} & \cdots & \dot{Z}_{mm} \end{bmatrix} \begin{bmatrix} \dot{I}_1 \\ \dot{I}_2 \\ \cdots \\ \dot{I}_m \end{bmatrix}, \qquad (i,\ j = 1,\ 2,\ \cdots,\ m) \qquad (4.5)$$

のように表すことができる。式(4.4)は $m = 3$ の場合である。

式(4.4)や(4.5)のインピーダンスを表す行列にはつぎのような性質がある。

① 対角線要素 $\dot{Z}_{ii}$ $(i = 1,\ 2,\ 3)$ は正で，i 番目の閉路に含まれるインピーダンスの総和となる。

② 対角線要素以外の要素 $\dot{Z}_{ij}$ $(i \neq j)$ は，i 番目の閉路と j 番目の閉路に共通のインピーダンスの代数和で，符号は i 番目の閉路電流と j 番目の閉路電流の向きが同じ場合は正，逆の場合は負となる。二つの閉路に共通の素子がない場合は $\dot{Z}_{ij} = 0$ となる。もし，閉路電流のたどる向きをすべて同じにとった場合は，共通の素子で i 番目の閉路電流の向きに対して，j 番目の閉路電流の向きは必ず逆になるので，$\dot{Z}_{ij}$ の符号はつねに負または零になる。**図 4.1** の場合は，閉路電流のたどる向きをすべて同じにしているので，式(4.4)のようにすべて負となっている。

③ $\dot{Z}_{ij} = \dot{Z}_{ji}$，すなわちインピーダンス行列は対称行列となる。

上の性質は回路が平面である場合に成り立つものであるが，閉路電流法に限らず，最初に立てる連立方程式に誤りがあると正しい解が得られないのはいうまでもないことである。上に述べたインピーダンス行列の性質は，立てた式に誤りがないかどうかをチェックする方法としても有益である。

第二法則の適用において，回路に電流源を含む場合には，電流源を電圧源に変換しなければならない。これは，電流源には電位差の考えは適用できないためである。

4.4 節 点 電 位 法

節点電位法（node voltage method）とは，n 個の節点のどれか一つの電位を基準（零にとってよい）にとり，残りの $n-1$ 個の節点の電位を未知数としてキルヒホッフの第一法則を適用するものである。節点電位とは，その節点と基準にとった節点間の電位差をいう。節点電位法における電源は電流源である。もし電圧源が含まれている場合にはそれを電流源に変換して第一法則を適用しなければならない。

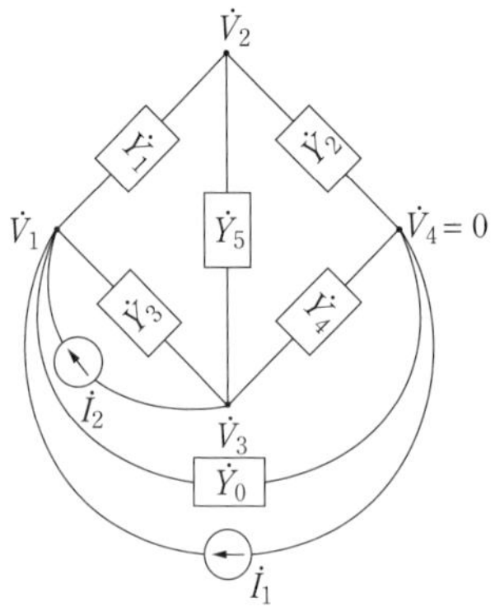

図 *4.5* 節点電位法の適用

図 *4.4* の回路を節点電位法で解くとして，まず電圧源を電流源に変換して**図 *4.5*** のような回路を考える。

つぎに，方程式の立て方を説明する。節点数 $n=4$ であるので方程式の数は $n-1=3$ 必要である。節点 4 の電位を基準に選び（零とする），その他の節点 1，2，3 の電位を，それぞれ $\dot{V}_1$，$\dot{V}_2$，$\dot{V}_3$ とする。ここで，1〜3 の各節点に第一法則を適用する。流出する電流を正，流入する電流を負として扱うとすると，節点 1 では

$$-\dot{I}_1-\dot{I}_2+\dot{Y}_0\dot{V}_1+\dot{Y}_3(\dot{V}_1-\dot{V}_3)+\dot{Y}_1(\dot{V}_1-\dot{V}_2)=0 \qquad (4.6\,a)$$

となる。同様に，節点 2，3 では

$$\dot{Y}_1(\dot{V}_2-\dot{V}_1)+\dot{Y}_5(\dot{V}_2-\dot{V}_3)+\dot{Y}_2\dot{V}_2=0 \qquad (4.6\,b)$$

$$\dot{I}_2+\dot{Y}_3(\dot{V}_3-\dot{V}_1)+\dot{Y}_5(\dot{V}_3-\dot{V}_2)+\dot{Y}_4\dot{V}_3=0 \qquad (4.6\,c)$$

となる。これを $\dot{V}_1$，$\dot{V}_2$，$\dot{V}_3$ に関して整理し，行列で表すと

$$\begin{bmatrix}\dot{I}_1+\dot{I}_2\\ 0\\ -\dot{I}_2\end{bmatrix}=\begin{bmatrix}\dot{Y}_0+\dot{Y}_1+\dot{Y}_3 & -\dot{Y}_1 & -\dot{Y}_3\\ -\dot{Y}_1 & \dot{Y}_1+\dot{Y}_2+\dot{Y}_5 & -\dot{Y}_5\\ -\dot{Y}_3 & -\dot{Y}_5 & \dot{Y}_3+\dot{Y}_4+\dot{Y}_5\end{bmatrix}\begin{bmatrix}\dot{V}_1\\ \dot{V}_2\\ \dot{V}_3\end{bmatrix} \qquad (4.7)$$

となる。アドミタンス行列にはつぎの性質がある。

① 対角線要素 $\dot{Y}_{ii}$ $(i=1,\ 2,\ 3)$ は正で，i 番目の節点に接続された回路素子のアドミタンスの総和となる。

② 対角線要素以外の要素 $\dot{Y}_{ij}$ $(i\neq j)$ は，i 番目の節点と j 番目の節点に接続されたアドミタンスの代数和であり，符号は節点から流れ出る電流を正，流れ込む電流を負とした場合はつねに負になる。二つの節点にアドミタンスが接続されていない場合は $\dot{Y}_{ij}=0$ となる。

③ $\dot{Y}_{ij} = \dot{Y}_{ji}$，すなわちアドミタンス行列は対称行列となる。

上の ①～③ の性質は，閉路電流法のときと同様，式(4.7)のような連立方程式を立てたとき，誤りがないかどうかのチェックにも役立つ。

以上，閉路電流法と節点電位法を述べたが，これらは解析する回路によって便利なほうを使えばよい。

4.5 連立方程式の解法

式(4.3)や式(4.6)は線形一次の連立方程式であるので，前章で示したように代入法を用いて順次未知数を少なくしていけば解くことができるが，行列や行列式を用いて，**クラーメル**（Cramer）の方法により，つぎのように求めることもできる。式(4.4)や式(4.7)の三元連立方程式を一般的につぎのように表すとする。

$$\begin{bmatrix} b_1 \\ b_2 \\ b_3 \end{bmatrix} = \begin{bmatrix} a_{11} & a_{12} & a_{13} \\ a_{21} & a_{22} & a_{23} \\ a_{31} & a_{32} & a_{33} \end{bmatrix} \begin{bmatrix} x_1 \\ x_2 \\ x_3 \end{bmatrix} \tag{4.8}$$

このとき，x_1，x_2，x_3 は行列式を用いてつぎのようになる。

$$x_1 = \frac{1}{\Delta} \begin{vmatrix} b_1 & a_{12} & a_{13} \\ b_2 & a_{22} & a_{23} \\ b_3 & a_{32} & a_{33} \end{vmatrix} \tag{4.9}$$

$$x_2 = \frac{1}{\Delta} \begin{vmatrix} a_{11} & b_1 & a_{13} \\ a_{21} & b_2 & a_{23} \\ a_{31} & b_3 & a_{33} \end{vmatrix} \tag{4.10}$$

$$x_3 = \frac{1}{\Delta} \begin{vmatrix} a_{11} & a_{12} & b_1 \\ a_{21} & a_{22} & b_2 \\ a_{31} & a_{32} & b_3 \end{vmatrix} \tag{4.11}$$

ここで $\varDelta$ は

$$\varDelta=\begin{vmatrix} a_{11} & a_{12} & a_{13} \\ a_{21} & a_{22} & a_{23} \\ a_{31} & a_{32} & a_{33} \end{vmatrix}$$

$$= a_{11}a_{22}a_{33}+a_{21}a_{32}a_{13}+a_{12}a_{23}a_{31}-a_{13}a_{22}a_{31}-a_{12}a_{21}a_{33}-a_{23}a_{32}a_{11} \tag{4.12}$$

である。行列が四次以上になると計算はたいへんであるが，結果はつぎのようになる。

$$\begin{bmatrix} b_1 \\ b_2 \\ b_3 \\ \cdots \\ b_n \end{bmatrix}=\begin{bmatrix} a_{11} & a_{12} & a_{13} & \cdots & a_{1n} \\ a_{21} & a_{22} & a_{23} & \cdots & a_{2n} \\ a_{31} & a_{32} & a_{33} & \cdots & a_{3n} \\ \cdots & \cdots & \cdots & \cdots & \cdots \\ a_{n1} & a_{n2} & a_{n3} & \cdots & a_{nn} \end{bmatrix}\begin{bmatrix} x_1 \\ x_2 \\ x_3 \\ \cdots \\ x_n \end{bmatrix} \tag{4.13}$$

$$x_i=\frac{1}{\varDelta}\begin{vmatrix} a_{11} & a_{12} & \cdots & a_{1,i-1} & b_1 & a_{1,i+1} & \cdots & a_{1n} \\ a_{21} & a_{22} & \cdots & a_{2,i-1} & b_2 & a_{2,i+1} & \cdots & a_{2n} \\ \cdots & \cdots & \cdots & \cdots & \cdots & \cdots & \cdots & \cdots \\ a_{n1} & a_{n2} & \cdots & a_{n,i-1} & b_n & a_{n,i+1} & \cdots & a_{nn} \end{vmatrix} \qquad (i=1,\ 2,\ \cdots,\ n)$$

$$=\frac{1}{\varDelta}(m_{1i}b_1+m_{2i}b_2+\cdots+m_{ni}b_n) \tag{4.14}$$

ここで $\varDelta$ は

$$\varDelta=\begin{vmatrix} a_{11} & a_{12} & a_{13} & \cdots & a_{1n} \\ a_{21} & a_{22} & a_{23} & \cdots & a_{2n} \\ a_{31} & a_{32} & a_{33} & \cdots & a_{3n} \\ \cdots & \cdots & \cdots & \cdots & \cdots \\ a_{n1} & a_{n2} & a_{n3} & \cdots & a_{nn} \end{vmatrix} \tag{4.15}$$

$$m_{ji}=(-1)^{j+i}\varDelta_{ji} \qquad (j,\ i=1,\ 2,\ \cdots,\ n) \tag{4.16}$$

m_{ji} は**余因数**（cofactor）と呼ばれ，$\varDelta_{ji}$ は行列式 $\varDelta$ の j 行目と i 列目を除いた $n-1$ 次の行列式である。

例題 4.1　図 4.6 の回路において端子 ab 間の電圧を求めよ。

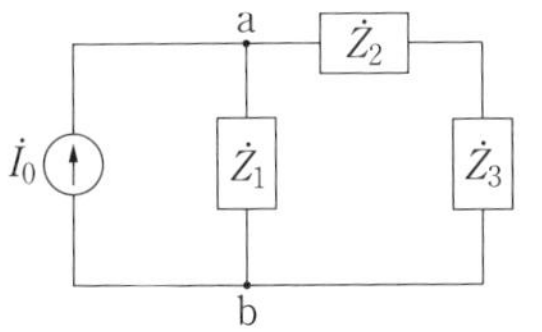

図 4.6　**例題 4.1** の回路

【解答】 ① 分流の関係より $\dot{Z}_1$ に流れる電流 $\dot{I}_1$ は

$$\dot{I}_1 = \frac{\dot{Z}_2 + \dot{Z}_3}{\dot{Z}_1 + \dot{Z}_2 + \dot{Z}_3}\dot{I}_0$$

よって，端子 ab 間の電圧 $\dot{V}_1$ は次式となる。

$$\dot{V}_1 = \dot{Z}_1\dot{I}_1 = \frac{\dot{Z}_1(\dot{Z}_2 + \dot{Z}_3)}{\dot{Z}_1 + \dot{Z}_2 + \dot{Z}_3}\dot{I}_0$$

② 節点電位法で求める。端子（節点）b の電位を基準にとり，端子 a の電位を $\dot{V}_1$ として，端子 a にキルヒホッフの第一法則を適用して

$$\left(\frac{1}{\dot{Z}_1} + \frac{1}{\dot{Z}_2 + \dot{Z}_3}\right)\dot{V}_1 = \dot{I}_0$$

これよりただちに ① の $\dot{V}_1$ と同じ結果を得る。　◇

演　習　問　題

【1】 問図 4.1 の回路において，$3 + j4$〔Ω〕の素子に流れる電流を閉路電流法，節点電位法でそれぞれ求めよ。

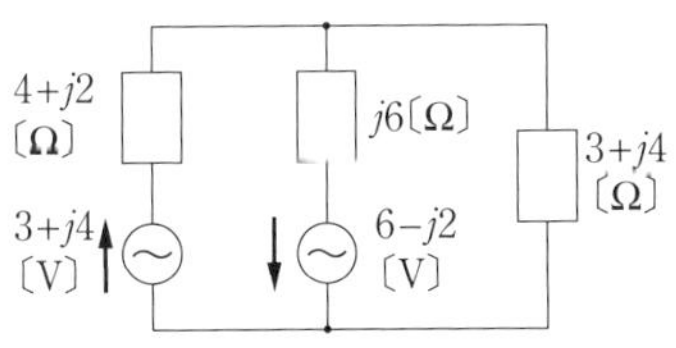

問図 4.1

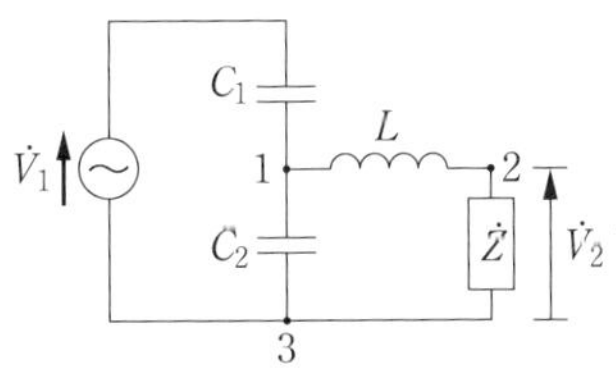

問図 4.2

【2】 問図 4.2 の回路において，$\dot{Z}$ の両端の電圧が $\dot{Z}$ に無関係であるための条件を求めよ。また，そのときの電圧はいくらか。

5

周波数特性とフェーザ軌跡

これまでの回路計算においては，電源の周波数は一定であるとした。ここでは，加える電圧の大きさは一定で周波数を変えた場合にインピーダンスや電流がどのように変化するかを学ぶ。また，フェーザ軌跡についても学ぶ。

5.1　基本回路の周波数特性

抵抗，コイル，コンデンサのインピーダンスは，それぞれ，$Z = R$，$Z = \omega L$，$Z = 1/\omega C$ であった。したがって，周波数 $f\,(= \omega/2\pi)$ あるいは角周波数 $\omega(= 2\pi f)$ の変化に対するインピーダンスの変化は**表 5.1** のようになる。周波数によってインピーダンスや電流がどのように変化するかを表したものを**周波数特性**（frequency characteristics）という。

表 5.1　基本回路素子の周波数特性

抵　抗	コイル	コンデンサ
$Z = R$	$Z = \omega L$	$Z = 1/\omega C$
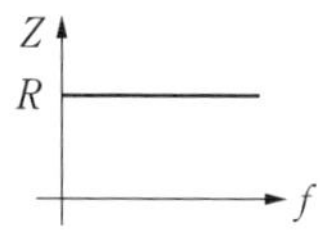	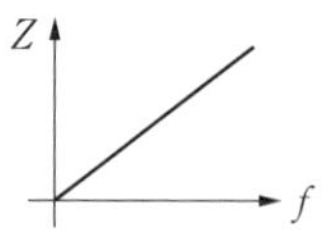	

つぎに，RL 直列回路の場合は，インピーダンス Z および電流 I は

$$Z = \sqrt{R^2 + (\omega L)^2}, \qquad I = \frac{V}{\sqrt{R^2 + (\omega L)^2}} \tag{5.1}$$

となり，周波数 f の変化に対するインピーダンス，電流の変化は**図 5.1**(a)，

(b)のようになる。同様に，RC 直列回路の場合は

$$Z = \sqrt{R^2 + \left(\frac{1}{\omega C}\right)^2}, \qquad I = \frac{V}{\sqrt{R^2 + (1/\omega C)^2}} \tag{5.2}$$

となるので，周波数の変化に対するインピーダンス，電流の変化は**図 5.2**(a)，(b)のようになる。

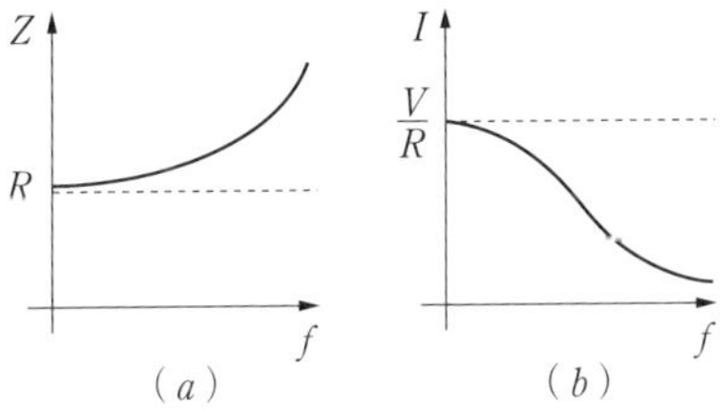

図 5.1 RL 直列回路の周波数特性

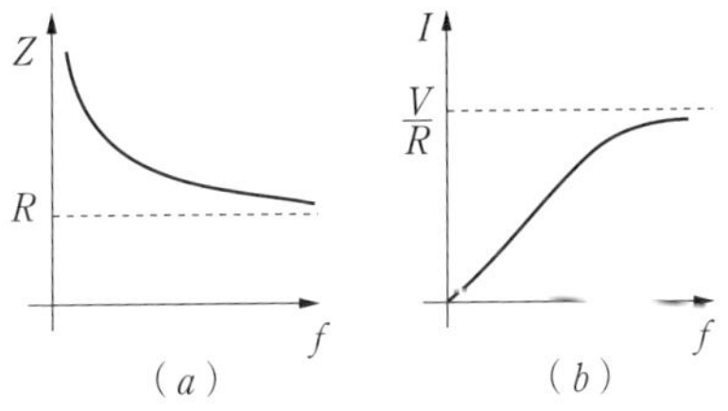

図 5.2 RC 直列回路の周波数特性

5.2 直列共振回路

図 5.1 や**図 5.2** においては，周波数の変化に対するインピーダンスや電流の変化は単調増加（あるいは減少）となる。

つぎに，**図 5.3** に示すような RLC 直列回路の場合を調べてみよう。回路のインピーダンス Z，電流 I は

$$Z = \sqrt{R^2 + \left(\omega L - \frac{1}{\omega C}\right)^2} \tag{5.3}$$

$$I = \frac{V}{\sqrt{R^2 + \left(\omega L - \frac{1}{\omega C}\right)^2}} \tag{5.4}$$

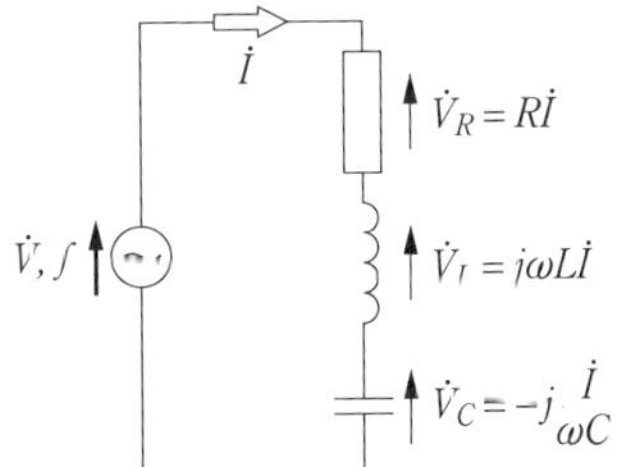

図 5.3 RLC 直列回路

となる。周波数 $f(=\omega/2\pi)$ を変化させると，$f=0$ および $f\to\infty$ のときは，$Z\to\infty$ であり $I=0$ となる。また

$$\omega L = \frac{1}{\omega C} \tag{5.5}$$

のとき，Z は最小となり I は最大となる。そのときの周波数を f_0 とすると

$$f_0 = \frac{1}{2\pi\sqrt{LC}} \tag{5.6}$$

となる。

この回路の周波数特性をフェーザを用いてもう少し詳しく調べてみよう。直列回路の場合は，流れる電流が共通なので $\dot{I}$ を基準に考え

表 5.2　周波数の変化に対する $\dot{V}$，$\dot{I}$ のフェーザの変化

<table>
<tr><td>$\omega L < \frac{1}{\omega C}$</td><td>$\omega L = \frac{1}{\omega C}$</td><td>$\omega L > \frac{1}{\omega C}$</td></tr>
<tr><td>$V_L < V_C$</td><td>$V_L = V_C$</td><td>$V_L > V_C$</td></tr>
<tr><td>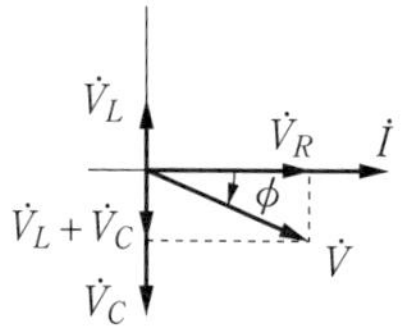
</td><td>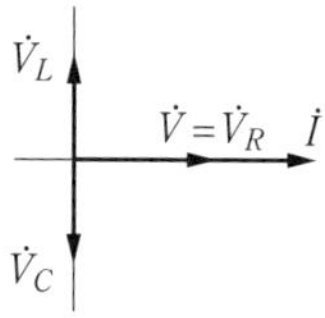
</td><td>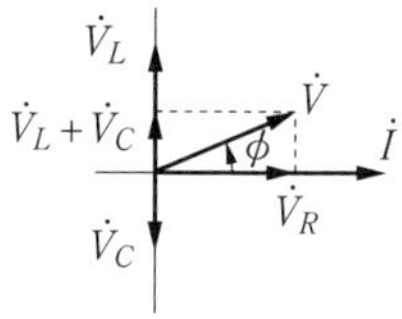
</td></tr>
<tr><td>$\omega < \frac{1}{\sqrt{LC}}$
$(\omega < \omega_0)$
$(f < f_0)$ のとき</td><td>$\omega_0 = \frac{1}{\sqrt{LC}}$
$f_0 = \frac{1}{2\pi\sqrt{LC}}$</td><td>$\omega > \frac{1}{\sqrt{LC}}$
$(\omega > \omega_0)$
$(f > f_0)$ のとき</td></tr>
</table>

表 5.3　*RLC* 直列回路の周波数特性

<table>
<tr><td>インピーダンス
$Z = \sqrt{R^2 + \left(\omega L - \frac{1}{\omega C}\right)^2}$</td><td>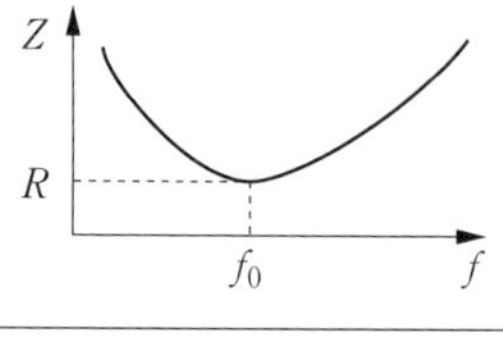
</td></tr>
<tr><td>電流
$I = \frac{V}{\sqrt{R^2 + \left(\omega L - \frac{1}{\omega C}\right)^2}}$</td><td>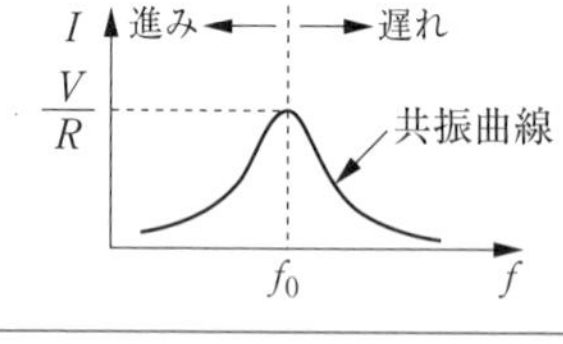
</td></tr>
<tr><td>位相（進みを基準）
$\phi = \tan^{-1} \frac{\frac{1}{\omega C} - \omega L}{R}$</td><td>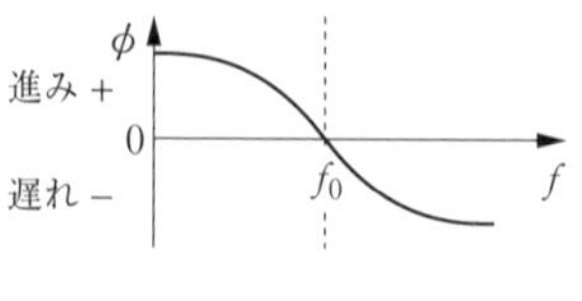
</td></tr>
</table>

$$\omega L < \frac{1}{\omega C}, \qquad \omega L = \frac{1}{\omega C}, \qquad \omega L > \frac{1}{\omega C}$$

の三つの場合のフェーザ図を書くと，**表 5.2** のようになる。

以上の結果をもとにインピーダンス，電流，位相の周波数に対する変化を図示すると，**表 5.3** のようになる。

以上の結果において，式(5.7)の条件を満たすとき $\dot{V}$ は $\dot{I}$ と同相になる。

$$\omega L = \frac{1}{\omega C}, \qquad f = f_0 = \frac{1}{2\pi\sqrt{LC}} \tag{5.7}$$

この状態を**直列共振**（series resonance）あるいは単に**共振**といい，f_0 を**共振周波数**（resonance frequency）という。また，電流の変化を表す曲線を**共振曲線**（resonance curve）という。

例題 5.1　**図 5.4** の回路において，共振時の周波数 f_0，電流 I_0，各素子の電圧 V_R，V_L，V_C を求めよ。

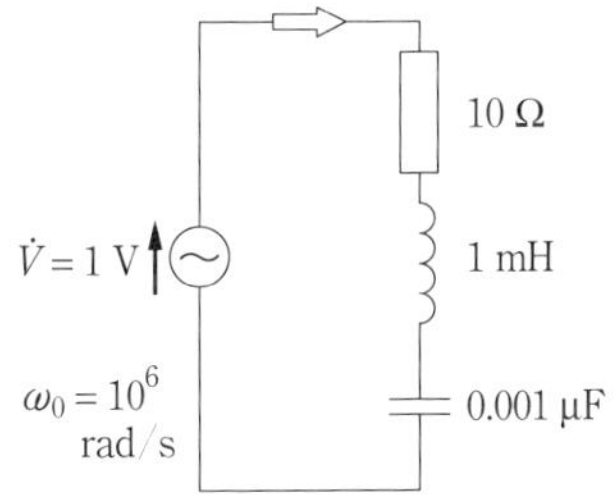

図 5.4　例題 5.1 の回路

【解答】　$f_0 = \dfrac{1}{2\pi\sqrt{LC}} = \dfrac{1}{2\pi\sqrt{10^{-3} \times 10^{-9}}}$

$= 159\ \mathrm{kHz}$

ここに，$Z_0 = R = 10\ \Omega$ であるから

$$I_0 = \frac{V}{Z_0} = 0.1\ \mathrm{A} \qquad V_R = I_0 R = 1\ \mathrm{V}$$

$$V_L = \omega_0 L I_0 = 10^6 \times 10^{-3} \times 10^{-1} = 100\ \mathrm{V}$$

$$V_C = \frac{1}{\omega_0 C} I_0 = \frac{1}{10^6 \times 10^{-9}} \times 10^{-1} = 100\ \mathrm{V}$$

◇

例題 5.1 で見たように，共振時にはコイルにおける電圧 V_L およびコンデンサにおける電圧 V_C は，電源電圧 V より非常に大きな値となっている。これを一般に表すと，まず，共振時の V_L，V_C は

$$V_L = \omega_0 L I_0 = \omega_0 L \frac{V}{R} = \frac{\omega_0 L}{R} V \tag{5.8}$$

$$V_C = \frac{1}{\omega_0 C} I_0 = \frac{1}{\omega_0 CR} V \tag{5.9}$$

となる。ここで，共振時には $\omega_0 L = 1/\omega_0 C$ であるので，V_L，V_C が電源電圧 V の何倍になっているかを Q_0 で表すと

$$Q_0 = \frac{\omega_0 L}{R} = \frac{1}{\omega_0 CR} \tag{5.10}$$

となる。すなわち，共振時には，L，C の端子電圧は，電源電圧の Q_0 倍になる。

5.3　共振曲線と Q_0 の関係

図 5.5(a)に二つの共振曲線を示す。図において，B は A より共振曲線が鋭いという。この鋭さは，図(b)のような電流が最大値の $1/\sqrt{2}$ 倍となる点の周波数 f_1，f_2 を用いて式(5.11)のように表される。

$$\frac{\Delta f}{f_0}, \qquad \Delta f = f_2 - f_1 \tag{5.11}$$

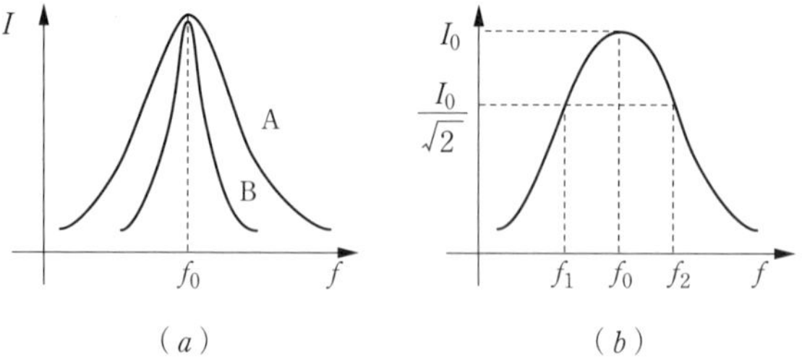

図 5.5　共 振 曲 線

式(5.11)の Δf を**半値幅**といい，その値が小さいほど共振曲線は鋭い。

つぎに，$I = I_0/\sqrt{2}$ となるのはどのようなときかを詳しく調べる。明らかにそのときのインピーダンス Z は，共振時のインピーダンス $Z_0 = R$ の $\sqrt{2}$ 倍であるので

$$\sqrt{2}\,R = \sqrt{R^2 + \left(\omega L - \frac{1}{\omega C}\right)^2} \tag{5.12}$$

より

$$R = \pm\left(\omega L - \frac{1}{\omega C}\right) \tag{5.13}$$

となる。すなわち，$I = I_0/\sqrt{2}$ となるのは二つの場合があるが，式(5.13)において，負符号は f_1 の場合に相当する。この場合は C の影響が強いので，$1/\omega C > \omega L$ であり，また，つねに $R > 0$ なので

$$R = \frac{1}{\omega_1 C} - \omega_1 L \tag{5.14}$$

となる。式(5.13)において，正符号は f_2 のときに相当する。この場合は L の影響が強いので，$\omega L > 1/\omega C$ であり，式(5.15)となる。

$$R = \omega_2 L - \frac{1}{\omega_2 C} \tag{5.15}$$

つぎに，式(5.11)の $\Delta f/f_0$ と式(5.10)の Q_0 の関係を求める。そのため，まず式(5.14)の両辺に $1/\omega_0 L$ を掛けると

$$\frac{R}{\omega_0 L} = \frac{1}{\omega_0 L \omega_1 C} - \frac{\omega_1 L}{\omega_0 L}$$

となるので

$$\frac{1}{LC} = \omega_0{}^2 \tag{5.16}$$

の関係を代入して式(5.17)を得る。

$$\frac{1}{Q_0} = \frac{\omega_0}{\omega_1} - \frac{\omega_1}{\omega_0} = \frac{f_0}{f_1} - \frac{f_1}{f_0} \tag{5.17}$$

同様にして，式(5.15)に $1/\omega_0 L$ を掛け，式(5.16)の関係を代入して

$$\frac{1}{Q_0} = \frac{\omega_2}{\omega_0} - \frac{\omega_0}{\omega_2} = \frac{f_2}{f_0} - \frac{f_0}{f_2} \tag{5.18}$$

を得る。式(5.17)より式(5.18)を引いて

$$0 = \frac{f_0}{f_1} - \frac{f_1}{f_0} - \frac{f_2}{f_0} + \frac{f_0}{f_2} = \frac{(f_0{}^2 - f_1 f_2)(f_1 + f_2)}{f_0 f_1 f_2}$$

これより

$$f_0{}^2 = f_1 f_2 \tag{5.19}$$

の関係があることがわかる。一方，式(5.17)と式(5.18)を加えて

$$\frac{2}{Q_0} = \frac{f_0}{f_1} - \frac{f_1}{f_0} + \frac{f_2}{f_0} - \frac{f_0}{f_2} = \frac{(f_0{}^2 + f_1 f_2)(f_2 - f_1)}{f_0 f_1 f_2}$$

となる。これに式(5.19)の関係を代入して

$$\frac{2}{Q_0} = \frac{2f_1 f_2(f_2 - f_1)}{f_0 f_1 f_2} = 2\frac{f_2 - f_1}{f_0} \tag{5.20}$$

よって

$$\frac{1}{Q_0} = \frac{f_2 - f_1}{f_0} = \frac{\Delta f}{f_0} \tag{5.21}$$

を得る。これより，Q_0 の値が大きいときは，$\Delta f / f_0$ の値が小さく，共振曲線の幅が狭い鋭い曲線になることがわかる。このため Q_0 は**共振の鋭さ**（sharpness of resonance）または**共振回路の良さ**と呼ばれる。

5.4　並列共振回路

図 5.6 に RLC 並列回路を示す。**図 5.3** の直列回路の場合と同様，周波数に対する諸量の変化を調べてみよう。電圧 $\dot{V}$ を基準に

$$\omega L < \frac{1}{\omega C},\quad \omega L = \frac{1}{\omega C},\quad \omega L > \frac{1}{\omega C}$$

の三つの場合の $\dot{I}_R$，$\dot{I}_L$，$\dot{I}_C$，$\dot{I}$ のフェーザ図を書くと，**表 5.4** のようになる。

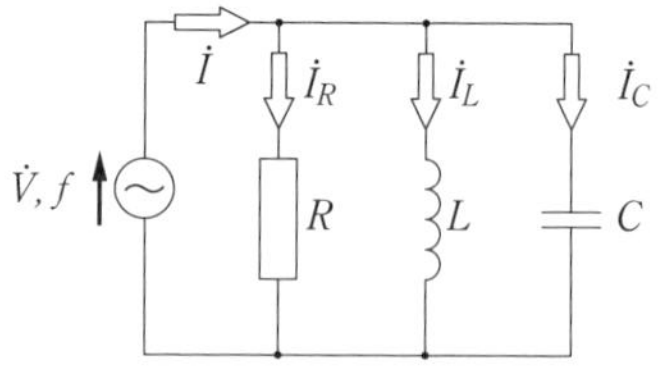

図 5.6　RLC 並列回路

表 5.4　周波数の変化に対する $\dot{V}$，$\dot{I}$ のフェーザの変化

$\omega L < \dfrac{1}{\omega C}$	$\omega L = \dfrac{1}{\omega C}$	$\omega L > \dfrac{1}{\omega C}$
$I_L > I_C$	$I_L = I_C$	$I_L < I_C$
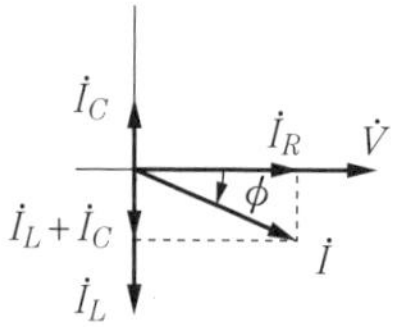	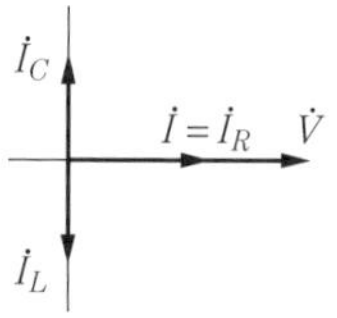	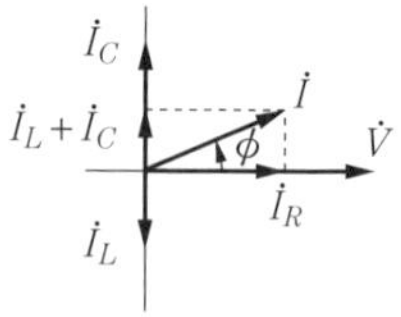
$\omega < \dfrac{1}{\sqrt{LC}}$ $(\omega < \omega_0)$ $(f < f_0)$ のとき	$\omega_0 = \dfrac{1}{\sqrt{LC}}$ $f_0 = \dfrac{1}{2\pi\sqrt{LC}}$	$\omega > \dfrac{1}{\sqrt{LC}}$ $(\omega > \omega_0)$ $(f > f_0)$ のとき

図 5.6 の回路においてアドミタンスおよび電流 I は

$$Y=\sqrt{\left(\frac{1}{R}\right)^2+\left(\omega C-\frac{1}{\omega L}\right)^2},\qquad I=YV=\sqrt{\left(\frac{1}{R}\right)^2+\left(\omega C-\frac{1}{\omega L}\right)^2}\,V \quad (5.22)$$

である。周波数に対する電流の変化を図示すると，**表 5.5** のようになる。表からもわかるように，$\omega C=1/\omega L$ のとき，すなわち

$$f=f_0=\frac{1}{2\pi\sqrt{LC}} \quad (5.23)$$

のとき電流は最小となり

$$I_0=\frac{V}{R} \quad (5.24)$$

となる。このとき電圧と電流は同相であり，この状態を**並列共振**（parallel resonance）あるいは**反共振**（antiresonance）といい，式(5.23)の f_0 を**反共振周波数**という。また，**表 5.5** の電流の曲線を**並列共振曲線**または**反共振曲線**という。

表 5.5　RLC 並列回路の周波数特性

アドミタンス $Y=\sqrt{\frac{1}{R^2}+\left(\omega C-\frac{1}{\omega L}\right)^2}$	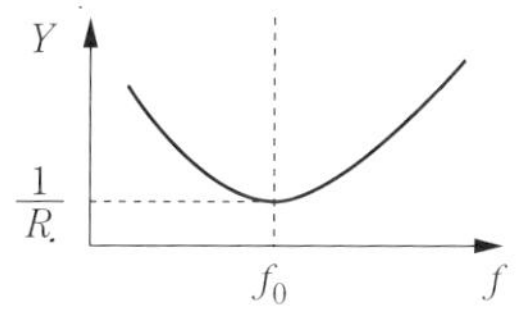
電流 $I=\sqrt{\frac{1}{R^2}+\left(\omega C-\frac{1}{\omega L}\right)^2}\,V$	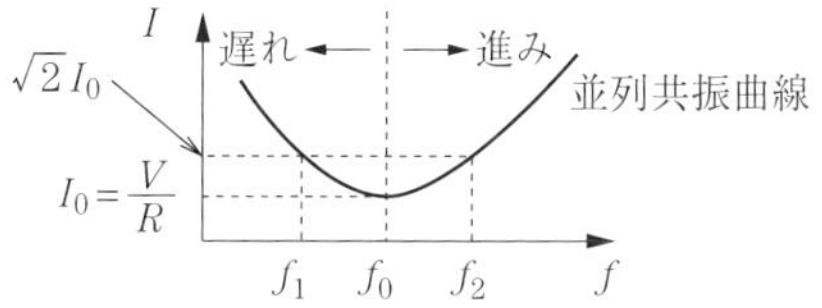
位相（進みを基準） $\phi=\tan^{-1}R\left(\omega C-\frac{1}{\omega L}\right)$	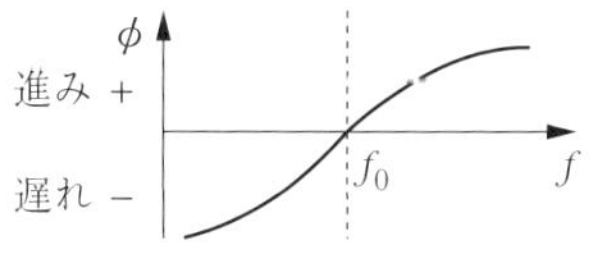

並列共振回路における共振の鋭さ Q_0 は，**表 5.5** の電流において $I=\sqrt{2}I_0$ となる周波数を f_1，f_2 とすると

$$Q_0=\frac{f_0}{f_2-f_1}=\omega_0 CR=\frac{R}{\omega_0 L} \quad (5.25)$$

となる（章末問題【3】参照）。

図 5.6 の回路は理想的な素子を用いた場合の並列回路を示したが，実際には**図 5.7**(a)に示すように，コイルは導線で巻かれているのでその抵抗分 r があり，また図(b)のようにコンデンサにも極板間の材質に若干の導電性があるのでその抵抗分がある。したがって，現実的な並列共振回路は**図 5.8** のようになる。ただし，図ではコンデンサの抵抗分は無視している。**図 5.8** の回路の電流 $\dot{I}$ は

$$\dot{I} = \frac{\dot{V}}{r + j\omega L} + j\omega C\dot{V} = \left\{\frac{r}{r^2 + (\omega L)^2} + j\left(\omega C - \frac{\omega L}{r^2 + (\omega L)^2}\right)\right\}\dot{V} \tag{5.26}$$

となる。この回路の共振条件は，電圧と電流が同相のときより求まり，それは，式(5.26)において虚部が零のときである。すなわち

$$\omega_0 C = \frac{\omega_0 L}{r^2 + (\omega_0 L)^2} \tag{5.27}$$

より

$$\omega_0 = \frac{1}{L}\sqrt{\frac{L}{C} - r^2} = \sqrt{\frac{1}{LC} - \frac{r^2}{L^2}} \tag{5.28}$$

となる。したがって，反共振周波数 f_0 は

$$f_0 = \frac{1}{2\pi\sqrt{LC}}\sqrt{1 - r^2\frac{C}{L}} \tag{5.29}$$

である。コイルの抵抗 r を含む r^2C/L の値が 1 に比べて十分に小さく無視できる場合には $f_0 = 1/2\pi\sqrt{LC}$ となる。

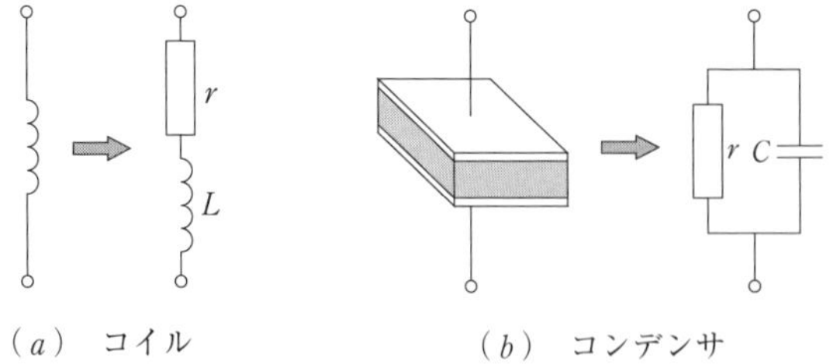

(a)　コイル　　　(b)　コンデンサ

図 5.7　実際のコイル，コンデンサと等価回路

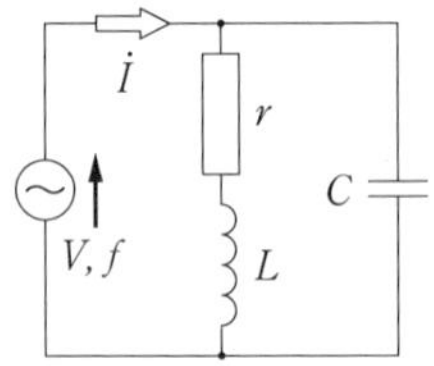

図 5.8　並列共振回路

5.5 共振回路の応用

共振回路は多くの電子回路に応用されている。その代表的なものが，電波の受信回路における同調回路である。**図 5.9** に示すように，受信機はアンテナを介していろいろな周波数の電波を受信する。その際，ある放送局の番組を聞きたい場合には，その放送局の周波数に受信機を合わせる必要がある。例えば，A 局の周波数が f_{01} であり，B 局の周波数が f_{02} であったとすると，図(b)の等価回路における共振周波数は式(5.7)で表されるので，C の値をいろいろに設定し

$$f_{01}=\frac{1}{2\pi\sqrt{LC_1}},\qquad f_{02}=\frac{1}{2\pi\sqrt{LC_2}} \tag{5.30}$$

のようにすれば目的の周波数の Q_0 だけを大きくすることができ，感度のよい放送を聞くことができるようになる。

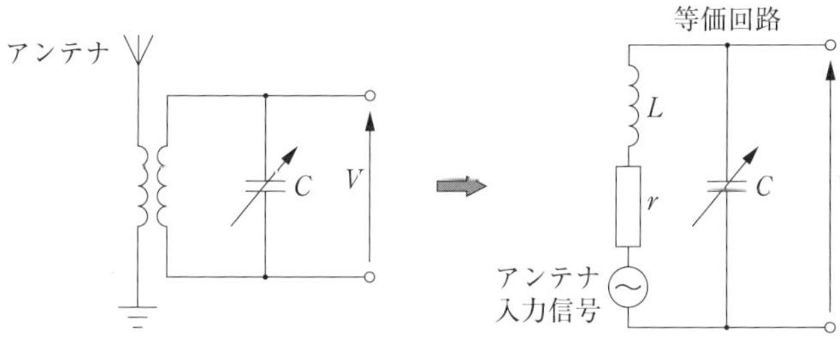

図 5.9　共振回路の応用

5.6 フェーザ軌跡

前節までに述べたように，回路の電流は周波数の変化により，その大きさだけでなく電圧との位相も変化する。このようなことは周波数の変化に限らず R，L，C の回路素子の値が変化しても起こる。ここで，回路の諸量が変化したときの電圧，電流のフェーザがどのように変化するかを調べる。

これまで述べてきたように，電圧や電流のフェーザは複素平面上に描くことができた。複素数で表した電圧，電流などの諸量において，周波数や回路素子の値を変化させたとき，その複素数すなわちフェーザの先端が平面上で描く軌跡を**フェーザ軌跡**（phasor locus）という。フェーザ軌跡を用いると，変化する量に対する回路の動作が一目でわかるようになる。

なお，電圧 $\dot{V}$ や電流 $\dot{I}$ はフェーザであるが，インピーダンス $\dot{Z}$ やアドミタンス $\dot{Y}$ はフェーザとは呼ばない。これは，$\dot{V}$ や $\dot{I}$ は電圧や電流の大きさと位相を表したものであるのに対し，$\dot{Z}$ や $\dot{Y}$ は単に $\dot{V}$ と $\dot{I}$ の比を表す複素数でしかないからである。しかしながら，電圧や電流のフェーザ軌跡を考える場合には $\dot{Z}$ や $\dot{Y}$ も一つのフェーザとして扱ってもよい。例えばある回路の電流 $\dot{I}$ の軌跡を考える場合，電圧 $\dot{V}$ を基準に考えそれを定数 V とおくと

$$\dot{I} = \frac{V}{\dot{Z}}, \qquad \dot{I} = \dot{Y}V \tag{5.31}$$

となり，$\dot{I}$ の軌跡を考えることは $\dot{Z}$ や $\dot{Y}$ の軌跡を考えることと同じになるからである。

ここで，**図 5.10** の RL 直列回路を例にとり，電流 $\dot{I}$ のフェーザ軌跡を考えてみよう。回路のインピーダンス $\dot{Z}$，アドミタンス $\dot{Y}$ は

$$\dot{Z} = R + j\omega L, \quad \dot{Y} = \frac{1}{R + j\omega L} = \frac{R}{R^2 + (\omega L)^2} - j\frac{\omega L}{R^2 + (\omega L)^2} \tag{5.32}$$

であり，流れる電流 $\dot{I}$ は

$$\dot{I} = \dot{Y}V = \frac{RV}{R^2 + (\omega L)^2} - j\frac{\omega L V}{R^2 + (\omega L)^2} \tag{5.33}$$

となる。また，この電流が流れているときの抵抗 R，コイル L の端子電圧 $\dot{V}_R$，$\dot{V}_L$ は

$$\dot{V}_R = R\dot{I}, \qquad \dot{V}_L = j\omega L\dot{I} \tag{5.34}$$

となり，$\dot{V}_R$ と $\dot{V}_L$ を合成したものが電源電圧 $\dot{V}$ と等しくなる。このとき，$\dot{V}_R$ と $\dot{V}_L$ はつねに直交している。

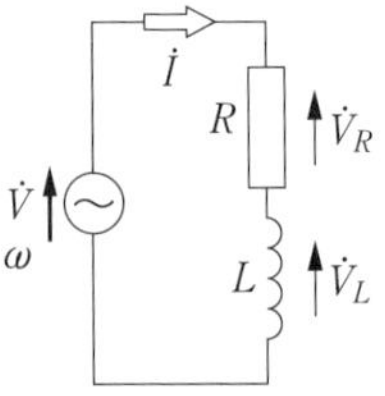

図 5.10　RL 直列回路

まず，R は定数で，ω の値が変化する場合を考える。**図 5.11** のように $\dot{V}_R$ と $\dot{V}_L$ は直交関係を保ちながら，

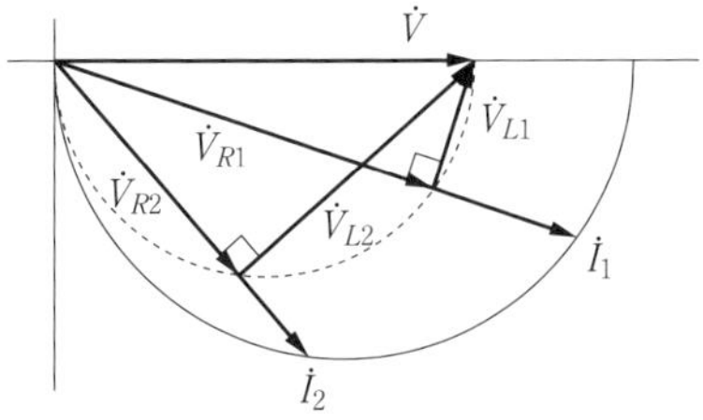

図 5.11 $\dot{V}_R$，$\dot{V}_L$，$\dot{V}$，$\dot{I}$ の関係

その合成はつねに一定の $\dot{V}$ になるように変化するので，$\dot{V}_R$ の先端は図の点線で表した半円上を動くことがわかる。したがって，R は定数であるので，$\dot{I}$の軌跡も $\dot{V}_R$ と大きさが異なるだけで半円となることがわかる。

以上のことを式の上からも示す。いま，$\dot{I}$ の実部を x，虚部を y とおくと

$$\dot{I} = x + jy, \qquad x = \frac{RV}{R^2 + (\omega L)^2}, \qquad y = \frac{-\omega LV}{R^2 + (\omega L)^2} \tag{5.35}$$

となるので，これらの式より変数 ω を消去することを考える（**変数消去法**という）。式(5.35)の第2式，第3式より

$$\frac{y}{x} = -\frac{\omega L}{R} \tag{5.36}$$

であるので，これを式(5.35)の第2式，第3式のいずれかに代入して整理すると

$$x^2 + y^2 = \frac{V}{R}x \tag{5.37}$$

となる。さらに変形して

$$\left(x - \frac{V}{2R}\right)^2 + y^2 = \left(\frac{V}{2R}\right)^2 \tag{5.38}$$

となる。これは，$x = V/2R$，$y = 0$ に中心を持つ半径が $V/2R$ の円を表す方程式である。このように $\dot{I}$ のフェーザ軌跡は**図 5.12** となる。

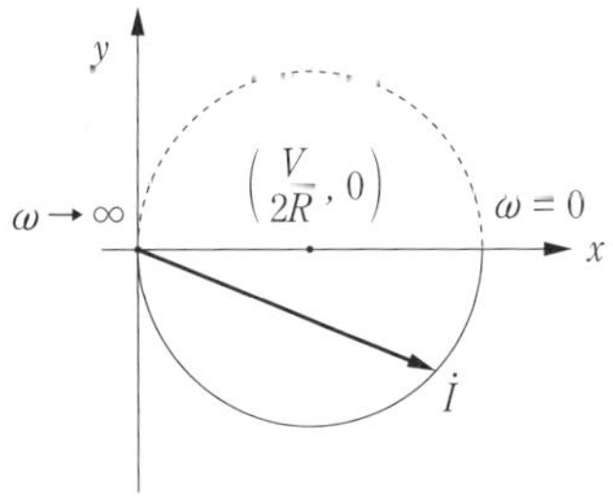

図 5.12 ω の変化に対する $\dot{I}$ のフェーザ軌跡

つぎに，R が変数で，ω の値は一定の場合を考える。式(5.36)より

$$R = -\omega L\frac{x}{y} \tag{5.39}$$

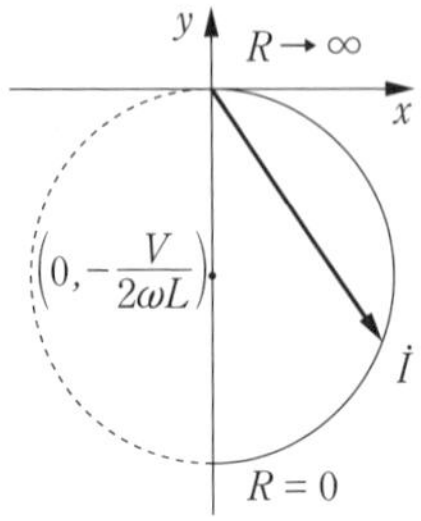

図 5.13　R の変化に対する $\dot{I}$ のフェーザ軌跡

を式(5.35)に代入して整理すると

$$x^2 + y^2 = -\frac{V}{\omega L}y \tag{5.40}$$

となるので，さらに変形して

$$x^2 + \left(y + \frac{V}{2\omega L}\right)^2 = \left(\frac{V}{2\omega L}\right)^2 \tag{5.41}$$

となる。この場合は**図 5.13** に示すような円になる。

以上の例の場合は電流の軌跡は円になった。このような円に基づいて回路の諸特性を求める方法を**円線図法**（circle diagram method）という。

例題 5.2　式(5.32)のインピーダンスの軌跡を調べよ。

【解答】　まず，ω が変化する場合を考えると，**図 5.14**(a)のような直線になる。つぎに，R が変化する場合は，図(b)のような直線になる。

図 5.12 と **図 5.13** は電流の軌跡であるが，$V = 1$ と考えれば，式(5.32)の第2式のアドミタンス $\dot{Y}$ の軌跡でもある。その逆数のインピーダンスは**例題 5.2** で示したように直線であった。このように，一般に軌跡が直線である量の逆数の軌跡は円になる。

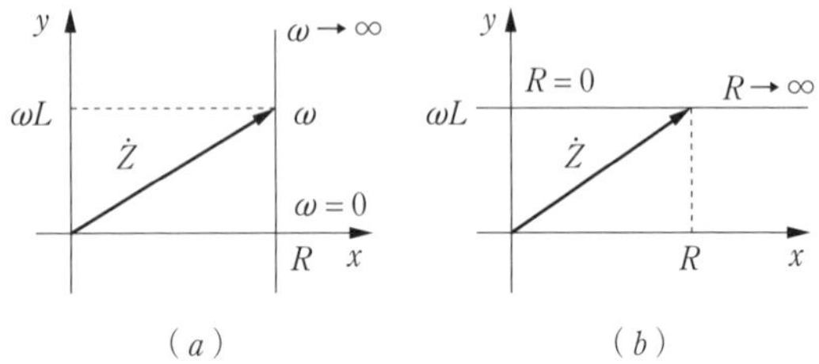

図 5.14　RL 直列回路の $\dot{Z}$ の軌跡

◇

例題 5.3　**図 5.3** に示した RLC 直列回路の共振現象をフェーザ軌跡の観点から考察せよ。

【解答】　電流のフェーザ軌跡を求めると

$$\dot{I} = \frac{V}{R + j\left(\omega L - \dfrac{1}{\omega C}\right)} = \frac{RV}{R^2 + \left(\omega L - \dfrac{1}{\omega C}\right)^2} - j\frac{\left(\omega L - \dfrac{1}{\omega C}\right)V}{R^2 + \left(\omega L - \dfrac{1}{\omega C}\right)^2}$$

となる。

実部を x，虚部を y とおいて

$$x = \frac{RV}{R^2 + \left(\omega L - \dfrac{1}{\omega C}\right)^2}, \qquad y = \frac{-\left(\omega L - \dfrac{1}{\omega C}\right)V}{R^2 + \left(\omega L - \dfrac{1}{\omega C}\right)^2}$$

これらより

$$\frac{y}{x} = -\frac{\omega L - \dfrac{1}{\omega C}}{R}, \qquad \omega L - \frac{1}{\omega C} = -R\frac{y}{x}$$

であるので，これを x に代入して整理するとつぎの円を表す方程式を得る。

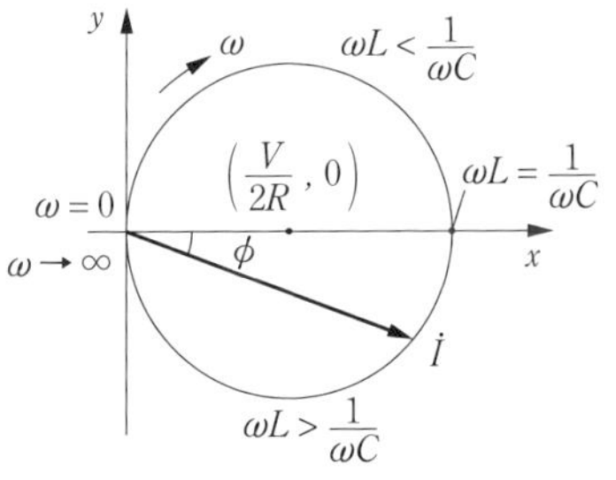

図 5.15　$\dot{I}$ のフェーザ軌跡と直列共振

$$\left(x - \frac{V}{2R}\right)^2 + y^2 = \left(\frac{V}{2R}\right)^2$$

$$\phi = -\tan^{-1}\frac{\omega L - \dfrac{1}{\omega C}}{R}$$

ω の変化に対する電流 $\dot{I}$ のフェーザ軌跡は**図 5.15** に示すように円となる。この円線図より，$\dot{I}$ の大きさが最大になるのは $\omega L = 1/\omega C$ のときであり，またそのとき $\phi = 0$ であることが一目瞭然である。　◇

例題 5.4　**図 5.16** の回路において，二つのコンデンサの静電容量 C の値を連動させて変化させたときの $\dot{V}$ のフェーザ軌跡を求めよ。

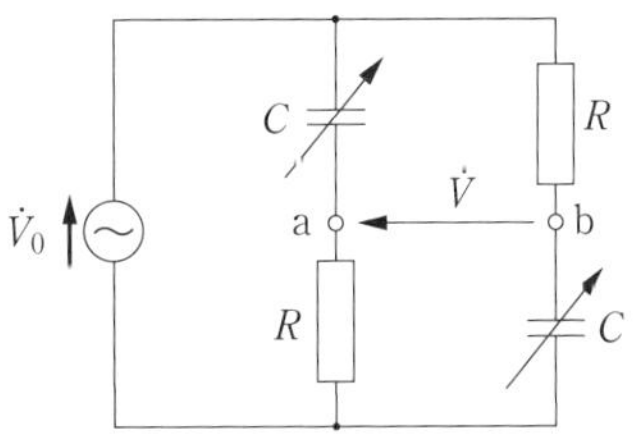

図 5.16　位相推移器

【解答】　求める電圧 $\dot{V}$ は

$$\dot{V} = \dot{V}_a - \dot{V}_b = \left\{\frac{R + j\dfrac{1}{\omega C}}{R - j\dfrac{1}{\omega C}}\right\}\dot{V}_0$$

であるので，実部を x，虚部を y とおいて

$$x = \frac{R^2 - \left(\frac{1}{\omega C}\right)^2}{R^2 + \left(\frac{1}{\omega C}\right)^2} V_0, \qquad y = \frac{\frac{2R}{\omega C}}{R^2 + \left(\frac{1}{\omega C}\right)^2} V_0$$

となる。これより ωC を消去して

$$x^2 + y^2 = V_0^2$$

を得る。すなわち，この回路において $\dot{V}$ のフェーザ軌跡は，**図 5.17** に示すように，半径 V_0 の円となる。

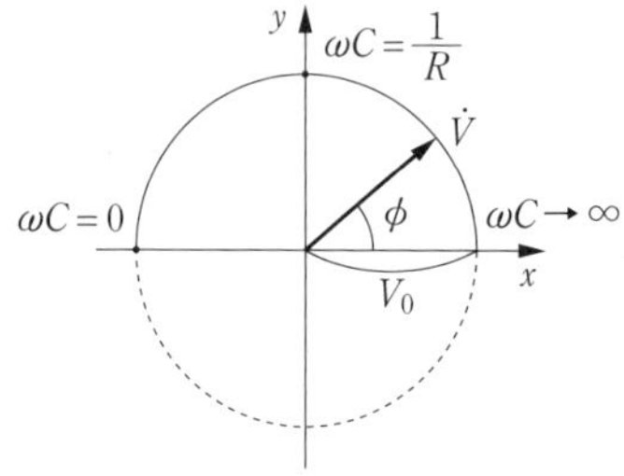

図 5.17　$\dot{V}$ のフェーザ軌跡

また，$\dot{V}$ の位相は

$$\phi = \tan^{-1}\frac{2R\omega C}{(R\omega C)^2 - 1}$$

となる。すなわち，この回路では $\dot{V}$ の大きさはつねに V_0 に等しく，位相だけが 0～180° 変化する。この結果は $\dot{V}$ に関する初めの式より直接

$$\dot{V} = e^{j2\theta}\dot{V}_0, \quad \theta = \tan^{-1}\frac{1}{R\omega C}\left(= \frac{\phi}{2}\right)$$

としても得られる。

C の値を固定し，ω の値を変化させても同じ結果となるのは明らかであろう。**図 5.16** のように，大きさは電源電圧 V_0 に等しく位相のみが変化する回路を**位相調整器**（phase shifter）または**移相器**という。　◇

演　習　問　題

【1】　問図 5.1 の RLC 直列回路において，つぎの問いに答えよ。

① 回路の共振周波数 f_0 を求めよ。

② 共振時の回路の電流の大きさ I_0 はいくらか。

③ 共振時の L，C の端子電圧は電源電圧の何倍になっているか。

④ 共振の鋭さを表す $\Delta f / f_0$ の値はいくらか。

⑤ 電源の周波数が $2f_0$ のとき，回路の電流は I_0 の何倍になるか。

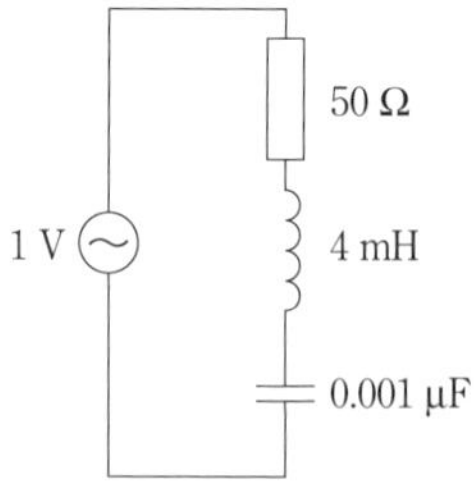

問図 5.1

【2】 問図 **5.2** の回路の共振周波数を求めよ。

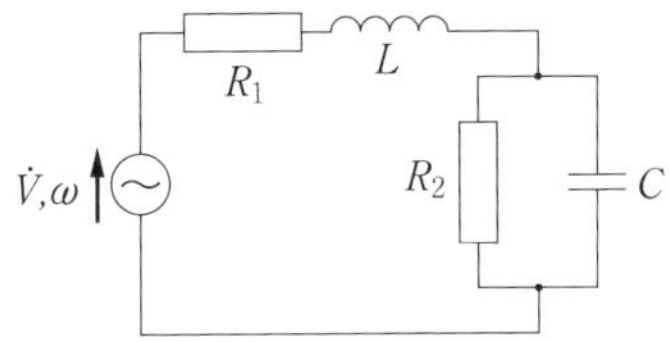

問図 **5.2**

【3】 本文の図 **5.6** の RLC 並列回路に対する共振の鋭さ Q_0 は，表 **5.5** の並列共振曲線において，電流が共振時の電流の $\sqrt{2}$ 倍となるときの周波数を f_1，f_2 $(f_2 > f_1)$ とすると

$$Q_0 = \frac{f_0}{f_2 - f_1}$$

で与えられる。$f_0 (= \omega_0/2\pi)$ は共振周波数である。このとき

$$Q_0 = \omega_0 CR = \frac{R}{\omega_0 L} = R\sqrt{\frac{C}{L}}, \qquad f_0{}^2 = f_1 f_2$$

が成り立つことを示せ。

【4】 RLC 並列回路において，回路に並列に抵抗 R_a を入れたら共振の鋭さはもとの回路の 1/2 になり，インダクタンスが L_a のコイルを入れたら共振周波数がもとの 2 倍に，また静電容量が C_a のコンデンサを入れたら共振周波数がもとの 1/2 になったという。もとの回路の ① R，L，C の値，② 共振の鋭さ Q_0，③ 共振周波数を求めよ。

【5】 問図 **5.3** の回路において，ωを変化させたときのインピーダンスの軌跡を求めよ。

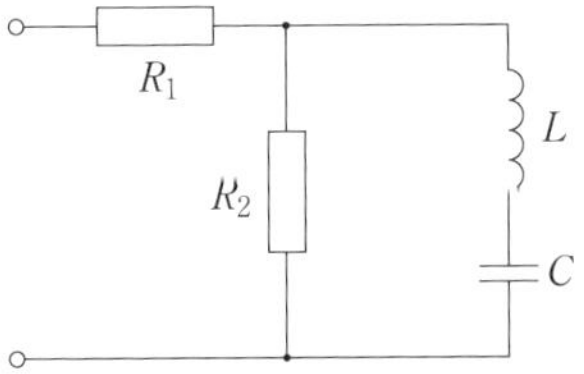

問図 **5.3**

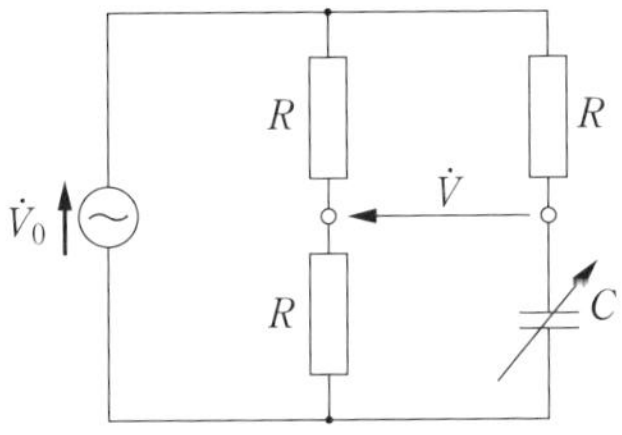

問図 **5.4**

【6】 問図 **5.4** の回路において，C の値を変化させたときの $\dot{V}$のフェーザ軌跡を求めよ。

6

相互誘導回路

本章では，電磁誘導現象で結合された二つのコイルを含む回路の解析について学ぶ。このような回路は相互誘導回路あるいは電磁誘導結合回路と呼ばれる。

6.1 相互誘導現象

電気基礎あるいは電磁気学で学んだように，**図 6.1**(*a*)に示すような巻数 n_1，n_2 の二つのコイルがある場合，コイル 1 に電流 i_1 を流すと，それにより磁界が生じ，コイル 1 と**磁束**（magnetic flux）が**鎖交**（interlink）し，その一部はコイル 2 とも鎖交する。

コイル 1 と鎖交する磁束を Φ_1，コイル 2 と鎖交する磁束を Φ_{21} とすると，電磁誘導の法則により，つぎのようにコイル 1 には起電力 e_{11} が，コイル 2 に

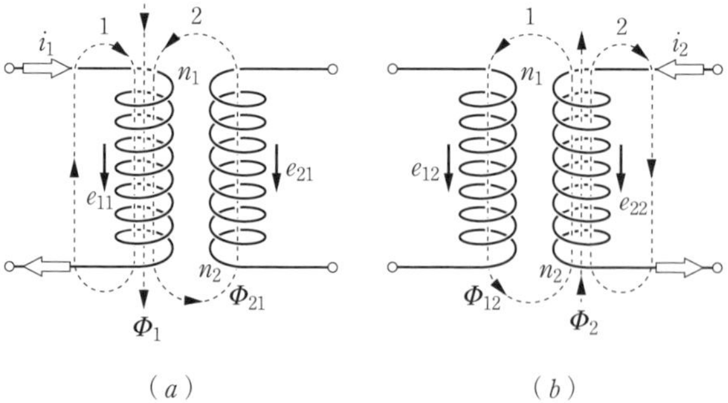

図 6.1　相互誘導現象

は起電力 e_{21} が誘導される。

$$e_{11} = -n_1\frac{d\Phi_1}{dt} \tag{6.1}$$ †

$$e_{21} = -n_2\frac{d\Phi_{21}}{dt} \tag{6.2}$$

ここで，磁束は電流 i_1 に比例すると考えてよいので

$$n_1\Phi_1 = L_1 i_1 \tag{6.3}$$

$$n_2\Phi_{21} = M_{21} i_1 \tag{6.4}$$

とおくと，式(6.1)および(6.2)はつぎのようになる。

$$e_{11} = -L_1\frac{di_1}{dt} \tag{6.5}$$

$$e_{21} = -M_{21}\frac{di_1}{dt} \tag{6.6}$$

このように，一方のコイルの電流により他方のコイルに起電力が発生する現象を**相互誘導**（mutual induction）という。また，磁束線を介して二つのコイルが結合される現象を**電磁結合**（electro-magnetic coupling, inductive coupling）という。式(6.5)および(6.6)において，L_1 はコイル1の**自己インダクタンス**（self inductance）であり，M_{21} は二つのコイル間の**相互インダクタンス**（mutual inductance）である。単位はいずれも**ヘンリー**〔H〕である。

同様に，図(*b*)に示すように，コイル2に電流 i_2 を流すと磁束が生じ，コイル2と鎖交する磁束を Φ_2，コイル1と鎖交する磁束を Φ_{12} とすると，コイル2，コイル1には，つぎのような起電力 e_{22}，起電力 e_{12} が誘導される。

$$e_{22} = -n_2\frac{d\Phi_2}{dt} - \quad L_2\frac{di_2}{dt} \tag{6.7}$$

$$e_{12} = -n_1\frac{d\Phi_{12}}{dt} = -M_{12}\frac{di_2}{dt} \tag{6.8}$$

L_2 はコイル2の自己インダクタンスである。また，M_{12} は相互インダクタンスであり，式(6.6)の M_{21} との間には

† 微分を学んでいない場合は，$d\Phi/dt$ などの微分記号を $\Delta\Phi/\Delta t$ のように置き換えて読めばよい。

$$M_{21} = M_{12} = M \tag{6.9}$$

の関係がある。

また，$\Phi_1\Phi_2 > \Phi_{21}\Phi_{12}$ であるので，両辺に n_1n_2/i_1i_2 を掛けて整理すると

$$\frac{n_1\Phi_1}{i_1}\cdot\frac{n_2\Phi_2}{i_2} > \frac{n_1\Phi_{21}}{i_1}\cdot\frac{n_2\Phi_{12}}{i_2}, \qquad L_1L_2 > M^2 \tag{6.10}$$

の関係がある。式(6.10)の第2式を

$$M = k\sqrt{L_1L_2} \tag{6.11}$$

と表し，$k(0 \leqq k \leqq 1)$ を**結合係数**（coupling coefficient）と呼ぶ。

6.2 相互誘導回路

前節では，コイル1，2それぞれに電流を流した場合の相互誘導現象を説明した。ここでは，**図 6.2** に示すように，巻数 n_1，n_2 の二つのコイルの一方に電源が接続され，もう一方のコイルには抵抗などの素子が接続された回路を考える。このような回路を**相互誘導回路**あるいは**電磁誘導結合回路**という。

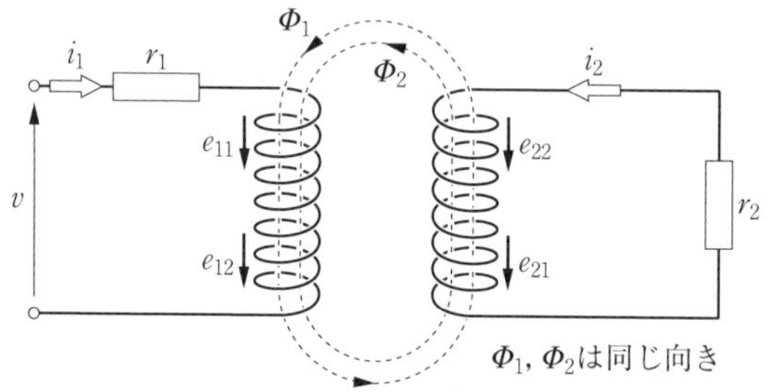

図 6.2　相互誘導回路（a）

電源 v が加えられ，一次コイルに電流 i_1 が流れると，それにより磁束が生じる。コイル1と鎖交する磁束を Φ_1，コイル2と鎖交する磁束を Φ_{21} とすると，電磁誘導により式(6.5)および(6.6)で示した起電力 e_{11}，e_{21} がそれぞれのコイルに発生する。二次コイルには抵抗が接続されているので，図示のように電流 i_2 が流れ，これにより磁束が生じ，その磁束は二次コイル，一次コイ

ルと鎖交するので，電磁誘導により式(6.7)および(6.8)に示す起電力 e_{22}，e_{12} が発生する。この回路においては，電流 i_1 による磁束と電流 i_2 による磁束の向きは同じであるので，図示のように，一次コイルには起電力 e_{11} と起電力 e_{12} が同じ向きに発生する。同様に，二次コイルには e_{21} と e_{22} が同じ向きに発生する。こうして，一次コイル，二次コイルではそれぞれ次式が成り立つ。

$$v + e_{11} + e_{12} = r_1 i_1 \tag{6.12}$$

$$e_{21} + e_{22} = r_2 i_2 \tag{6.13}$$

インダクタンス L_1，L_2，M を用いて書くと次式となる。

$$v = r_1 i_1 + L_1 \frac{di_1}{dt} + M \frac{di_2}{dt} \tag{6.14}$$

$$0 = r_2 i_2 + L_2 \frac{di_2}{dt} + M \frac{di_1}{dt} \tag{6.15}$$

つぎに，**図 6.2** と一次側は同じで，二次側のコイルの巻き方を逆にした**図 6.3** の回路を考える。この場合，i_1 の電流によって二次側に生じる起電力 e_{21} の向きは**図 6.2** の場合とは逆になり，したがって i_2 の向きも逆になる。しかしながら，i_2 による磁束の向きは i_1 による磁束の向きと同じになり，一次側に発生する起電力の向きは**図 6.2** の場合と同じになる。こうして，一次側の電圧方程式は**図 6.2** の場合とまったく同じで，式(6.14)となる。二次側は電圧，電流ともすべて向きが**図 6.2** の場合と逆になるが，電圧方程式は**図 6.2** と同じで，式(6.15)となる。

このように，**図 6.2** の二次コイルの巻き方の場合と**図 6.3** の場合とでは，

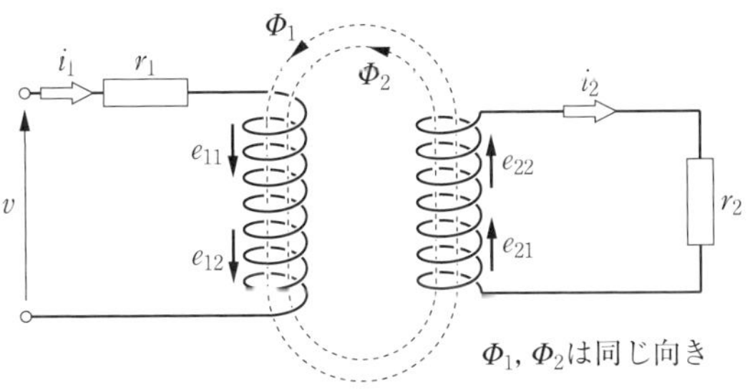

図 6.3　相互誘導回路(b)

i_2 の向きは逆であるが，結果はまったく同じ方程式となっている。

つぎに，**図 6.4** に示すように，コイルの巻き方は**図 6.2** と同じであるが，二次電流の向きが**図 6.2** と逆に定められた場合を考える。

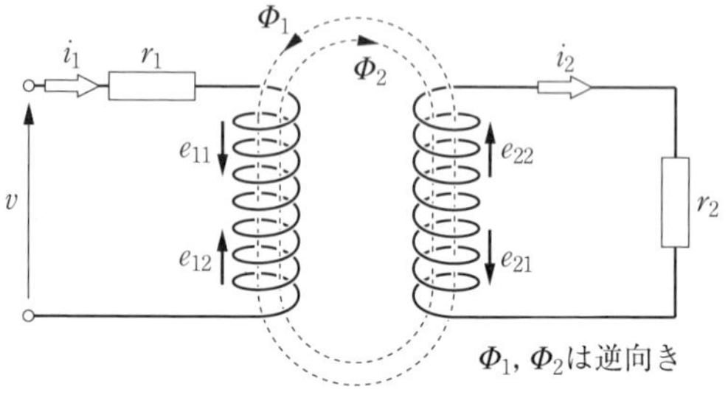

図 6.4　相互誘導回路（c）

この場合の各コイルの起電力の向きは図示のようになるので，一次側では

$$v + e_{11} - e_{12} = r_1 i_1, \qquad v = r_1 i_1 + L_1 \frac{di_1}{dt} - M\frac{di_2}{dt} \tag{6.16}$$

となり，二次側では

$$e_{22} - e_{21} = r_2 i_2, \qquad 0 = r_2 i_2 + L_2 \frac{di_2}{dt} - M\frac{di_1}{dt} \tag{6.17}$$

となり，**図 6.2** の結果の式（6.14）および（6.15）と比べて，M を含む項の符号が反対になっていることがわかる。

図 6.3 のコイル，電流の向きに対して，i_2 の向きを逆に定めた**図 6.5** の場合も回路の電圧方程式は式（6.16），（6.17）と同じになる。

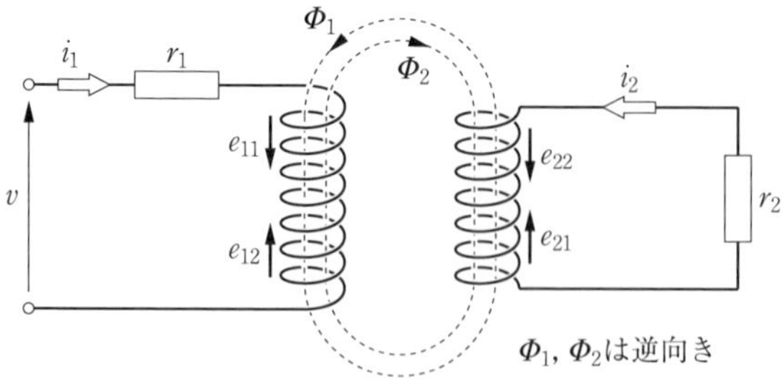

図 6.5　相互誘導回路（d）

以上のように，一次コイルと二次コイルの巻き方には2種類あり，これに二次電流の向きを含めると，コイルの巻き方，電流のとり方には4通りがあることになる。それを示したのが図 **6.6** である。図(a)と図(b)の場合は，一次コイルと二次コイルの磁束は同じ向きであり，この場合は，式(6.14)，(6.15)に見られるように相互インダクタンス M を含む項の符号は正（＋）になっている。一方，図(c)と図(d)の場合は，一次コイルと二次コイルの磁束はたがいに逆であり，式(6.16)，(6.17)に見られるように，M を含む項の符号は負（－）となっている。相互インダクタンスの値は本来は正のみであるが，電流の向きに依存してそれを含む項が正になったり負になったりする。そこで，符号を相互インダクタンスに含め，図(a)と図(b)の場合は $M>0$，図(c)と図(d)の場合は $M<0$ として扱うと便利になる。

　これまでは，コイルの巻き方を図 **6.6** のように具体的に書いてきたが，非常に煩雑である。そこで，二つのコイルを図 **6.7** に示すように図記号を用い

$\begin{pmatrix} \varPhi_1, \varPhi_2 \text{は同じ向き} \\ M>0 \end{pmatrix}$ $\begin{pmatrix} \varPhi_1, \varPhi_2 \text{は逆向き} \\ M<0 \end{pmatrix}$

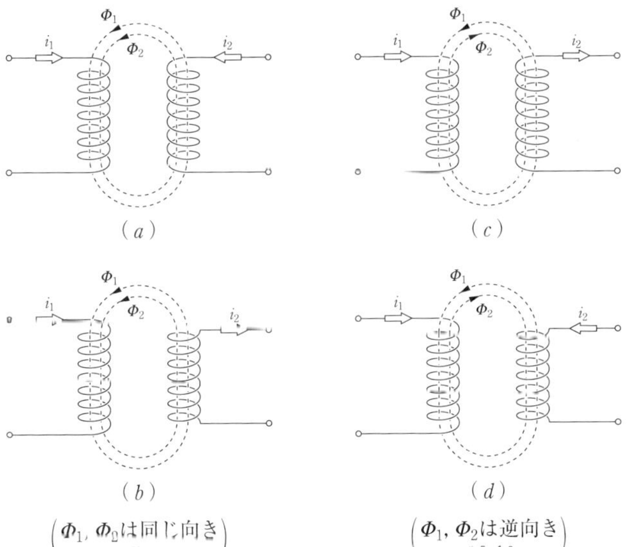

図 **6.6**　コイルの巻き方，電流の向きと相互インダクタンスの正負の扱い

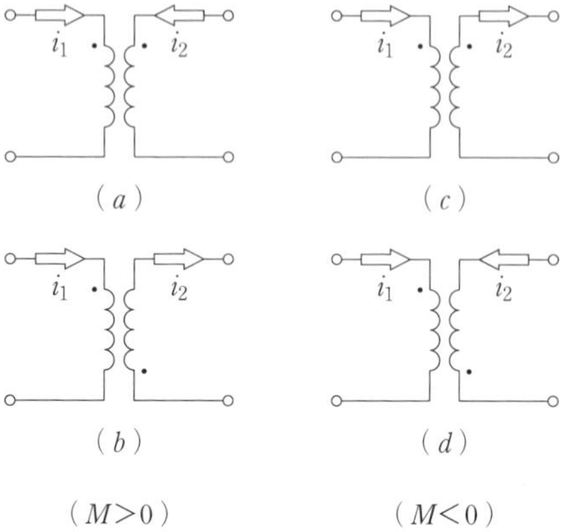

図 6.7 コイルの極性，電流の向きと相互インダクタンスの正負の扱い

て表すとする。

図(a)において，黒丸（・）は相互誘導の**極性**（polarity）を示すもので，・印に流入する向きに電流をとったとき，二つのコイルの磁束が強め合うことを示している。これは**図 6.6**(a)の巻き方，電流の向きに対応している。同様に，**図 6.6**(b)に対応する図記号は**図 6.7**(b)となり，これら**図 6.7**(a)と(b)の回路では $M>0$ となる。**図 6.6**(c)，(d)に対応する記号は**図 6.7**(c)，(d)であり，二つのコイルの磁束は弱めあい $M<0$ となる。このような図記号は，二次側にコイルが 2 個以上あってそれらを接続する場合や，一次コイルと二次コイルを接続する場合などに重要となる。

6.3 回路計算

二次コイルが一つしかなく，かつ二次回路に電源を含まない場合には，相互誘導回路の問題においてコイルの巻き方や極性は指定されていない場合が多い。その理由は，**図 6.2**，**6.3** で示したように，電磁誘導の法則により i_1，i_2 による磁束 Φ_1，Φ_2 が同じ方向になるように自動的に流れるので，二次コイルの巻き方がどうであっても一次側の結果は同じになるからである。その例を

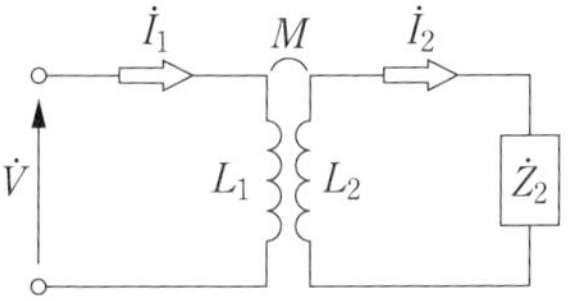

図 6.8 コイルの極性が定められていない相互誘導回路

以下に示す。まず，図 6.8 の回路における一次，二次電流をそれぞれ求める。

正弦波交流を仮定して式(6.14)～(6.17)を複素数表示すると

$$\dot{V} = j\omega L_1 \dot{I}_1 \pm j\omega M \dot{I}_2 \qquad (6.18)$$

$$0 = \dot{Z}_2 \dot{I}_2 \pm j\omega M \dot{I}_1 + j\omega L_2 \dot{I}_2 \qquad (6.19)$$

となる。これらの式において，(+) は図 6.6 あるいは図 6.7 の図(*a*)，(*b*)の場合であり，(−) は図(*c*)，(*d*)の場合である。式(6.19)より

$$\dot{I}_2 = \frac{\mp j\omega M}{\dot{Z}_2 + j\omega L_2} \dot{I}_1 \qquad (6.20)$$

となり，これを式(6.18)に代入して整理すると，一次電流 $\dot{I}_1$ は

$$\dot{I}_1 = \frac{\dot{V}}{j\omega L_1 + \dfrac{\omega^2 M^2}{\dot{Z}_2 + j\omega L_2}} \qquad (6.21)$$

となる。一次電流はいずれの場合でも同じ結果となる。

一方，二次電流 $\dot{I}_2$ はコイルの巻き方により符号が異なり

$$\dot{I}_2 = \frac{\mp j\omega M \dot{V}}{j\omega L_1(\dot{Z}_2 + j\omega L_2) + \omega^2 M^2} \qquad (6.22)$$

となる。つぎに，図 6.9 に示すように，一次コイルと二次コイルが直列に接続され，それに電源を加えた場合の回路の解析を示す。

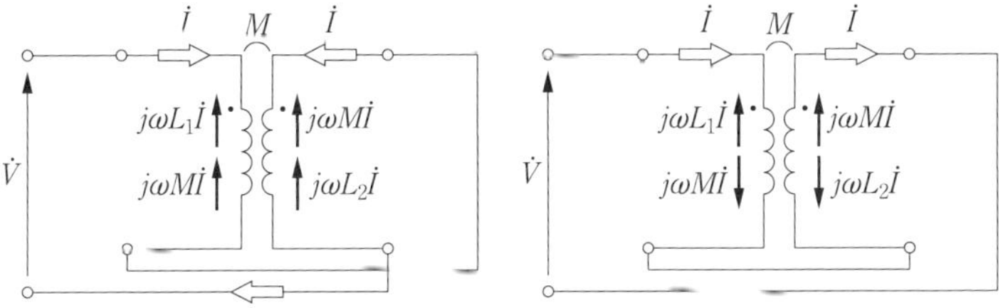

(*a*) 加極性接続($M>0$)　(*b*) 減極性接続($M<0$)

図 6.9 加極性接続と減極性接続

図(a)，図(b)いずれの場合も，一次コイル，二次コイルとも同じ電流が流れるので，それを $\dot{I}$ とすると，電圧に関する方程式は，それぞれ

$$図(a)；\dot{V} = (j\omega L_1 + j\omega M + j\omega L_2 + j\omega M)\dot{I} = j\omega(L_1 + L_2 + 2M)\dot{I} \tag{6.23}$$

$$図(b)；\dot{V} = (j\omega L_1 - j\omega M + j\omega L_2 - j\omega M)\dot{I} = j\omega(L_1 + L_2 - 2M)\dot{I} \tag{6.24}$$

となる。これらより $\dot{I}$ を求めると

$$\dot{I} = -j\frac{\dot{V}}{\omega(L_1 + L_2 \pm 2M)} \tag{6.25}$$

となる。また，一次側から見たインピーダンス $\dot{Z}$ は

$$\dot{Z} = j\omega(L_1 + L_2 \pm 2M) \tag{6.26}$$

となる。図(a)は**加極性接続**（additive polarity connection），図(b)は**減極性接続**（subtractive polarity connection）と呼ばれる。

6.4　相互誘導回路の等価回路

これまでに示した相互誘導回路の解析は等価回路を用いて行うと便利なことが多い。等価回路の形はいろいろ考えられるが，ここでは，**図 6.10**(a)の回路を図(b)に示すようなＴ形等価回路に変換することを考える。図(a)は**図 6.7**(a)を再記したものである。

まず，**図 6.10**(a)の回路の一次電圧 $\dot{V}_1$，二次電圧 $\dot{V}_2$ を求めると

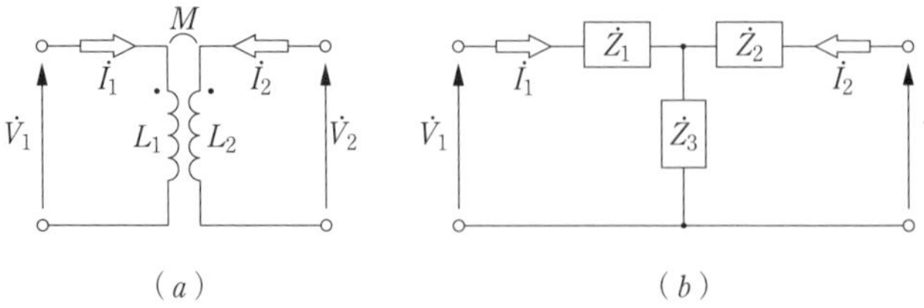

図 6.10　等価回路への変換

$$\dot{V}_1 = j\omega L_1 \dot{I}_1 + j\omega M \dot{I}_2 \tag{6.27}$$

$$\dot{V}_2 = j\omega L_2 \dot{I}_2 + j\omega M \dot{I}_1 \tag{6.28}$$

となる。つぎに，図(b)の回路についても同様に一次電圧 $\dot{V}_1$，二次電圧 $\dot{V}_2$ を求めると

$$\dot{V}_1 = (\dot{Z}_1 + \dot{Z}_3)\dot{I}_1 + \dot{Z}_3 \dot{I}_2 \tag{6.29}$$

$$\dot{V}_2 = \dot{Z}_3 \dot{I}_1 + (\dot{Z}_2 + \dot{Z}_3)\dot{I}_2 \tag{6.30}$$

となるので，式(6.27)，(6.28)と式(6.29)，(6.30)を比較して

$$\dot{Z}_1 + \dot{Z}_3 = j\omega L_1, \qquad \dot{Z}_3 = j\omega M, \qquad \dot{Z}_2 + \dot{Z}_3 = j\omega L_2 \tag{6.31}$$

であればよいことがわかる。式(6.31)より

$$\dot{Z}_1 = j\omega(L_1 - M), \qquad \dot{Z}_2 = j\omega(L_2 - M), \qquad \dot{Z}_3 = j\omega M \tag{6.32}$$

を得る。したがって，等価回路は**図 6.11** に示すようになる。同様に，**図 6.7**(c)の極性，電流の向きに対しても等価回路を導くと**図 6.11** になる(各自確かめよ)。

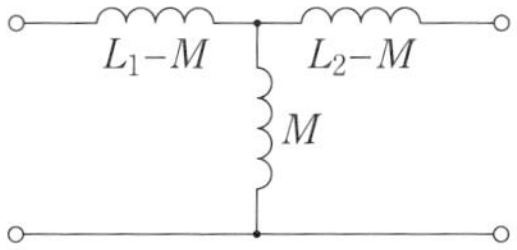

図 6.11　**図 6.7**(a)，(c)の回路の等価回路

つぎに，**図 6.7**(d)の回路の等価回路を考える。**図 6.12**(a)にそれを再記し，図(b)の回路に変換するとして，両回路の方程式を書くとつぎのようになる。

$$\dot{V}_1 = j\omega L_1 \dot{I}_1 - j\omega M \dot{I}_2, \qquad \dot{V}_1 = (\dot{Z}_1 + \dot{Z}_3)\dot{I}_1 + \dot{Z}_3 \dot{I}_2 \tag{6.33}$$

$$\dot{V}_2 = -j\omega M \dot{I}_1 + j\omega L_2 \dot{I}_2, \qquad \dot{V}_2 = \dot{Z}_3 \dot{I}_1 + (\dot{Z}_2 + \dot{Z}_3)\dot{I}_2 \tag{6.34}$$

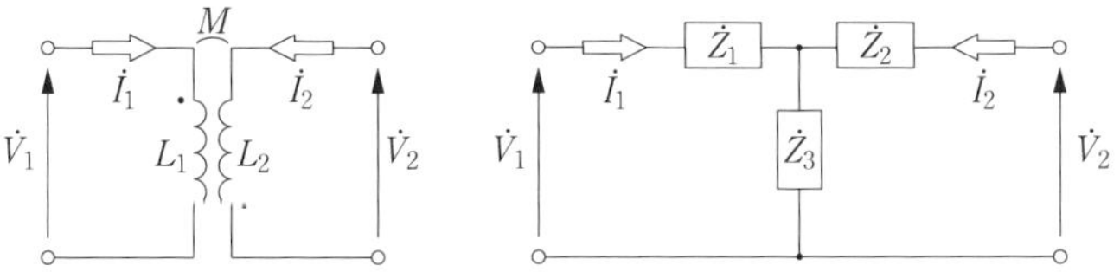

(a)　(b)

図 6.12　等価回路への変換

これらを比較して

$$\dot{Z}_1 = j\omega(L_1 + M), \qquad \dot{Z}_2 = j\omega(L_2 + M), \qquad \dot{Z}_3 = -j\omega M \quad (6.35)$$

を得る。これより，**図 6.12**(*a*)すなわち**図 6.7**(*d*)の等価回路は**図 6.13** となる。**図 6.7**(*b*)の回路の等価回路も**図 6.13** となる（各自確かめよ）。

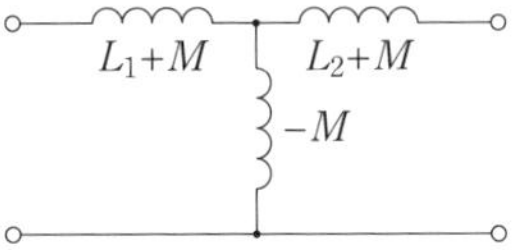

図 6.13　**図 6.7**(*b*)，(*d*)の回路の等価回路

例題 6.1　**図 6.8** に示した回路で $\dot{Z}_2 = r_2$ とした場合の電流 $\dot{I}_1$，$\dot{I}_2$ を T 形等価回路より求めよ。

【解答】　等価回路を**図 6.14** に示す。

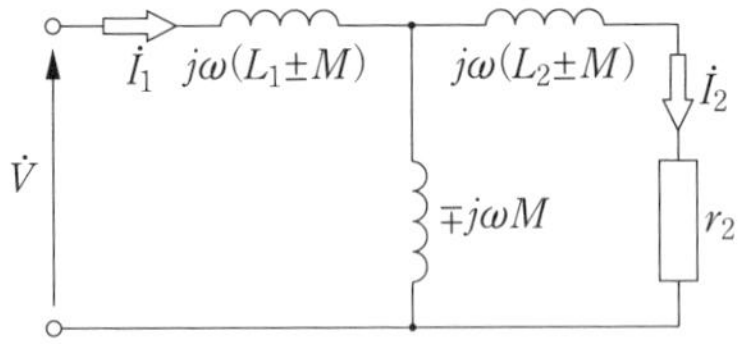

図 6.14　**図 6.8** の回路の等価回路

電源からみたインピーダンス $\dot{Z}$ は

$$\dot{Z} = j\omega(L_1 \pm M) + \frac{\mp j\omega M\{r_2 + j\omega(L_2 \pm M)\}}{r_2 + j\omega(L_2 \pm M) + (\mp j\omega M)} = j\omega L_1 + \frac{\omega^2 M^2}{r_2 + j\omega L_2}$$

これより，一次電流 $\dot{I}_1$ は

$$\dot{I}_1 = \frac{\dot{V}}{j\omega L_1 + \dfrac{\omega^2 M^2}{r_2 + j\omega L_2}}$$

となる。

また，二次電流 $\dot{I}_2$ は分流の関係を用いて

$$\dot{I}_2 = \frac{\mp j\omega M}{\mp j\omega M + r_2 + j\omega(L_2 \pm M)}\dot{I}_1 = \frac{\mp j\omega M}{j\omega L_1(r_2 + j\omega L_2) + \omega^2 M^2}\dot{V}$$

となる。これらは，式(6.21)および(6.22)と一致する。　◇

6.5　変圧器回路と相互誘導回路

相互誘導回路は二つのコイルを持っており，電気機器で扱う変圧器を含む回路も同じ構成となっている。違いは，変圧器の場合は**図 6.15**(*a*)に示すように鉄心を共通にして一次コイルと二次コイルが巻かれていることである。鉄心の透磁率は空気に比べて大きいので，一次コイルを通る磁束はすべて二次コイルを通ると考えてよい。すなわち，変圧器の結合係数 k は 1 （$M = \sqrt{L_1L_2}$）であるとする。このような変圧器を**理想変圧器**（ideal transformaer）という。理想変圧器では損失は生じない。変圧器に負荷 $\dot{Z}_L$ を接続した場合の回路は図(*b*)のようになる。

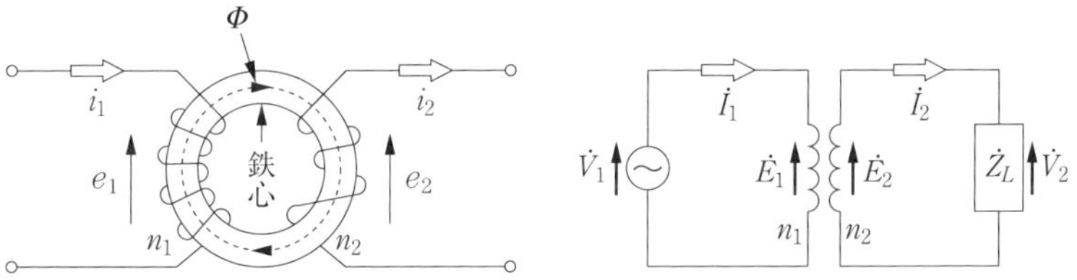

（*a*）　（*b*）

図 6.15　変圧器回路

まず，図(*b*)に示す理想変圧器回路の一次電流を求める。結合係数が 1 のときは，式(6.1)および式(6.2)において $\Phi_1 = \Phi_{21} = \Phi$ であるので，一次コイルの巻数を n_1，二次コイルの巻数を n_2 として，電圧の関係は

$$\frac{\dot{E}_2}{\dot{E}_1} = \frac{\dot{V}_2}{\dot{V}_1} = \frac{n_2}{n_1} = \frac{1}{a} \tag{6.36}$$

となる。ここで，a は**巻数比**（turn ratio）と呼ばれる。また，理想変圧器では損失はないので一次コイル側の瞬時電力 e_1i_1 と二次コイル側の瞬時電力 e_2i_2 は等しく $e_1i_1 = e_2i_2$ となる。これより電流の関係は $i_2/i_1 = e_1/e_2$，すなわち

$$\frac{\dot{I}_2}{\dot{I}_1} = \frac{n_1}{n_2} = a \tag{6.37}$$

となる。

一方，二次電流 $\dot{I}_2$ は二次回路のインピーダンスを $\dot{Z}_L$ とすると

$$\dot{I}_2 = \frac{\dot{E}_2}{\dot{Z}_L} \tag{6.38}$$

となる。これらの関係式より，電源電圧 $\dot{V}_1$ と一次電流 $\dot{I}_1$ の関係を求めると

$$\dot{I}_1 = \frac{n_2}{n_1}\dot{I}_2 = \frac{n_2}{n_1}\cdot\frac{\dot{E}_2}{\dot{Z}_L} = \left(\frac{n_2}{n_1}\right)^2\frac{\dot{E}_1}{\dot{Z}_L} = \frac{\dot{V}_1}{\left(\dfrac{n_1}{n_2}\right)^2\dot{Z}_L} = \frac{\dot{V}_1}{a^2\dot{Z}_L} \tag{6.39}$$

となる。この結果は，二次回路のインピーダンス $\dot{Z}_L$ を一次側に換算すると a^2 倍になることを示している。

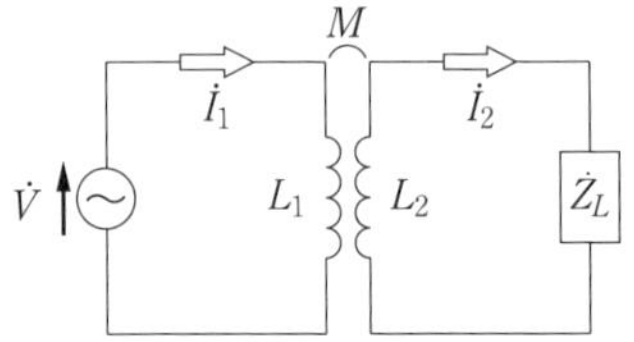

図 6.16　相互誘導回路

つぎに，比較のため**図 6.16** に示す二次側に $\dot{Z}_L$ が接続された相互誘導回路の一次電流 $\dot{I}_1$ を求める。その結果は式(6.21)より式(6.40)となる。

$$\dot{I}_1 = \frac{\dot{V}}{j\omega L_1 + \dfrac{\omega^2 M^2}{\dot{Z}_L + j\omega L_2}} = \frac{\dot{V}}{\dot{Z}_0} \tag{6.40}$$

結合係数は 1 であるので，$M = \sqrt{L_1 L_2}$ の関係を考慮して，式(6.40)中の回路全体のインピーダンス $\dot{Z}_0$ を書き直すと

$$\dot{Z}_0 = j\omega L_1 + \frac{\omega^2 L_1 L_2}{\dot{Z}_L + j\omega L_2} = \frac{j\omega L_1 \dot{Z}_L}{\dot{Z}_L + j\omega L_2} = \frac{1}{\dfrac{1}{j\omega L_1} + \dfrac{L_2}{L_1}\cdot\dfrac{1}{\dot{Z}_L}} \tag{6.41}$$

となる。ここで，理想変圧器におけるインダクタンスを，μ を鉄心の透磁率，S を磁路の断面積，l を磁路の長さとして具体的に示すと

$$L_1 = \frac{\mu n_1^2 S}{l}, \qquad L_2 = \frac{\mu n_2^2 S}{l}, \qquad M = \frac{\mu n_1 n_2 S}{l} \tag{6.42}$$

であるので，これらの関係を式(6.41)の $\dot{Z}_0$ に代入し，$\dot{I}_1$ と $\dot{V}$ の関係を求めると，式(6.43)のようになる。

$$\dot{I}_1 = \left(\frac{1}{j\omega L_1} + \frac{1}{\left(\dfrac{n_1}{n_2}\right)^2\dot{Z}_L}\right)\dot{V} \tag{6.43}$$

これは**図 6.17** に示すような並列回路の電流と等価である。

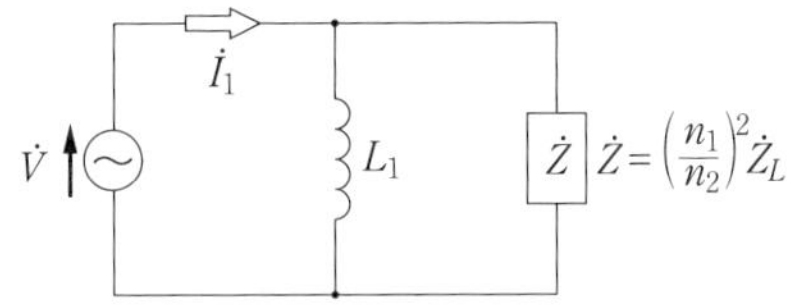

図 6.17 図 6.16 の等価回路

式(6.20)より，$\dot{I}_1$ と $\dot{I}_2$ の関係は，$M=\sqrt{L_1L_2}$ を利用して

$$\frac{\dot{I}_1}{\dot{I}_2}=\frac{\dot{Z}_L+j\omega L_2}{j\omega M}=\frac{\dot{Z}_L}{j\omega\sqrt{L_1L_2}}+\sqrt{\frac{L_2}{L_1}}=\frac{\dot{Z}_L}{j\omega\sqrt{L_1L_2}}+\frac{n_2}{n_1}$$

$$=\frac{\dot{Z}_L}{j\omega L_1}\sqrt{\frac{L_1}{L_2}}+\frac{n_2}{n_1}=\frac{\dot{Z}_L}{j\omega L_1}\cdot\frac{n_1}{n_2}+\frac{n_2}{n_1} \tag{6.44}$$

となる。また，$\dot{V}_2$ と $\dot{V}_1$ の関係は

$$\dot{V}_2=\dot{Z}_L\dot{I}_2=\dot{Z}_L\frac{j\omega M}{j\omega L_2+\dot{Z}_L}\dot{I}_1=\dot{Z}_L\frac{j\omega M}{j\omega L_2+\dot{Z}_L}\cdot\frac{\dot{V}_1}{j\omega L_1+\dfrac{\omega^2M^2}{\dot{Z}_L+j\omega L_2}}$$

$$=\dot{Z}_L\frac{j\omega M\dot{V}_1}{j\omega L_1(\dot{Z}_L+j\omega L_2)+\omega^2M^2}=\dot{Z}_L\frac{j\omega M\dot{V}_1}{j\omega L_1\dot{Z}_L}=\frac{M}{L_1}\dot{V}_1=\sqrt{\frac{L_2}{L_1}}\dot{V}_1$$

$$=\frac{n_2}{n_1}\dot{V}_1$$

すなわち式(6.45)となる。

$$\frac{\dot{V}_2}{\dot{V}_1}=\frac{n_2}{n_1}=\frac{1}{a} \tag{6.45}$$

以上の結果より，式(6.36)と式(6.45)の電圧の比，および式(6.37)と式(6.44)の電流の比を比較すると，電流の比が一致していないことがわかる。一致するためには $L_1=\infty$ である必要がある。これはつぎのような理由による。一般に理想変圧器においては，**励磁電流**（exciting current）は流れないとしている。また，コイルのインダクタンスは考えに入れず，2組のコイルの部分は電圧源として考えていることによる。

つぎに，**図 6.18** に示す実際の変圧器の等価回路で考えてみる。

この際，前に述べた相互誘導回路と条件を同じにする。すなわち，巻線の抵抗，漏れリアクタンス，鉄損は零とする。また，変圧器の等価回路においては，励磁電流 $\dot{I}_0$（二次回路が開放時）は理想変圧器部には流れず，図のように理想変圧器部と並列の回路に流れるとしているので，その値は一次コイルの

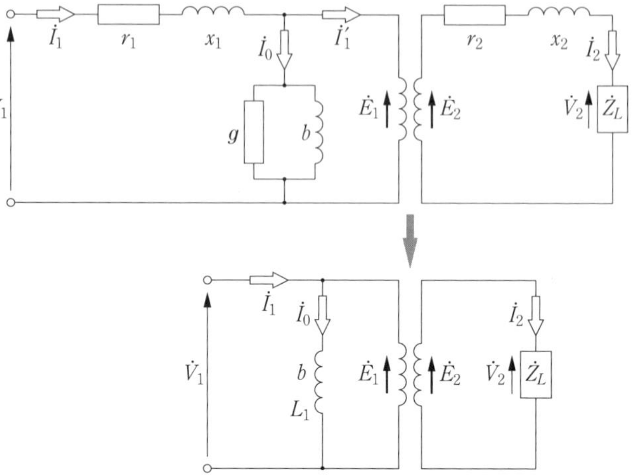

図 6.18　実際の変圧器の等価回路

インダクタンス L_1 で決定される。したがって，図の並列部の回路の素子は $b = 1/\omega L_1$ と考えてよい。図の回路より，$\dot{V}_1 = \dot{E}_1$，$\dot{V}_2 = \dot{E}_2$ なので

$$\frac{\dot{E}_1}{\dot{E}_2} = \frac{n_1}{n_2}, \qquad \frac{\dot{V}_1}{\dot{V}_2} = \frac{n_1}{n_2} \tag{6.46}$$

$$\dot{I}_1{}' = \frac{n_2}{n_1}\dot{I}_2 = \frac{n_2}{n_1}\cdot\frac{\dot{V}_2}{\dot{Z}_L} = \left(\frac{n_2}{n_1}\right)^2\frac{\dot{V}_1}{\dot{Z}_L}, \qquad \dot{I}_0 = \frac{\dot{V}_1}{j\omega L_1}$$

$$\dot{I}_1 = \dot{I}_0 + \dot{I}_1{}' = \frac{\dot{V}_1}{j\omega L_1} + \left(\frac{n_2}{n_1}\right)^2\frac{\dot{V}_1}{\dot{Z}_L} = \left\{\frac{1}{j\omega L_1} + \left(\frac{n_2}{n_1}\right)^2\frac{1}{\dot{Z}_L}\right\}\dot{V}_1 \tag{6.47}$$

となる。**図 6.18** を一次から見た回路は**図 6.17** のようになるので

$$\frac{\dot{I}_1}{\dot{I}_2} = \frac{\left\{\frac{1}{j\omega L_1} + \left(\frac{n_2}{n_1}\right)^2\frac{1}{\dot{Z}_L}\right\}\dot{V}_1}{\frac{n_2}{n_1}\cdot\frac{\dot{V}_1}{\dot{Z}_L}} = \frac{\dot{Z}_L}{j\omega L_1}\cdot\frac{n_1}{n_2} + \frac{n_2}{n_1} \tag{6.48}$$

となる。これらの結果で $L_1 = \infty$ とすると理想変圧器になる。式(6.48)の結果は式(6.44)の相互誘導回路の結果と同じである。

以上のように，相互誘導回路は L_1，L_2，M のインダクタンス表示であり，変圧器回路は n_1，n_2 の巻数を用いた表示となっているだけであり，これらの回路は本質的には同じものである。

演　習　問　題

【1】 問図 *6.1* の回路の合成インピーダンスを求めよ。

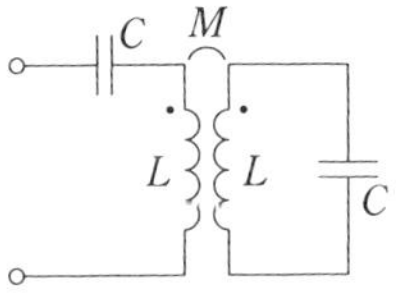

問図 *6.1*

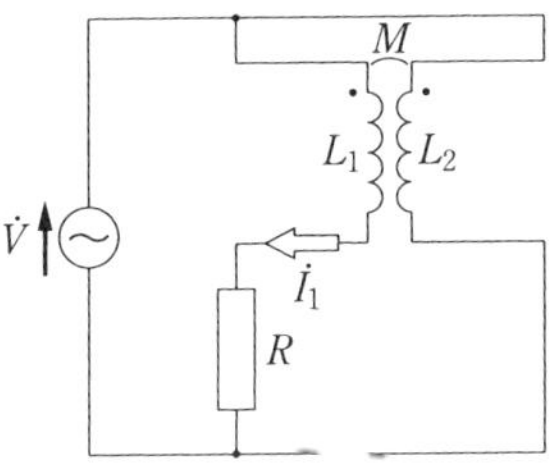

問図 *6.2*

【2】 問図 *6.2* の回路において，① R の部分に流れる電流 $\dot{I}_1$，② $\dot{I}_1$ が $\dot{V}$ が同相となる条件，③ $\dot{I}_1$ が $\dot{V}$ と 45° 位相が異なるための条件をそれぞれ求めよ。

【3】 問図 *6.3* の回路において $\dot{I}_1$，$\dot{I}_2$ を求めよ。また，C の値を調整して $\dot{I}_2$ の大きさが零となるときの周波数を求めよ。

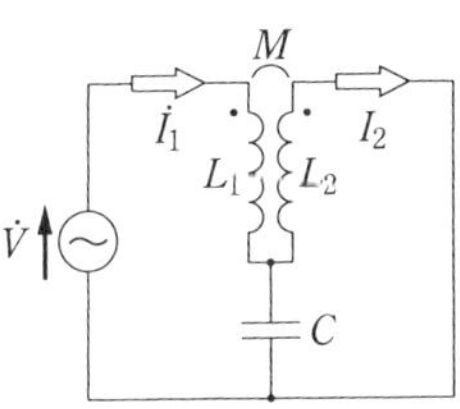

問図 *6.3*

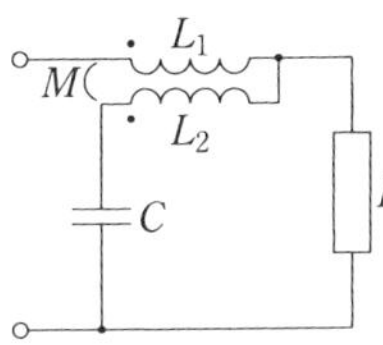

問図 *6.4*

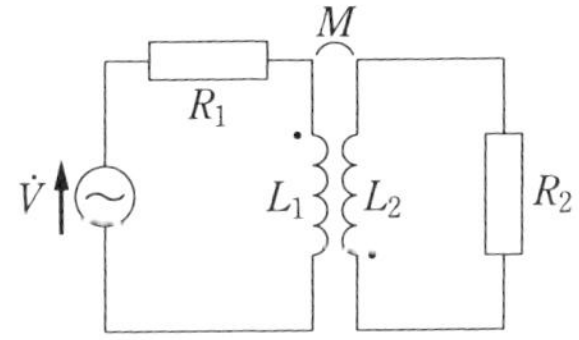

問図 *6.5*

【4】 問図 *6.4* の回路のインピーダンスを求めよ。

【5】 問図 *6.5* の回路で消費する電力を求めよ。

【6】 問図 *6.6* の回路において R で消費する電力を求めよ。また，$M^2 = L_1L_2$ の関係があるときの電力はいくらか。

【7】 問図 *6.7* の巻数比 $a(= n_2/n_1)$ の理想変圧器を含む回路において，つぎの値を求めよ。

① r，a が与えられたとき，抵抗 R で消費する電力が最大となるときの R

② r，R が与えられたとき，R で消費する電力が最大となるときの巻数比 a

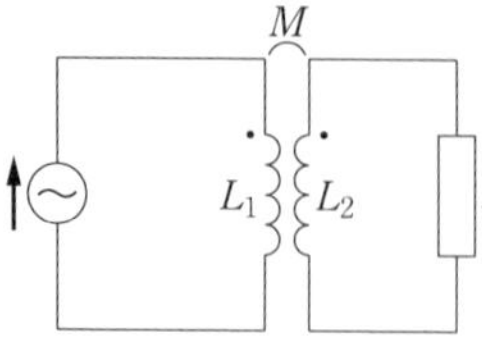

問図 **6.6**

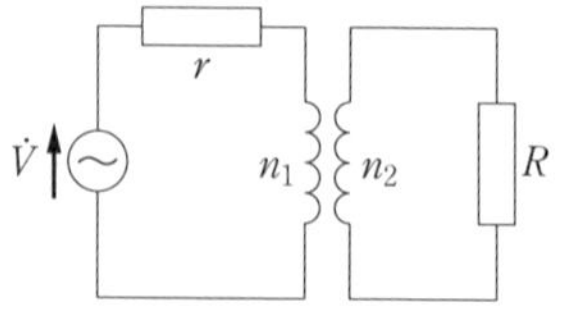

問図 **6.7**

【8】 問図 **6.8** のブリッジ回路の平衡条件を求めよ。この回路をケリー・フォスター（Carey-Foster）ブリッジという。

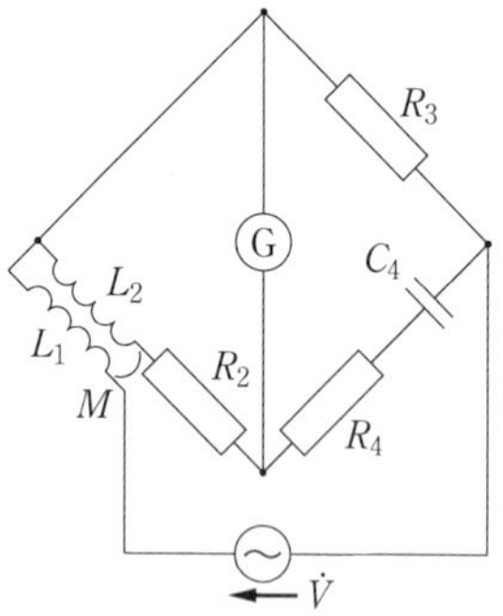

問図 **6.8**

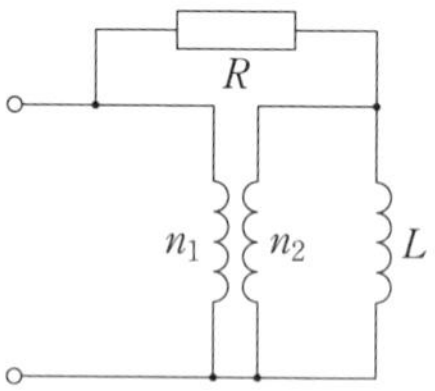

問図 **6.9**

【9】 問図 **6.9** の巻数比 $a(=n_1/n_2)$ の理想変圧器を含む回路のインピーダンスを求めよ。

【10】 問図 **6.10**(*a*)の理想的な**単巻変圧器**（autotransformer）を図(*b*)のような等価回路に置き換えたとすると，L_a，L_b，M_0 はどのようになるか。

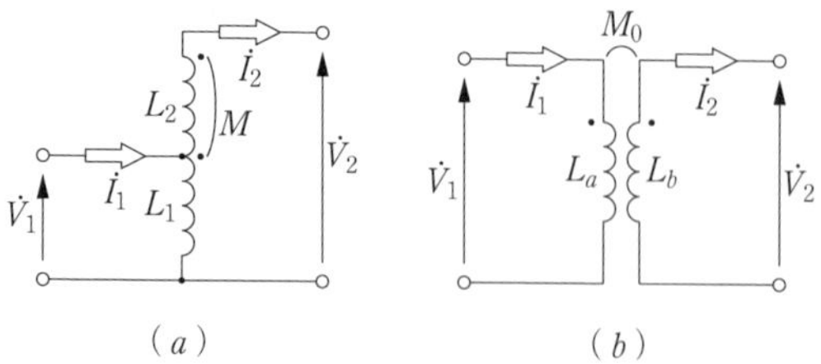

(*a*)　　(*b*)

問図 **6.10**

7

三相交流回路

発電，変電，送電および配電の電力系や，工場の動力用電源にはほとんど三相方式が使われており，一般家庭ではおもにその三相方式の1相分を取り出した単相方式が使われている。三相方式が利用される理由は，同じ電力を送るのに単相方式に比べ電線の使用量が少なくてすむこと，瞬時電力が脈動せず一定値をとること，回転磁界を作るのに都合が良いことなど，多くの利点があるからである。これらは一般に多相方式に共通する利点であるが，三相以外の多相方式の使用はごく特殊な場合に限られる。したがって，本章では三相方式だけを述べるとする。

7.1 多相交流

一つの交流電源から負荷に電力を送る方式または回路を**単相方式**（single-phase system）または**単相回路**（single-phase circuit）といい，単に**単相交流**ともいう。これまで扱ってきた回路はこの単相交流である。これに対して，周波数は等しいが位相がある定まった間隔で異なる二つ以上の交流電源から負荷に電力を送る方式や回路を**多相方式**（polyphase system），**多相回路**（polyphase circuit）といい，単に**多相交流**ともいう。一般に多相回路は数個の単相回路を結合したものであり，その数が2，3，…，n であるとき，それぞれ**二相回路**（two-phase circuit），**三相回路**（three-phase circuit），…，$\boldsymbol{n}$ **相回路**（n-phase circuit）と呼ばれる。

7.2　三相電源と負荷

7.2.1　三相起電力の発生

三相交流電源である三相発電機の原理および発生電圧を**図 7.1** に示す。図(*a*)のように，同じコイル a–a′，b–b′，c–c′ を $2\pi/3$〔rad〕ずつずらして配置し，これを一様な磁界内において一定の角周波数 ω〔rad/s〕で回転させると，各コイルには $2\pi/3$〔rad〕ずつ位相のずれた起電力を生じる。すなわち，これらの瞬時値を e_a，e_b，e_c とし，時刻 t のときコイルが図(*a*)の位置にあるとすると，**1** 章の式(*1.83*)を導いた考え方を各コイルに適用して

$$e_a = E_m \sin \omega t \qquad \theta_a = \pi - \omega t \qquad (7.1\,a)$$

$$e_b = E_m \sin\left(\omega t - \frac{2\pi}{3}\right) \qquad \theta_b = \pi - \left(\frac{2\pi}{3} - \omega t\right) \qquad (7.1\,b)$$

$$e_c = E_m \sin\left(\omega t - \frac{4\pi}{3}\right) \qquad \theta_c = \pi - \left(\frac{2\pi}{3} + \omega t\right) \qquad (7.1\,c)$$

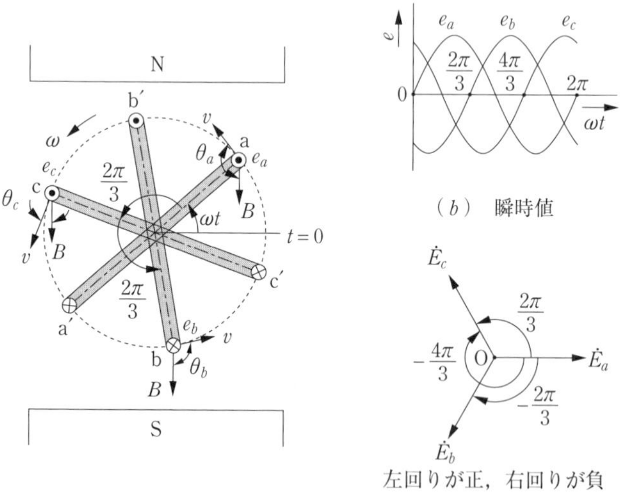

(*a*)　発電機の原理　　(*b*)　瞬時値　　(*c*)　フェーザ図

図 7.1　三相交流発電機と三相交流電圧の表示

が得られる。これらの瞬時値を図示すると図(b)のようになり

$$e_a + e_b + e_c = 0 \tag{7.2}$$

の関係がある。すなわち，どの時刻においても三つの波の合計は零になる。

式(7.1)および式(7.2)をフェーザ表示すると

$$\dot{E}_a = Ee^{j0} = E \tag{7.3 a}$$

$$\dot{E}_b = Ee^{-j\frac{2\pi}{3}} = E\left(-\frac{1}{2} - j\frac{\sqrt{3}}{2}\right) \tag{7.3 b}$$

$$\dot{E}_c = Ee^{-j\frac{4\pi}{3}} = E\left(-\frac{1}{2} + j\frac{\sqrt{3}}{2}\right) \tag{7.3 c}$$

$$\dot{E}_a + \dot{E}_b + \dot{E}_c = 0 \tag{7.4}$$

となる。ここで，$E = E_m/\sqrt{2}$ は実効値である。これらのフェーザ図を図(c)に示す。また

$$a = e^{j\frac{2\pi}{3}} = -\frac{1}{2} + j\frac{\sqrt{3}}{2} \tag{7.5}$$

とおく。a を**オペレータ**（operator）と呼ぶこともある。そのとき

$$a^2 = \left(-\frac{1}{2} + j\frac{\sqrt{3}}{2}\right)\left(-\frac{1}{2} + j\frac{\sqrt{3}}{2}\right) = -\frac{1}{2} - j\frac{\sqrt{3}}{2} \tag{7.6}$$

であるので，対称三相交流電圧は，a を用いて

$$\dot{E}_a = E, \qquad \dot{E}_b = a^2E, \qquad \dot{E}_c - aE \tag{7.7}$$

と書くことができる。この計算からわかるように，あるフェーザに a を掛けると，大きさは変わらず，そのフェーザの位相だけを反時計方向に $2\pi/3$〔rad〕進ませることになる（図(c)参照）。a にはつぎの性質がある。

$$\left.\begin{array}{l} a^3 = a^2 \cdot a = 1, \qquad a^4 = a^3 \cdot a = a, \qquad a^5 = a^2, \qquad a^6 = 1 \\ 1 + a^2 + a = 0 \end{array}\right\} \tag{7.8}$$

式(7.1)および図(b)に示すように，三つの起電力の位相は，$e_a \to e_b \to e_c$ の順に $2\pi/3$〔rad〕ずつ遅れている。このような順を三相起電力の**相順**（phase sequence）あるいは**相回転**（phase rotation）という。相順は時計方向にとる。

式(7.1)に示すような，各相の大きさが等しく，たがいの位相差が $2\pi/3$

〔rad〕である三相起電力を**対称三相起電力**（symmetrical three-phase e.m.f.）といい，そうでないものは**非対称三相起電力**（asymmetrical three-phase e.m.f.）という。

以上は三相交流の場合について説明したが，一般に対称 n 相起電力は

$$e_1 = E_m \sin \omega t \qquad (7.9\,a)$$

$$e_2 = E_m \sin\left(\omega t - \frac{2\pi}{n}\right) \qquad (7.9\,b)$$

………

$$e_n = E_m \sin\left(\omega t - \frac{2\pi(n-1)}{n}\right) \qquad (7.9\,c)$$

と表される。

7.2.2　三相電源および負荷の結線方式

三相発電機と負荷を結線して回路を構成する方式には，**Y 結線**（Y connection）と**Δ 結線**（delta connection）と呼ばれる二つの方式がある†。Y 結線は，**図 7.2**(*a*)の起電力の位相がたがいに $2\pi/3$〔rad〕異なる三つの単相回路を，図(*b*)に示すように 1 端子を共通にして結合したものである。また，Δ 結線は，**図 7.3**(*a*)の三つの単相回路を図(*b*)のように結合したものである。これらの図より，単相回路 3 個では往復 6 本の電線が必要なのに対し，三相回路では 3～4 本で足りることが理解できよう。

図 7.2 と**図 7.3** において，$\dot{Z}_{gs}$，$\dot{Z}_{gr}$ は電源の内部インピーダンス，$\dot{Z}_l$ は線路のインピーダンス，$\dot{Z}_s$，$\dot{Z}_r$ は負荷のインピーダンスを表す。

図 7.2(*b*)において，電源全体を**Y 形電源**（Y-connected source），負荷全体を**Y 形負荷**（Y-connected load），点 o を電源の**中性点**，点 o′ を負荷の**中性点**（neutral point），o と o′ を結ぶ線を**中性線**（neutral line），$\dot{E}_a$ などを**Y 形起電力**，$\dot{V}_a$ や $\dot{V}_a'$ などを**Y 形電圧**，$\dot{I}_a$ などを**Y 形電流**，$\dot{I}_N$ を**中性線電流**という。また，**図 7.3**(*b*)では，電源全体を**Δ 形電源**（delta-connected

† Y 結線は**星形結線**（star connection），Δ 結線は**三角結線**とも呼ばれる。

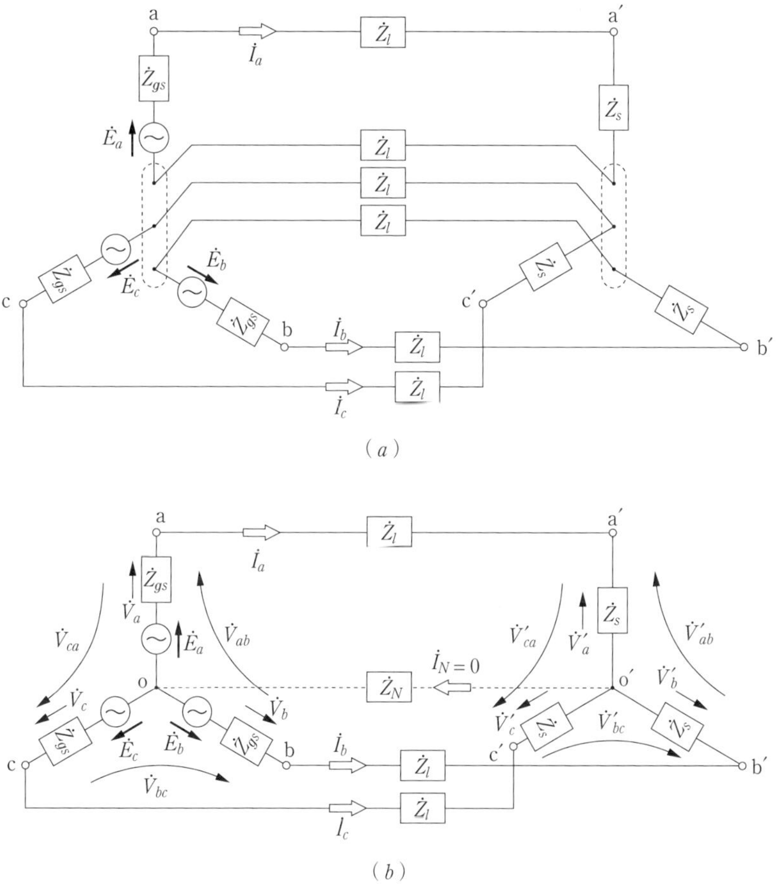

図 **7.2** Y 結 線

source)，負荷全体をΔ**形負荷**（delta connected load），$\dot{E}_{ab}$ などをΔ**形起電力**，$\dot{V}_{ab}$ や $\dot{V}_{ab}'$ などをΔ**形電圧**，$\dot{I}_{ab}$ や $\dot{I}_{ab}'$ などをΔ**形電流**という。

また，電源や負荷の部分の電圧を**相電圧**（phase voltage），電流を**相電流**（phase current）といい，電源と負荷を接続する線路相互間の電圧を**線間電圧**（line voltage），線路を流れる電流を**線電流**（line current）という。

例えば，**図 7.2**(*b*)において，$\dot{V}_a$ と $\dot{V}_a'$ は相電圧，$\dot{V}_{ab}$ と $\dot{V}_{ab}'$ は線間電圧，$\dot{I}_a$ は相電流であり線電流でもある。また，**図 7.3**(*b*)において，$\dot{V}_{ab}$ と

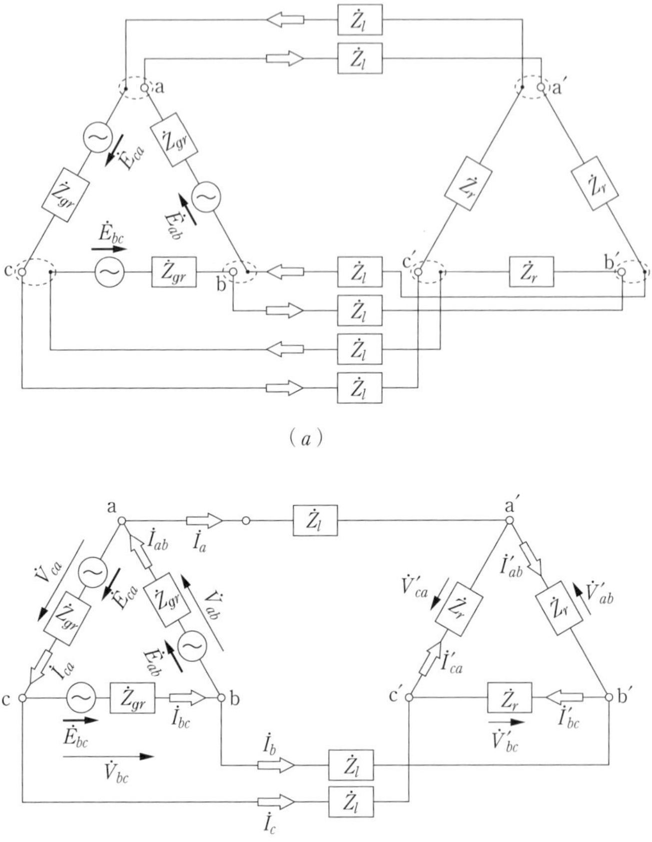

（a）

（b）

図 7.3　Δ　結　線

$\dot{V}_{ab}'$ は相電圧であり線間電圧でもある。$\dot{I}_{ab}$ と $\dot{I}_{ab}'$ は相電流，$\dot{I}_a$ は線電流である。

三相回路において，各相の起電力が対称で内部インピーダンスが同じ電源を**対称電源**（symmetrical source）あるいは**平衡電源**という。各相のインピーダンスが同じ負荷を**平衡負荷**（balanced load）という。対称電源，平衡負荷および同じ線路インピーダンスで構成されている**図 7.2**(*b*)と**図 7.3**(*b*)のような回路を**平衡三相回路**（balanced three-phase circuit）という。また，

図 *7.2*(*b*)の回路は電源，負荷ともにY結線なので**対称Y形起電力-Y形平衡負荷回路**，図 *7.3*(*b*)の回路は電源負荷ともにΔ結線なので**対称Δ形起電力-Δ形平衡負荷回路**という。平衡三相回路の条件が満たされない回路を**不平衡三相回路**（unbalanced three-phase circuit）という。

7.3 平衡三相回路

7.3.1 対称Y形起電力-Y形平衡負荷回路

図 *7.2*(*b*)に示す平衡Y-Y回路について諸量を求める。まず，図の点o′にキルヒホッフの第1法則を適用すると

$$\dot{I}_a + \dot{I}_b + \dot{I}_c = \dot{I}_N \tag{7.10}$$

であり，三つの閉路，a-a′-o′-o-a，b-b′-o′-o-b，c-c′-o′-o-cにキルヒホッフの第二法則を適用すると

$$\dot{E}_a = (\dot{Z}_{gs} + \dot{Z}_l + \dot{Z}_s)\dot{I}_a + \dot{Z}_N\dot{I}_N \tag{7.11 a}$$

$$\dot{E}_b = (\dot{Z}_{gs} + \dot{Z}_l + \dot{Z}_s)\dot{I}_b + \dot{Z}_N\dot{I}_N \tag{7.11 b}$$

$$\dot{E}_c = (\dot{Z}_{gs} + \dot{Z}_l + \dot{Z}_s)\dot{I}_c + \dot{Z}_N\dot{I}_N \tag{7.11 c}$$

が成り立つ。式(*7.11*)の3式を合成し，式(*7.4*)および(*7.10*)を代入すると

$$(\dot{Z}_{gs} + \dot{Z}_l + \dot{Z}_s + 3\dot{Z}_N)\dot{I}_N = 0$$

となり，これより

$$\dot{I}_N = 0 \tag{7.12}$$

が得られる。したがって，点o-o′間は同電位となるので，平衡Y-Y回路では中性線は不要であり，そのことが図 *7.2*(*b*)中に点線で示されている。また，各相はそれぞれ独立に単相として動作しているとみてよいので

$$\dot{I}_a = \frac{\dot{E}_a}{\dot{Z}_Y}, \qquad \dot{I}_b = \frac{\dot{E}_b}{\dot{Z}_Y}, \qquad \dot{I}_c = \frac{\dot{E}_c}{\dot{Z}_Y} \tag{7.13}$$

$$\dot{Z}_Y = \dot{Z}_{gs} + \dot{Z}_l + \dot{Z}_s \tag{7.14}$$

となる。以上のような平衡Y-Y回路のことを**三相3線式**（three-phase three

-wire system）という。

図 7.2(*b*)に示す平衡Y形負荷において，線間電圧と相電圧の間には

$$\dot{V}_{ab}{}' = \dot{V}_{a}{}' - \dot{V}_{b}{}', \qquad \dot{V}_{bc}{}' = \dot{V}_{b}{}' - \dot{V}_{c}{}', \qquad \dot{V}_{ca}{}' = \dot{V}_{c}{}' - \dot{V}_{a}{}' \tag{7.15}$$

の関係がある。また，その相電圧は

$$\dot{V}_{a}{}' = \dot{Z}_s\dot{I}_a, \qquad \dot{V}_{b}{}' = \dot{Z}_s\dot{I}_b = \dot{Z}_s a^2\dot{I}_a, \qquad \dot{V}_{c}{}' = \dot{Z}_s\dot{I}_c = \dot{Z}_s a\dot{I}_a \tag{7.16}$$

で与えられる。式(*7.15*)および(*7.16*)にもとづき線間電圧と相電圧の関係を表すと，**図 7.4** のようになる。この図より

$$\dot{V}_{a}{}' = \frac{1}{\sqrt{3}}\dot{V}_{ab}{}'e^{-j\frac{\pi}{6}} \tag{7.17}$$

となり，さらに

$$\dot{I}_a = \frac{\dot{V}_{a}{}'}{\dot{Z}_s} = \frac{1}{\sqrt{3}\,\dot{Z}_s}\dot{V}_{ab}{}'e^{-j\frac{\pi}{6}} \tag{7.18}$$

が得られる。

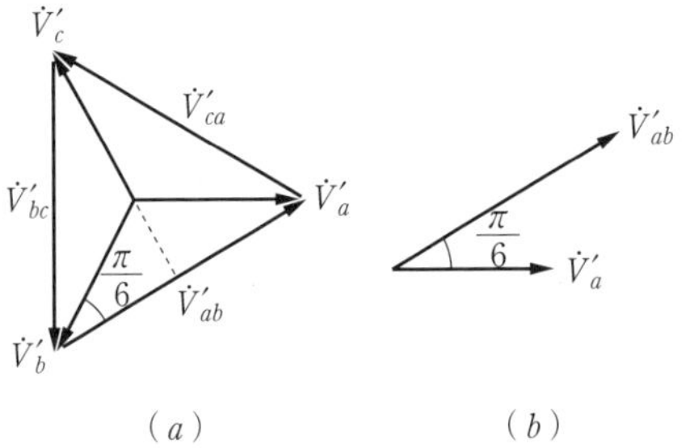

図 7.4　Y-Y 回路のフェーザ図

7.3.2　対称Δ形起電力-Δ形平衡負荷回路

図 7.3(*b*)に示す平衡Δ-Δ回路について諸量を求める。まず，キルヒホッフの法則を用いて，線電流，相電流を求める。いま，**図 7.5** のように電流 $\dot{I}_{ab}$，$\dot{I}_{bc}$，$\dot{I}_{ca}$ を仮定して閉路電流法を適用すると式(*7.19*)が得られる

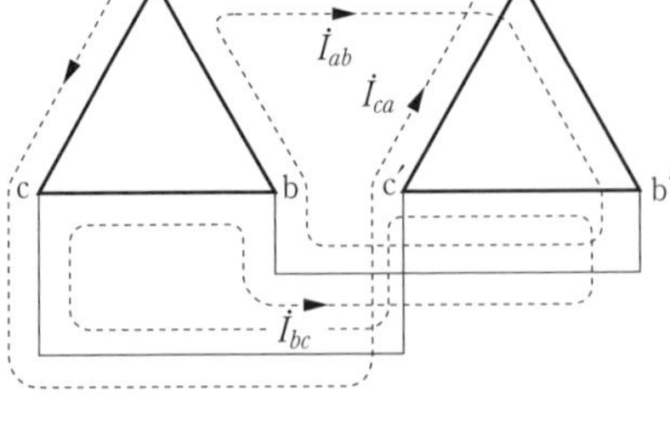

図 7.5　**図 7.3**(*b*)の回路へのキルヒホッフの法則の適用

$$\dot{E}_{ab} = \dot{Z}_\Delta \dot{I}_{ab} - \dot{Z}_l \dot{I}_{bc} - \dot{Z}_l \dot{I}_{ca} \tag{7.19 a}$$

$$\dot{E}_{bc} = \dot{Z}_\Delta \dot{I}_{bc} - \dot{Z}_l \dot{I}_{ab} - \dot{Z}_l \dot{I}_{ca} \tag{7.19 b}$$

$$\dot{E}_{ca} = \dot{Z}_\Delta \dot{I}_{ca} - \dot{Z}_l \dot{I}_{ab} - \dot{Z}_l \dot{I}_{bc} \tag{7.19 c}$$

$$\dot{Z}_\Delta = \dot{Z}_{gr} + 2\dot{Z}_l + \dot{Z}_r \tag{7.19 d}$$

式(7.19 a)～(7.19 c)の3式を連立させて解くと，$\dot{I}_{ab}$ は

$$\dot{E}_{ab} + \dot{E}_{bc} + \dot{E}_{ca} = 0 \tag{7.20}$$

の関係を用いて

$$\dot{I}_{ab} = \frac{\begin{vmatrix} \dot{E}_{ab} & -\dot{Z}_l & -\dot{Z}_l \\ \dot{E}_{bc} & \dot{Z}_\Delta & -\dot{Z}_l \\ \dot{E}_{ca} & -\dot{Z}_l & \dot{Z}_\Delta \end{vmatrix}}{\begin{vmatrix} \dot{Z}_\Delta & -\dot{Z}_l & -\dot{Z}_l \\ -\dot{Z}_l & \dot{Z}_\Delta & -\dot{Z}_l \\ -\dot{Z}_l & -\dot{Z}_l & \dot{Z}_\Delta \end{vmatrix}} = \frac{(\dot{Z}_\Delta{}^2 - 2\dot{Z}_l^2 - \dot{Z}_\Delta \dot{Z}_l)\dot{E}_{ab}}{\dot{Z}_\Delta{}^3 - 2\dot{Z}_l^3 - 3\dot{Z}_\Delta \dot{Z}_l^2} = \frac{\dot{E}_{ab}}{\dot{Z}_\Delta + \dot{Z}_l}$$

$$= \frac{\dot{E}_{ab}}{\dot{Z}_{gr} + 3\dot{Z}_l + \dot{Z}_r} \tag{7.21 a}$$

となる。同様にして，$\dot{I}_{bc}$，$\dot{I}_{ca}$ は

$$\dot{I}_{bc} = \frac{\dot{E}_{bc}}{\dot{Z}_{gr} + 3\dot{Z}_l + \dot{Z}_r}, \qquad \dot{I}_{ca} = \frac{\dot{E}_{ca}}{\dot{Z}_{gr} + 3\dot{Z}_l + \dot{Z}_r} \tag{7.21 b}$$

となる。これらの電流は負荷に流れる相電流でもある。すなわち

$$\dot{I}_{ab}' = \dot{I}_{ab}, \qquad \dot{I}_{bc}' = \dot{I}_{bc}, \qquad \dot{I}_{ca}' = \dot{I}_{ca} \tag{7.22}$$

よって，線電流 $\dot{I}_a$ は

$$\dot{I}_a = \dot{I}_{ab} - \dot{I}_{ca} = \dot{I}_{ab}' - \dot{I}_{ca}' = \frac{\dot{E}_{ab} - \dot{E}_{ca}}{\dot{Z}_{gr} + 3\dot{Z}_l + \dot{Z}_r} \tag{7.23}$$

となる。ここで，起電力は対称であるので

$$\dot{E}_{ab} - \dot{E}_{ca} = \dot{E}_{ab} - a\dot{E}_{ab} = \dot{E}_{ab}(1 - a) = \dot{E}_{ab}\sqrt{3}\left(\frac{\sqrt{3} - j}{2}\right)$$

$$= \sqrt{3}\,\dot{E}_{ab} e^{-j\frac{\pi}{6}} \tag{7.24}$$

となるので $\dot{I}_a$ は

$$\dot{I}_a = \frac{\sqrt{3}\,\dot{E}_{ab}e^{-j\frac{\pi}{6}}}{\dot{Z}_{gr} + 3\dot{Z}_l + \dot{Z}_r} \tag{7.25 a}$$

となる。同様にして，$\dot{I}_b$，$\dot{I}_c$ は

$$\dot{I}_b = \frac{\sqrt{3}\,\dot{E}_{bc}e^{-j\frac{\pi}{6}}}{\dot{Z}_{gr} + 3\dot{Z}_l + \dot{Z}_r}, \qquad \dot{I}_c = \frac{\sqrt{3}\,\dot{E}_{ca}e^{-j\frac{\pi}{6}}}{\dot{Z}_{gr} + 3\dot{Z}_l + \dot{Z}_r} \tag{7.25 b}$$

となる。負荷の線間電圧は

$$\dot{V}_{ab}' = \dot{Z}_r\dot{I}_{ab}, \qquad \dot{V}_{bc}' = \dot{Z}_r\dot{I}_{bc}, \qquad \dot{V}_{ca}' = \dot{Z}_r\dot{I}_{ca} \tag{7.26}$$

より得られる。

ここで線電流と相電流の関係をみてみると，式(7.25 a)と式(7.21 a)より

$$\dot{I}_a = \sqrt{3}\,\dot{I}_{ab}e^{-j\frac{\pi}{6}} \tag{7.27 a}$$

同様に，式(7.26 b)と式(7.21 b)より

$$\dot{I}_b = \sqrt{3}\,\dot{I}_{bc}e^{-j\frac{\pi}{6}},$$

$$\dot{I}_c = \sqrt{3}\,\dot{I}_{ca}e^{-j\frac{\pi}{6}} \tag{7.27 b}$$

となる。これらの結果をフェーザ図で示すと図 **7.6** のようになる。

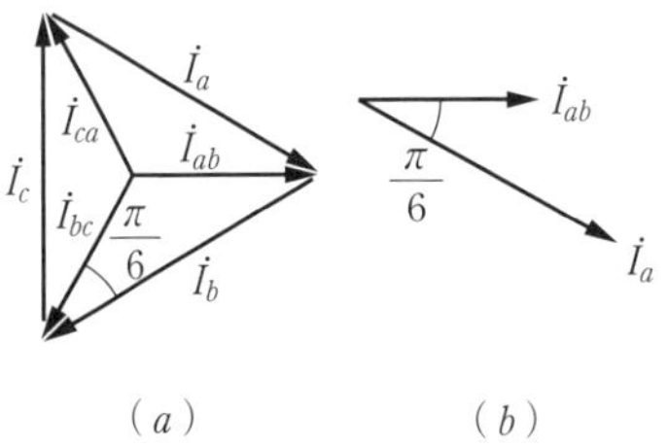

図 **7.6**　電流のフェーザ図

7.4　Δ形回路と Y 形回路との変換

7.4.1　Δ 形電源と Y 形電源との等価変換

7.3.2 項では，Δ-Δ 回路をキルヒホッフの法則より求めたが，もし，Δ 形電源や負荷を Y 形に変換できれば，**7.3.1** 項の Y-Y 回路の諸式を用いて諸量が求まる。同様に，図 **7.7**(*a*)の**平衡 Δ-Y 形回路**や図(*b*)の**平衡 Y-Δ 形回路**も Δ-Y 変換を用いれば Y-Y 形回路に帰着させることができる。

図 **7.3**(*b*)の回路の Δ 形電源と図 **7.2**(*b*)の回路の Y 形電源が等価であるということは，それぞれの端子 a，b，c 間に任意の同一負荷を接続したとき，両者の端子から流出する電流が相等しく，かつ両者の端子間電圧も相等しいということである。図 **7.3**(*b*)において各起電力は

$$\dot{E}_{ab} = \dot{E}_{ab}, \qquad \dot{E}_{bc} = a^2\dot{E}_{ab}, \qquad \dot{E}_{ca} = a\dot{E}_{ab} \tag{7.28}$$

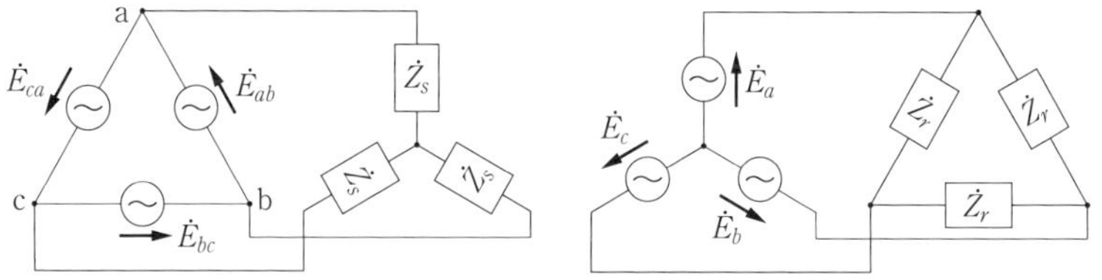

（a）　Δ–Y結線　　　　（b）　Y–Δ結線

図 7.7　Δ-Y 結線および Y-Δ 結線
（内部インピーダンス，線路インピーダンスは省略）

であるとする。このとき

$$\dot{V}_{ab} - \dot{E}_{ab} - \dot{Z}_{gr}\dot{I}_{ab}, \quad \dot{V}_{bc} = \dot{E}_{bc} - \dot{Z}_{gr}I_{bc}, \quad \dot{V}_{ca} = \dot{E}_{ca} - \dot{Z}_{gr}\dot{I}_{ca} \tag{7.29}$$

であり，キルヒホッフの第一法則を点 a，b，c に適用すると

$$\dot{I}_{ab} = \dot{I}_a + \dot{I}_{ca}, \qquad \dot{I}_{bc} = \dot{I}_b + \dot{I}_{ab}, \qquad \dot{I}_{ca} = \dot{I}_c + \dot{I}_{bc} \tag{7.30}$$

また，キルヒホッフの第二法則を点 a，b，c を含む閉路に適用すると

$$\dot{E}_{ab} + \dot{E}_{bc} + \dot{E}_{ca} = \dot{Z}_{gr}(\dot{I}_{ab} + \dot{I}_{bc} + \dot{I}_{ca}) \tag{7.31}$$

が得られる。左辺は対称電源であるので零である。よって

$$\dot{I}_{ab} + \dot{I}_{bc} + \dot{I}_{ca} = 0 \tag{7.32}$$

式(7.30)と(7.32)より

$$\dot{I}_{ab} = \frac{1}{3}(\dot{I}_a - \dot{I}_b), \quad \dot{I}_{bc} = \frac{1}{3}(\dot{I}_b - \dot{I}_c), \quad \dot{I}_{ca} = \frac{1}{3}(\dot{I}_c - \dot{I}_a) \tag{7.33}$$

また，式(7.29)と(7.33)より

$$\dot{V}_{ab} = \dot{E}_{ab} - \frac{\dot{Z}_{gr}}{3}(\dot{I}_a - \dot{I}_b) \tag{7.34 a}$$

$$\dot{V}_{bc} = \dot{E}_{bc} - \frac{\dot{Z}_{gr}}{3}(\dot{I}_b - \dot{I}_c) \tag{7.34 b}$$

$$\dot{V}_{ca} = \dot{E}_{ca} - \frac{\dot{Z}_{gr}}{3}(\dot{I}_c - \dot{I}_a) \tag{7.34 c}$$

が得られる。

一方，**図 7.2**（b）において

$$\dot{V}_{ab} = \dot{E}_a - \dot{E}_b - \dot{Z}_{gs}(\dot{I}_a - \dot{I}_b) \tag{7.35 a}$$

$$\dot{V}_{bc} = \dot{E}_b - \dot{E}_c - \dot{Z}_{gs}(\dot{I}_b - \dot{I}_c) \tag{7.35 b}$$

$$\dot{V}_{ca} = \dot{E}_c - \dot{E}_a - \dot{Z}_{gs}(\dot{I}_c - \dot{I}_a) \tag{7.35 c}$$

であるので，式(7.34)と(7.35)が等価であるためには

$$\dot{Z}_{gs} = \frac{1}{3}\dot{Z}_{gr} \tag{7.36}$$

$$\dot{E}_{ab} = \dot{E}_a - \dot{E}_b, \qquad \dot{E}_{bc} = \dot{E}_b - \dot{E}_c, \qquad \dot{E}_{ca} = \dot{E}_c - \dot{E}_a \tag{7.37}$$

であればよい。これらの関係を**図 7.8**(a)，(b)に示す。

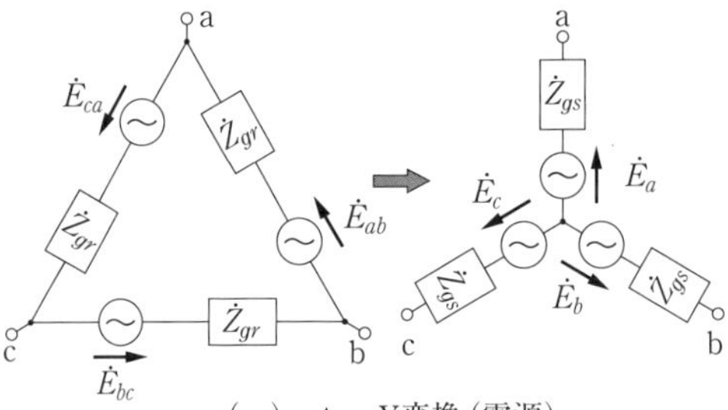

(a)　Δ→Y変換(電源)

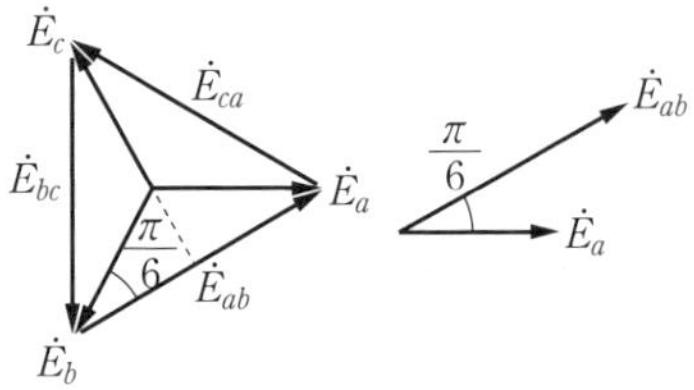

(b)　電圧のフェーザ図

図 7.8　Δ形電源からY形電源への変換

$\dot{E}_a$，$\dot{E}_b$，$\dot{E}_c$ も対称三相であるので，図(b)より

$$\dot{E}_a = \frac{1}{\sqrt{3}}\dot{E}_{ab}e^{-j\frac{\pi}{6}}, \quad \dot{E}_b = \frac{1}{\sqrt{3}}\dot{E}_{bc}e^{-j\frac{\pi}{6}}, \quad \dot{E}_c = \frac{1}{\sqrt{3}}\dot{E}_{ca}e^{-j\frac{\pi}{6}} \tag{7.38}$$

が得られる。

7.4.2　Δ形負荷とY形負荷との等価変換

図 7.3(b)の回路のΔ形負荷と**図 7.2**(b)の回路のY形負荷が等価であるということは，それぞれに同じ端子間電圧が加えられたとき，同じ電流が流入するということである。それは，それぞれの回路の各端子間のインピーダンスが等しいことでもある。よって，ここでは簡単にそれを求める。

図 7.2(b)のY形負荷のa′b′間のインピーダンスは $2\dot{Z}_s$ であり，**図 7.3**(b)のΔ形負荷のa′b′間のインピーダンスは $(\dot{Z}_r \times 2\dot{Z}_r)/(\dot{Z}_r + 2\dot{Z}_r) = 2\dot{Z}_r/3$ である。よって，それらを等しいとおいて

$$\dot{Z}_s = \frac{1}{3}\dot{Z}_r, \qquad \dot{Z}_r = 3\dot{Z}_s \tag{7.39}$$

が得られる（**図 7.9** 参照）。この結果は，式(7.36)と同じであり，**7.4.1** 項の導出において起電力を零としたことに対応している。

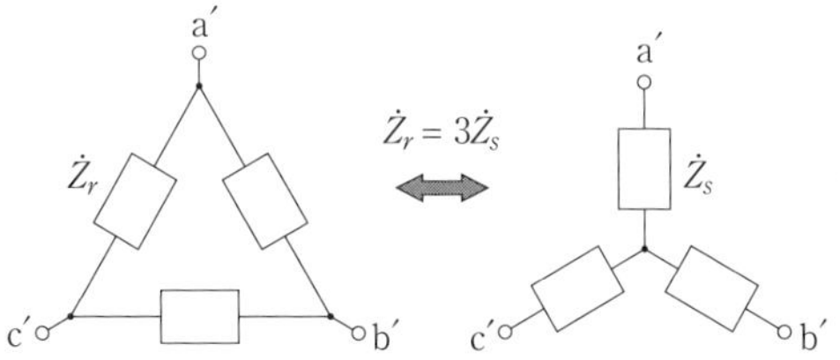

図 **7.9**　負荷の Δ-Y 変換

例題 7.1　図 **7.7**(*a*)の Δ-Y 回路において，電源は電圧 90 V の対称電源，負荷は $Z_s = 5(\sqrt{3} + j)$〔Ω〕であるとき，線電流を求めよ。

【解答】　負荷のインピーダンスは $Z_s = 5\sqrt{3+1} = 10\,\Omega$ となる。電源部を Δ から Y に変換すると，1 相の電圧は $E_a = 90/\sqrt{3}$〔V〕となるので，線電流は $I_a = E_a/Z_s = 3\sqrt{3}$ A，電源部回路の相電流は $I_{ab} = I_a/\sqrt{3} = 3$ A となる。◇

例題 7.2　図 **7.7**(*b*)の Y-Δ 回路において，電源は電圧 100 V の対称電源，負荷は平衡で $Z_r = 12 + j9$〔Ω〕であるとき，線間電圧，線電流，負荷の相電流をそれぞれ求めよ。

【解答】　負荷のインピーダンスは $Z_r = \sqrt{12^2 + 9^2} = 15\,\Omega$，線間電圧は $V_{ab} = 100\sqrt{3}$〔V〕となる。よって，負荷の相電流は $I_{ab} = 100\sqrt{3}/15 = 20\sqrt{3}/3$〔A〕となる。線電流は相電流の $\sqrt{3}$ 倍であるので，$I_a = 20$ A となる。あるいは，負荷部を Δ 形から Y 形に変換すると，$Z_s = 15/3 = 5\,\Omega$ であるので，線電流は，$I_a = 100/5 = 20$ A となる。◇

例題 7.3　図 **7.3**(*b*)の Δ-Δ 回路を，図 **7.2**(*b*)の Y-Y 回路に変換し，図 **7.3**(*b*)の回路の線電流を求めよ。

【解答】　式(7.13)に式(7.36)，(7.38)および式(7.39)の結果を代入すると

$$\dot{I}_a = \frac{\dot{E}_a}{\dot{Z}_{gs} + \dot{Z}_l + \dot{Z}_s} = \frac{\dfrac{1}{\sqrt{3}}\dot{E}_{ab}e^{-j\frac{\pi}{6}}}{\dfrac{1}{3}\dot{Z}_{gr} + \dot{Z}_l + \dfrac{1}{3}\dot{Z}_r} = \frac{\sqrt{3}\,\dot{E}_{ab}e^{-j\frac{\pi}{6}}}{\dot{Z}_{gr} + 3\dot{Z}_l + \dot{Z}_r}$$

となり，式(7.25)の結果と一致する。 ◇

7.5 V 結 線 回 路

平衡 Δ-Δ 回路において電源の 1 相分を除き，電源のインピーダンス $\dot{Z}_{gr}$ を 0 とした回路を**図 7.10** に示す。線路インピーダンスは Δ 負荷に含めて考えている。この回路を **V 結線**（V-connection）あるいは**オープンデルタ**（open-delta）**結線**という。$\dot{Z}_{gr} \neq 0$ のときはあとで述べる不平衡回路となる。

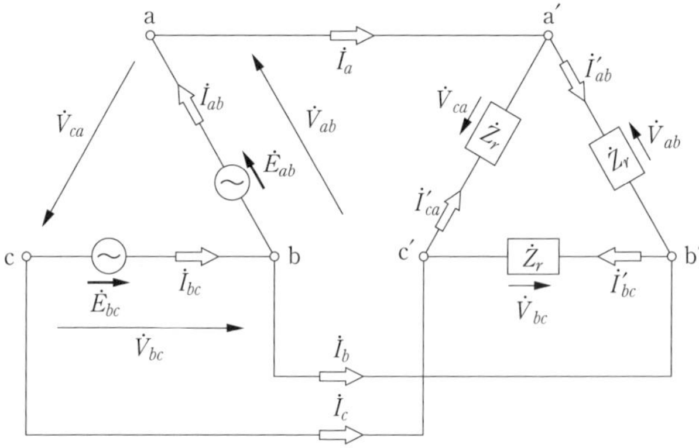

図 7.10　V 結線回路

図において各起電力が

$$\dot{E}_{ab}, \qquad \dot{E}_{bc} = a^2\dot{E}_{ab} \tag{7.40}$$

であるとすると，電源の線間電圧 $\dot{V}_{ab}$，$\dot{V}_{bc}$，$\dot{V}_{ca}$ と負荷の線間電圧は等しく

$$\dot{V}_{ab} = \dot{E}_{ab}, \qquad \dot{V}_{bc} = \dot{E}_{bc} = a^2\dot{E}_{ab}$$

$$\dot{V}_{ca} = -(\dot{E}_{ab} + \dot{E}_{bc}) = -(1 + a^2)\dot{E}_{ab} = a\dot{E}_{ab} \tag{7.41}$$

で与えられる。したがって，線間電圧は対称三相電圧である。

負荷の相電流 $\dot{I}_{ab}'$，$\dot{I}_{bc}'$，$\dot{I}_{ca}'$ は式(7.41)を考慮して

$$\dot{I}_{ab}' = \frac{\dot{E}_{ab}}{\dot{Z}_r}, \qquad \dot{I}_{bc}' = \frac{a^2\dot{E}_{ab}}{\dot{Z}_r}, \qquad \dot{I}_{ca}' = \frac{a\dot{E}_{ab}}{\dot{Z}_r} \tag{7.42}$$

となる。線電流 $\dot{I}_a$，$\dot{I}_b$，$\dot{I}_c$ と負荷の相電流との関係は

$$\dot{I}_a = \dot{I}_{ab'} - \dot{I}_{ca'}, \qquad \dot{I}_b = \dot{I}_{bc'} - \dot{I}_{ab'}, \qquad \dot{I}_c = \dot{I}_{ca'} - \dot{I}_{bc'} \tag{7.43}$$

であり，これらの関係は**図 7.6** と同様であるので

$$\dot{I}_a = \sqrt{3}\,\dot{I}_{ab'} e^{-j\frac{\pi}{6}} \tag{7.44 a}$$

$$\dot{I}_b = \sqrt{3}\,\dot{I}_{bc'} e^{-j\frac{\pi}{6}} \tag{7.44 b}$$

$$\dot{I}_c = \sqrt{3}\,\dot{I}_{ca'} e^{-j\frac{\pi}{6}} \tag{7.44 c}$$

が得られる。電源の相電流 $\dot{I}_{ab}$，$\dot{I}_{bc}$ は**図 7.10** から明らかなように

$$\dot{I}_{ab} = \dot{I}_a, \qquad \dot{I}_{bc} = -\dot{I}_c \tag{7.45}$$

である。

7.6　不平衡三相回路

これまでに述べたように平衡三相回路の解析は，各相の位相が $2\pi/3$〔rad〕ずれていることを考慮さえすれば，本質的には単相回路の解析と同じであった。しかしながら，回路が不平衡となると簡単ではなくなる。

7.6.1　非対称 Y 形起電力-不平衡 Y 形負荷回路

図 7.11 に示す回路において，$\dot{Z}_{sa}$ などは電源の内部インピーダンス，$\dot{Z}_l$

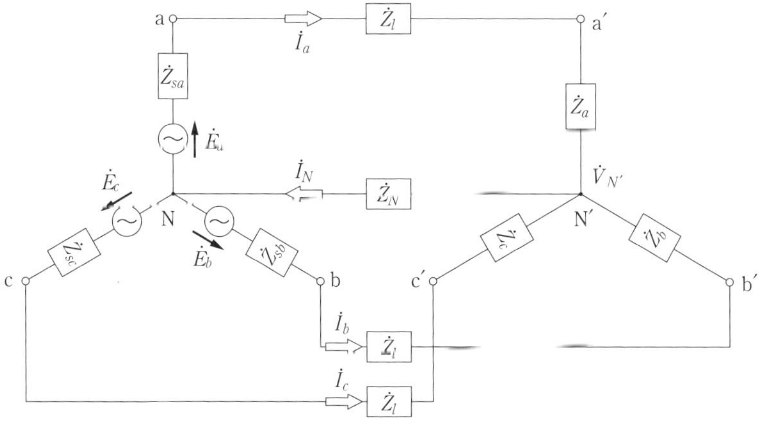

図 7.11　非対称 Y 形電源-不平衡 Y 形負荷回路

は電源と負荷を結ぶ線路のインピーダンス，$\dot{Z}_a$ などは負荷のインピーダンスである。また，$\dot{Z}_N$ は中性線のインピーダンスである。

いま，各線のインピーダンスを

$$\dot{Z}_A = \dot{Z}_{sa} + \dot{Z}_l + \dot{Z}_a \tag{7.46 a}$$

$$\dot{Z}_B = \dot{Z}_{sb} + \dot{Z}_l + \dot{Z}_b \tag{7.46 b}$$

$$\dot{Z}_C = \dot{Z}_{sc} + \dot{Z}_l + \dot{Z}_c \tag{7.46 c}$$

とおくと，点Nの電位を基準にして，次式が成り立つ。

$$\dot{E}_a - \dot{V}_{N'} = \dot{Z}_A\dot{I}_a \tag{7.47 a}$$

$$\dot{E}_b - \dot{V}_{N'} = \dot{Z}_B\dot{I}_b \tag{7.47 b}$$

$$\dot{E}_c - \dot{V}_{N'} = \dot{Z}_C\dot{I}_c \tag{7.47 c}$$

また，中性点に関して

$$\dot{V}_{N'} = \dot{Z}_N\dot{I}_N \tag{7.48}$$

が成り立つ。キルヒホッフの第一法則を点N′に適用すると

$$\dot{I}_a + \dot{I}_b + \dot{I}_c - \dot{I}_N = 0 \tag{7.49}$$

となる。式(7.49)に式(7.47)の諸式を代入して

$$\frac{1}{\dot{Z}_A}(\dot{E}_a - \dot{V}_{N'}) + \frac{1}{\dot{Z}_B}(\dot{E}_b - \dot{V}_{N'}) + \frac{1}{\dot{Z}_C}(\dot{E}_c - \dot{V}_{N'}) - \frac{\dot{V}_{N'}}{\dot{Z}_N} = 0 \tag{7.50}$$

となる。ここで，アドミタンスを用いて

$$\dot{Y}_A = \frac{1}{\dot{Z}_A}, \qquad \dot{Y}_B = \frac{1}{\dot{Z}_B}, \qquad \dot{Y}_C = \frac{1}{\dot{Z}_C}, \qquad \dot{Y}_N = \frac{1}{\dot{Z}_N} \tag{7.51}$$

とおくと，式(7.50)は

$$\dot{Y}_A(\dot{E}_a - \dot{V}_{N'}) + \dot{Y}_B(\dot{E}_b - \dot{V}_{N'}) + \dot{Y}_C(\dot{E}_c - \dot{V}_{N'}) - \dot{Y}_N\dot{V}_{N'} = 0 \tag{7.52}$$

となる。式(7.52)より $\dot{V}_N$ を求めると

$$\dot{V}_{N'} = \frac{\dot{Y}_A\dot{E}_a + \dot{Y}_B\dot{E}_b + \dot{Y}_C\dot{E}_c}{\dot{Y}_A + \dot{Y}_B + \dot{Y}_C + \dot{Y}_N} \tag{7.53}$$

また，式(7.47)に式(7.51)，式(7.53)などを代入して，$\dot{I}_a$，$\dot{I}_b$，$\dot{I}_c$ を求めると

$$\dot{I}_a = \dot{Y}_A \frac{\dot{Y}_B(\dot{E}_a - \dot{E}_b) + \dot{Y}_C(\dot{E}_a - \dot{E}_c) + \dot{Y}_N\dot{E}_a}{\dot{Y}_A + \dot{Y}_B + \dot{Y}_C + \dot{Y}_N} \qquad (7.54\ a)$$

$$\dot{I}_b = \dot{Y}_B \frac{\dot{Y}_A(\dot{E}_b - \dot{E}_a) + \dot{Y}_C(\dot{E}_b - \dot{E}_c) + \dot{Y}_N\dot{E}_b}{\dot{Y}_A + \dot{Y}_B + \dot{Y}_C + \dot{Y}_N} \qquad (7.54\ b)$$

$$\dot{I}_c = \dot{Y}_C \frac{\dot{Y}_A(\dot{E}_c - \dot{E}_a) + \dot{Y}_B(\dot{E}_c - \dot{E}_b) + \dot{Y}_N\dot{E}_c}{\dot{Y}_A + \dot{Y}_B + \dot{Y}_C + \dot{Y}_N} \qquad (7.54\ c)$$

となる。これらの結果を式(7.49)に代入し，あるいは式(7.48)および式(7.53)より式(7.55)を得る。

$$\dot{I}_N = \dot{Y}_N\dot{V}_N' = \dot{Y}_N \frac{\dot{Y}_A\dot{E}_a + \dot{Y}_B\dot{E}_b + \dot{Y}_C\dot{E}_c}{\dot{Y}_A + \dot{Y}_B + \dot{Y}_C + \dot{Y}_N} \qquad (7.55)$$

以上が**図 7.11** の不平衡回路の電流であるが，中性線がない場合，すなわち三相 3 線式の場合は，$\dot{Z}_N = \infty$（$\dot{Y}_N = 0$）であるので，式(7.54)はつぎのようになる。

$$\dot{I}_a = \dot{Y}_A \frac{\dot{Y}_B(\dot{E}_a - \dot{E}_b) + \dot{Y}_C(\dot{E}_a - \dot{E}_c)}{\dot{Y}_A + \dot{Y}_B + \dot{Y}_C} \qquad (7.56\ a)$$

$$\dot{I}_b = \dot{Y}_B \frac{\dot{Y}_A(\dot{E}_b - \dot{E}_a) + \dot{Y}_C(\dot{E}_b - \dot{E}_c)}{\dot{Y}_A + \dot{Y}_B + \dot{Y}_C} \qquad (7.56\ b)$$

$$\dot{I}_c = \dot{Y}_C \frac{\dot{Y}_A(\dot{E}_c - \dot{E}_a) + \dot{Y}_B(\dot{E}_c - \dot{E}_b)}{\dot{Y}_A + \dot{Y}_B + \dot{Y}_C} \qquad (7.56\ c)$$

また，三相 4 線式の特別の場合で，$\dot{Z}_N = 0$（$\dot{Y}_N = \infty$）の場合は

$$\dot{I}_a = \dot{Y}_A\dot{E}_a, \qquad \dot{I}_b = \dot{Y}_B\dot{E}_b, \qquad \dot{I}_c = \dot{Y}_C\dot{E}_c \qquad (7.57)$$

となる。

7.6.2 不平衡 Δ 形電源と Y 形電源との等価変換

7.4.2 項でも述べたように，Δ 形電源や負荷を Y 形に変換できれば，Δ-Δ や Δ-Y，Y-Δ 三相回路は Y-Y 回路の問題に帰着できる。これは回路が不平衡であっても同じである。ここで変換の関係を導く。

図 7.12(*a*)の Δ 形電源部において，起電力は $\dot{E}_{ab}$，$\dot{E}_{bc}$，$\dot{E}_{ca}$，相電流は $\dot{I}_{ab}$，$\dot{I}_{bc}$，$\dot{I}_{ca}$，内部インピーダンスは $\dot{Z}_{ab}$，$\dot{Z}_{bc}$，$\dot{Z}_{ca}$ であるとする。また，線電流は $\dot{I}_a$，$\dot{I}_b$，$\dot{I}_c$ とする。

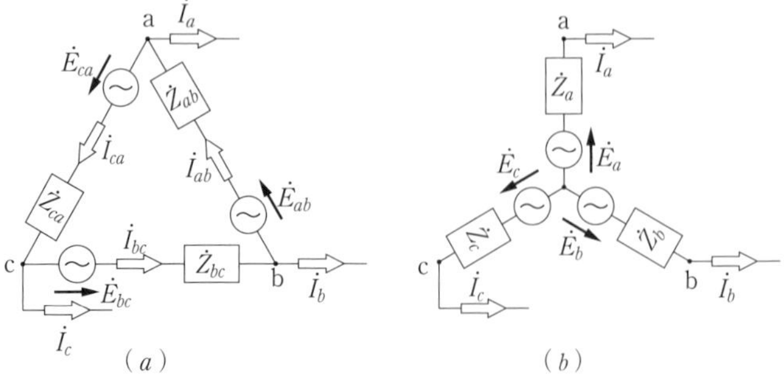

図 7.12　不平衡 Δ 形電源の Y 形電源への変換

このとき線間電圧は

$$\dot{V}_{ab} = \dot{E}_{ab} - \dot{Z}_{ab}\dot{I}_{ab}, \quad \dot{V}_{bc} = \dot{E}_{bc} - \dot{Z}_{bc}\dot{I}_{bc}, \quad \dot{V}_{ca} = \dot{E}_{ca} - \dot{Z}_{ca}\dot{I}_{ca} \tag{7.58}$$

となる。

また，キルヒホッフの第一法則を点 a，b，c に適用して

$$\dot{I}_{ab} = \dot{I}_a + \dot{I}_{ca}, \qquad \dot{I}_{bc} = \dot{I}_b + \dot{I}_{ab}, \qquad \dot{I}_{ca} = \dot{I}_c + \dot{I}_{bc} \tag{7.59}$$

を得る。

つぎに，キルヒホッフ第二法則を点 a，b，c を含む Δ 形閉路に適用すると

$$0 = \dot{E}_{ab} + \dot{E}_{bc} + \dot{E}_{ca} - \dot{Z}_{ab}\dot{I}_{ab} - \dot{Z}_{bc}\dot{I}_{bc} - \dot{Z}_{ca}\dot{I}_{ca} \tag{7.60}$$

となる。いま

$$\dot{E}_{ab} + \dot{E}_{bc} + \dot{E}_{ca} = \dot{E}, \qquad \dot{Z}_{ab} + \dot{Z}_{bc} + \dot{Z}_{ca} = \dot{Z} \tag{7.61}$$

とおき，式(7.60)に式(7.59)の第 1 式および第 2 式を代入すると次式を得る。

$$\begin{aligned}\dot{E} &= \dot{Z}_{ab}\dot{I}_{ab} + \dot{Z}_{bc}(\dot{I}_b + \dot{I}_{ab}) + \dot{Z}_{ca}(\dot{I}_{ab} - \dot{I}_a)\\ &= \dot{Z}\dot{I}_{ab} + \dot{Z}_{bc}\dot{I}_b - \dot{Z}_{ca}\dot{I}_a\end{aligned} \tag{7.62}$$

これより $\dot{I}_{ab}$ を求めると

$$\dot{I}_{ab} = \frac{1}{\dot{Z}}(\dot{E} - \dot{Z}_{bc}\dot{I}_b + \dot{Z}_{ca}\dot{I}_a) \tag{7.63}$$

となる。

線間電圧 $\dot{V}_{ab}$ は式(7.58)の第1式より

$$\begin{aligned}\dot{V}_{ab} &= \dot{E}_{ab} - \frac{\dot{Z}_{ab}}{\dot{Z}}(\dot{E} - \dot{Z}_{bc}\dot{I}_b + \dot{Z}_{ca}\dot{I}_a) \\ &= \frac{\dot{Z}\dot{E}_{ab} - \dot{Z}_{ab}\dot{E}}{\dot{Z}} - \frac{\dot{Z}_{ab}}{\dot{Z}}(\dot{Z}_{ca}\dot{I}_a - \dot{Z}_{bc}\dot{I}_b) \\ &= \frac{\dot{Z}_{ca}\dot{E}_{ab} - \dot{Z}_{ab}\dot{E}_{ca}}{\dot{Z}} - \frac{\dot{Z}_{ab}\dot{E}_{bc} - \dot{Z}_{bc}\dot{E}_{ab}}{\dot{Z}} - \frac{\dot{Z}_{ab}}{\dot{Z}}(\dot{Z}_{ca}\dot{I}_a - \dot{Z}_{bc}\dot{I}_b)\end{aligned} \tag{7.64 a}$$

となる。同様にして，$\dot{I}_{bc}$，$\dot{I}_{ca}$ を求め，$\dot{V}_{bc}$，$\dot{V}_{ca}$ を計算すると

$$\dot{V}_{bc} = \frac{\dot{Z}_{ab}\dot{E}_{bc} - \dot{Z}_{bc}\dot{E}_{ab}}{\dot{Z}} - \frac{\dot{Z}_{bc}\dot{E}_{ca} - \dot{Z}_{ca}\dot{E}_{bc}}{\dot{Z}} - \frac{\dot{Z}_{bc}}{\dot{Z}}(Z_{ab}\dot{I}_b - \dot{Z}_{ca}\dot{I}_c) \tag{7.64 b}$$

$$\dot{V}_{ca} = \frac{\dot{Z}_{bc}\dot{E}_{ca} - \dot{Z}_{ca}\dot{E}_{bc}}{\dot{Z}} - \frac{\dot{Z}_{ca}\dot{E}_{ab} - \dot{Z}_{ab}\dot{E}_{ca}}{\dot{Z}} - \frac{\dot{Z}_{ca}}{\dot{Z}}(\dot{Z}_{bc}\dot{I}_c - \dot{Z}_{ab}\dot{I}_a) \tag{7.64 c}$$

となる。一方，**図 7.12**(*b*)のY形回路において線間電圧は

$$\begin{aligned}\dot{V}_{ab} &= \{(\dot{E}_a - \dot{Z}_a\dot{I}_a) - (\dot{E}_b - \dot{Z}_b\dot{I}_b)\} \\ &= \dot{E}_a - \dot{E}_b - (\dot{Z}_a\dot{I}_a - \dot{Z}_b\dot{I}_b)\end{aligned} \tag{7.65 a}$$

$$\dot{V}_{bc} = \dot{E}_b - \dot{E}_c - (\dot{Z}_b\dot{I}_b - \dot{Z}_c\dot{I}_c) \tag{7.65 b}$$

$$\dot{V}_{ca} = \dot{E}_c - \dot{E}_a - (\dot{Z}_c\dot{I}_c - Z_a\dot{I}_a) \tag{7.65 c}$$

であるので，式(7.64)と式(7.65)の各式を比較して

$$\dot{E}_a = \frac{\dot{Z}_{ca}\dot{E}_{ab} - \dot{Z}_{ab}\dot{E}_{ca}}{\dot{Z}}, \qquad \dot{E}_b = \frac{\dot{Z}_{ab}\dot{E}_{bc} - \dot{Z}_{bc}\dot{E}_{ab}}{\dot{Z}},$$

$$\dot{E}_c = \frac{\dot{Z}_{bc}\dot{E}_{ca} - \dot{Z}_{ca}\dot{E}_{bc}}{\dot{Z}} \tag{7.66}$$

$$\dot{Z}_a = \frac{\dot{Z}_{ab}\dot{Z}_{ca}}{\dot{Z}}, \qquad \dot{Z}_b = \frac{\dot{Z}_{bc}\dot{Z}_{ab}}{\dot{Z}}, \qquad \dot{Z}_c = \frac{\dot{Z}_{ca}\dot{Z}_{bc}}{\dot{Z}} \tag{7.67}$$

が得られる。

式(7.67)の関係は，Δ形負荷からY形負荷への変換式でもある。

例題 7.4　図 7.13 (a) に示す 100 V の対称電源，不平衡負荷の回路において，負荷の中性点の電位および各線の電流を求めよ。

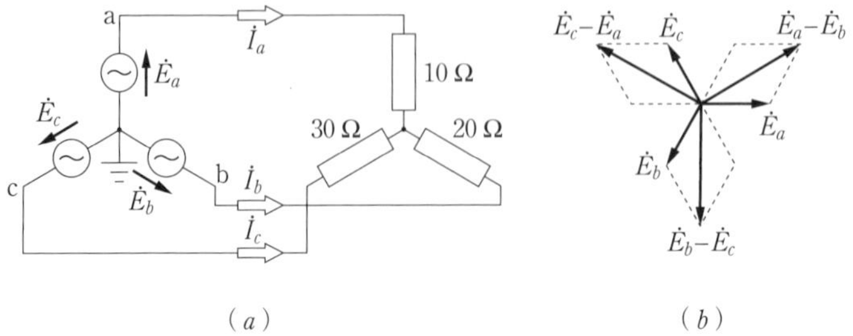

図 7.13　**例題 7.4** の回路と電圧のフェーザ図

【解答】　式(7.53)に

$$\dot{Y}_A = \frac{1}{10},\qquad \dot{Y}_B = \frac{1}{20},\qquad \dot{Y}_C = \frac{1}{30},\qquad \dot{Y}_N = 0$$

$$\dot{E}_a = 100$$

$$\dot{E}_b = 100e^{-j120°} = -50(1 + j\sqrt{3})$$

$$\dot{E}_c = 100e^{-j240°} = 50(-1 + j\sqrt{3})$$

を代入すると，負荷の中性点の電位 $\dot{V}_N$ は

$$\dot{V}_N = \frac{50}{11}(7 - j\sqrt{3}) = 31.8 - j7.87 \quad \text{〔V〕}$$

となる。

線電流 $\dot{I}_a$，$\dot{I}_b$，$\dot{I}_c$ は式(7.56)に

$$\dot{E}_a - \dot{E}_b = 50\sqrt{3}(\sqrt{3} + j)$$

$$\dot{E}_b - \dot{E}_c = -j\,100\sqrt{3}$$

$$\dot{E}_c - \dot{E}_a = -50\sqrt{3}(\sqrt{3} - j)$$

を代入して，つぎのようになる。

$$\dot{I}_a = \frac{5\sqrt{3}}{11}(5\sqrt{3} + j) = 6.82 + j0.79 \quad \text{〔A〕}$$

$$\dot{I}_b = \frac{5\sqrt{3}}{11}(-3\sqrt{30} - j5) = -4.09 - j3.94 \quad \text{〔A〕}$$

$$\dot{I}_c = \frac{10\sqrt{3}}{11}(-\sqrt{3} + j2) = -2.73 + j3.15 \quad \text{〔A〕}$$

◇

7.7 三相交流回路の電力

7.7.1 平衡回路の電力

図 7.14(*a*)のように平衡 Y 形負荷に線間電圧が V の対称三相交流電圧を加えたとき，相電圧の瞬時値は

$$v_a = \sqrt{2}\,E\sin\omega t \tag{7.68 a}$$

$$v_b = \sqrt{2}\,E\sin\left(\omega t - \frac{2}{3}\pi\right) \tag{7.68 b}$$

$$v_c = \sqrt{2}\,E\sin\left(\omega t - \frac{4}{3}\pi\right) \tag{7.68 c}$$

であったとする。ここで，$E = V/\sqrt{3}$ である。

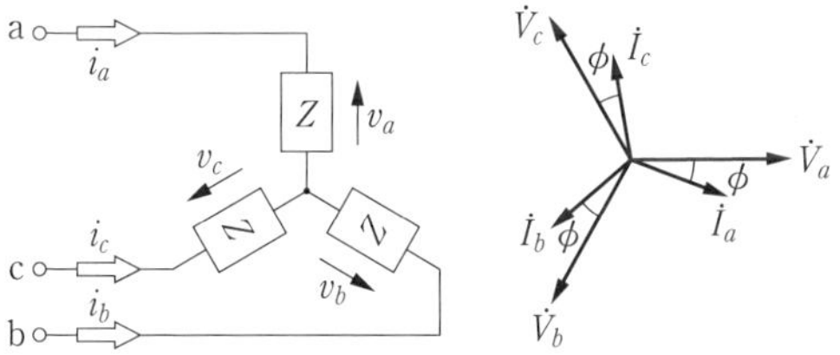

(*a*)　(*b*)

図 7.14　平衡 Y 形負荷回路

また，各負荷にはそれぞれつぎの電流が流れたとする。

$$i_a = \sqrt{2}\,I\sin(\omega t - \phi) \tag{7.69 a}$$

$$i_b = \sqrt{2}\,I\sin\left(\omega t - \phi - \frac{2}{3}\pi\right) \tag{7.69 b}$$

$$i_c = \sqrt{2}\,I\sin\left(\omega t - \phi - \frac{4}{3}\pi\right) \tag{7.69 c}$$

ここで，ϕ は相電圧と線電流の位相差である。

各相での瞬時電力の和を求めると

$$p(t) = v_a i_a + v_b i_b + v_c i_c = 3EI\cos\phi = \sqrt{3}\,VI\cos\phi \tag{7.70}$$

となる（章末問題【5】参照）。単相回路の瞬時電力は式(2.160)に示したよ

うに時間とともに変化するが，平衡三相回路の場合は式(7.70)のように一定値となる。

式(7.70)の結果をフェーザより求める。まず，各負荷に流れる電流すなわち線電流を $\dot{I}_a$，$\dot{I}_b$，$\dot{I}_c$，相電圧を $\dot{V}_a$，$\dot{V}_b$，$\dot{V}_c$，線電流と相電圧の位相差を ϕ として，それらのフェーザは図(b)のようになる。したがって，これらの三つの負荷における電力 P は

$$P = V_a I_a \cos\phi + V_b I_b \cos\phi + V_c I_c \cos\phi \tag{7.71}$$

となる。いま

$$V_a = V_b = V_c = \frac{1}{\sqrt{3}} V \tag{7.72}$$

$$I_a = I_b = I_c = I \tag{7.73}$$

とおくと，式(7.71)は

$$P = \sqrt{3}\, VI \cos\phi \tag{7.74}$$

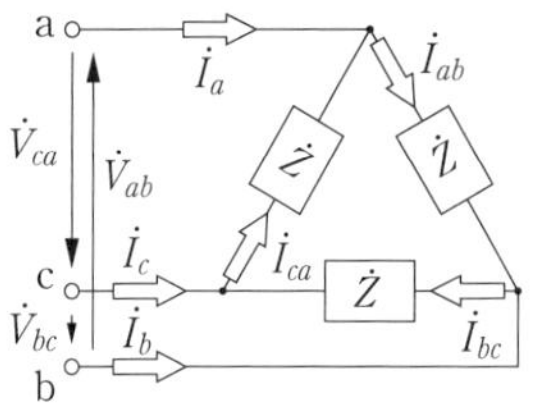

図 7.15　平衡 Δ 形負荷回路

となり，式(7.70)と同じになる。

つぎに，**図 7.15** に示すような平衡 Δ 形負荷の場合を考える。線間電圧を $\dot{V}_{ab}$，$\dot{V}_{bc}$，$\dot{V}_{ca}$，各負荷に流れる相電流を $\dot{I}_{ab}$，$\dot{I}_{bc}$，$\dot{I}_{ca}$，線間電圧と相電流の位相差を ϕ とすると，三つの負荷の電力 P は

$$P = V_{ab} I_{ab} \cos\phi + V_{bc} I_{bc} \cos\phi + V_{ca} I_{ca} \cos\phi \tag{7.75}$$

となる。

$$V_{ab} = V_{bc} = V_{ca} = V \tag{7.76}$$

$$I_{ab} = I_{bc} = I_{ca} = \frac{1}{\sqrt{3}} I \tag{7.77}$$

とおくと，式(7.76)は式(7.78)となる。

$$P = \sqrt{3}\, VI \cos\phi \tag{7.78}$$

式(7.74)と式(7.78)を見ると同じ形になっている。しかしながら，ここで注意しなければならないのは，ϕ は V と I の位相角ではないということで

ある。導出過程からわかるように，式(7.74)のY形負荷の場合は，ϕ は相電圧と線電流の位相角であり，式(7.78)の Δ 形負荷の場合は線間電圧と相電流の位相角である。すなわち，いずれも場合も負荷の両端の電圧とそこに流れる電流の位相角が ϕ である。

7.7.2　不平衡回路の電力

つぎに，**図 7.16**(*a*)に示すような不平衡Y形負荷の電力を考える。各相の電圧を $\dot{V}_a$，$\dot{V}_b$，$\dot{V}_c$，線電流を $\dot{I}_a$，$\dot{I}_b$，$\dot{I}_c$，各相の電圧と電流の位相角を図(*b*)に示すように ϕ_A，ϕ_B，ϕ_C とすると，回路全体の電力 P は

$$P = V_a I_a \cos\phi_A + V_b I_b \cos\phi_B + V_c I_c \cos\phi_C \tag{7.79}$$

となる。式(7.79)を複素数で表すと

$$P = \mathrm{Re}\{\overline{\dot{V}}_a \dot{I}_a + \overline{\dot{V}}_b \dot{I}_b + \overline{\dot{V}}_c \dot{I}_c\} \tag{7.80}$$

となる。

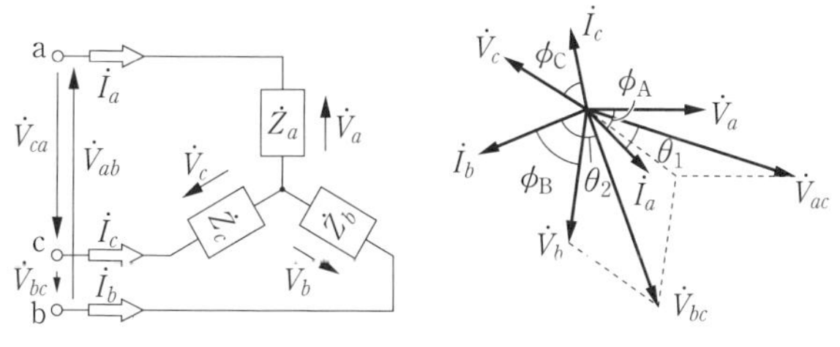

（*a*）　不平衡Y形負荷　　　（*b*）　フェーザ図

図 7.16　不平衡Y形負荷とフェーザ図

ここで，文字の上の（-）は共役複素数を，Re は実部を表す。また

$$\dot{I}_a + \dot{I}_b + \dot{I}_c = 0 \tag{7.81}$$

なので，$\dot{I}_c = -(\dot{I}_a + \dot{I}_b)$ を式(7.80)に代入して整理すると

$$\begin{aligned} P &= \mathrm{Re}\{(\overline{\dot{V}}_a - \overline{\dot{V}}_c)\dot{I}_a + (\overline{\dot{V}}_b - \overline{\dot{V}}_c)\dot{I}_b\} \\ &= \mathrm{Re}\{\overline{\dot{V}}_{ac}\dot{I}_a + \overline{\dot{V}}_{bc}\dot{I}_b\} \\ &= V_{ac} I_a \cos\theta_1 + V_{bc} I_b \cos\theta_2 \end{aligned} \tag{7.82}$$

となる。ここで，θ_1 は $\dot{V}_{ac}$ と $\dot{I}_a$ のなす角，θ_2 は $\dot{V}_{bc}$ と $\dot{I}_b$ のなす角である。

つぎに，**図 7.17** に示す Δ 形不平衡負荷の場合も同様に

$$P = \mathrm{Re}\{\overline{\dot{V}}_{ab}\dot{I}_{ab} + \overline{\dot{V}}_{bc}\dot{I}_{bc} + \overline{\dot{V}}_{ca}\dot{I}_{ca}\} \tag{7.83}$$

であるので，$\dot{V}_{ab} = -(\dot{V}_{bc} + \dot{V}_{ca})$ を考慮して

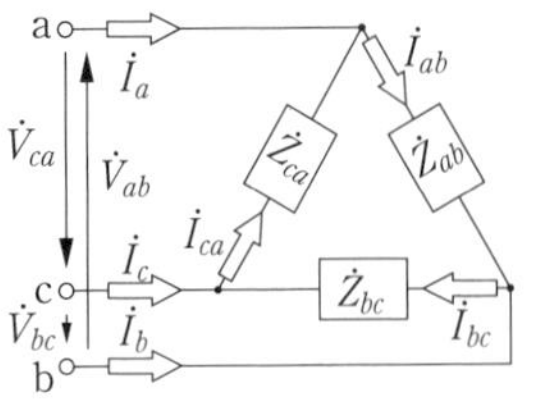

図 7.17　不平衡 Δ 形負荷

$$\begin{aligned} P &= \mathrm{Re}\{\overline{\dot{V}}_{bc}(\dot{I}_{bc} - \dot{I}_{ab}) \\ &\quad + \overline{\dot{V}}_{ca}(\dot{I}_{ca} - \dot{I}_{ab})\} \\ &= \mathrm{Re}\{\overline{\dot{V}}_{bc}\dot{I}_b + \overline{\dot{V}}_{ca}(-\dot{I}_a)\} \\ &= \mathrm{Re}\{\overline{\dot{V}}_{bc}\dot{I}_b + \overline{\dot{V}}_{ac}\dot{I}_a\} \\ &= V_{ac}I_a\cos\theta_1 + V_{bc}I_b\cos\theta_2 \end{aligned} \tag{7.84}$$

となる。θ_1 は $\dot{V}_{ac}$ と $\dot{I}_a$ のなす角，θ_2 は $\dot{V}_{bc}$ と $\dot{I}_b$ のなす角である。

7.7.3　三相電力の測定

式(7.82)および式(7.84)は，負荷が Y 形か Δ 形かにかかわらず，電力は同じ式で表されることを示している。したがって，いま**図 7.18** のように，

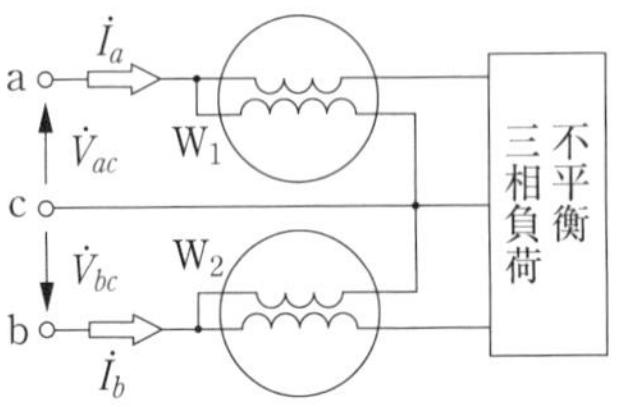

図 7.18　二電力計法

二つの電力計 W_1，W_2 を用いると，それぞれが指示する電力 P_1，P_2 は

$$P_1 = V_{ac}I_a\cos\theta_1 \tag{7.85 a}$$

$$P_2 = V_{bc}I_b\cos\theta_2 \tag{7.85 b}$$

となるので，回路全体の電力 P は

$$P = P_1 + P_2 \tag{7.86}$$

で得られる。

この測定法は**二電力計法**（two wattmeter method）と呼ばれている。一般に，n 相の交流回路の電力は $n-1$ 個の単相電力計で測定することができる。これを**ブロンデル**（Blondel）**の定理**という。

平衡回路における二電力計法の場合，各電力計の指示はつぎのようになる。**図 7.16**(*a*)において，電源は対称，負荷は平衡とすると，図(*b*)のフェーザ図は**図 7.19** のようになる。この図を参考にして

$$P = V_{ac}I_a\cos(30° - \phi) + V_{bc}I_b\cos(30° + \phi)$$

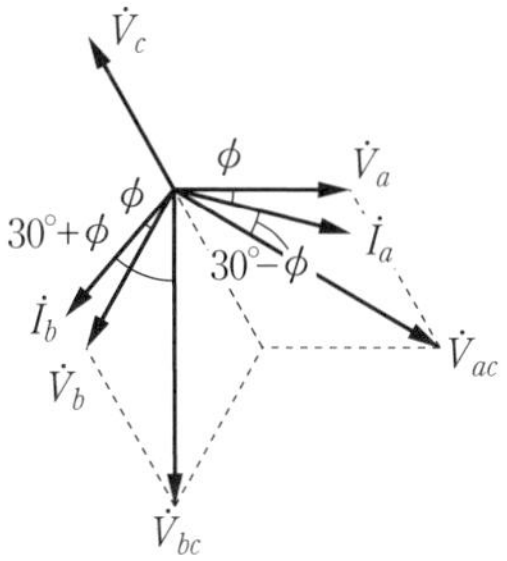

図 7.19　平衡負荷のフェーザ図

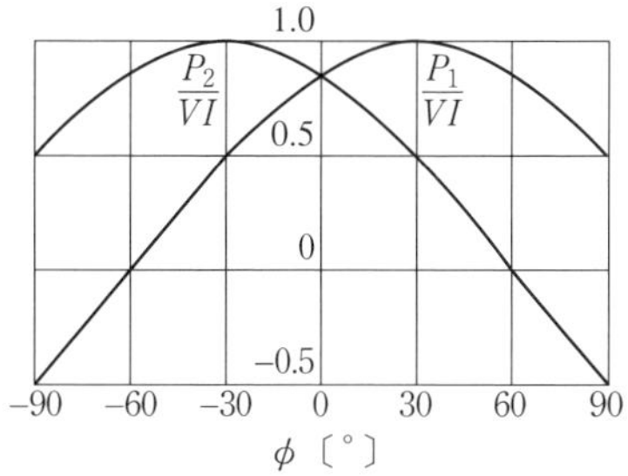

図 7.20　負荷の力率角 ϕ に対する P_2/VI，P_1/VI

$$= VI\cos(30^\circ - \phi) + VI\cos(30^\circ + \phi)$$

$$= VI\{2\cos 30^\circ \cos\phi\} = \sqrt{3}\,VI\cos\phi \qquad (7.87)$$

となる。ここで，ϕ に対する電力計 W_1，W_2の読みの変化，すなわち

$$\frac{P_1}{VI} = \cos(30^\circ - \phi), \qquad \frac{P_2}{VI} = \cos(30^\circ + \phi) \qquad (7.88)$$

を描くと**図 7.20** のようになる。

例題 7.5　平衡Δ形負荷回路において，線間電圧は 200 V，各負荷に流れる電流の大きさは 10 A，負荷の力率は 0.7 である。負荷全体の電力を求めよ。

【解答】　$P = 3 \times 200 \times 10 \times 0.7 = 4\,200$ W　◇

例題 7.6　平衡 Y 形負荷回路を線間電圧 100 V の電源に接続したら，線電流は 5 A，電力は 0.6 kW であったという。負荷の力率を求めよ。

【解答】　$\cos\phi = \dfrac{600}{\sqrt{3} \times 100 \times 5} = 0.693$　◇

7.8 対 称 座 標 法

前節までは，キルヒホッフの法則やΔ-Y 変換などを用いて不平衡三相回路の解析を行った。ここでは，**対称座標法**（method of symmetrical coordinates）と呼ばれる計算法について学ぶ。この方法は不平衡回路の電圧や電流を対称分に分解して計算するもので，同期発電機などを含む回路の解析に有益なものである。

7.8.1　正相，逆相，零相

図 *7.21* (*a*) に示すように，相順がa→b→cとなっている三相交流を**正相**（positive-phase）と呼ぶ。また，図(*b*)に示す相順がa→c→bの三相交流を**逆相**（negative-phase）と呼ぶ。図(*c*)のように，三つの電圧がすべて同相のものを**零相**（zero-phase）と呼ぶ。

非対称三相電圧は，**零相分**，**正相分**，**逆相分**と呼ばれる**対称分**（symmetrical component）の合成で得られる。いま，**図 *7.22*** のように任意の非対称交

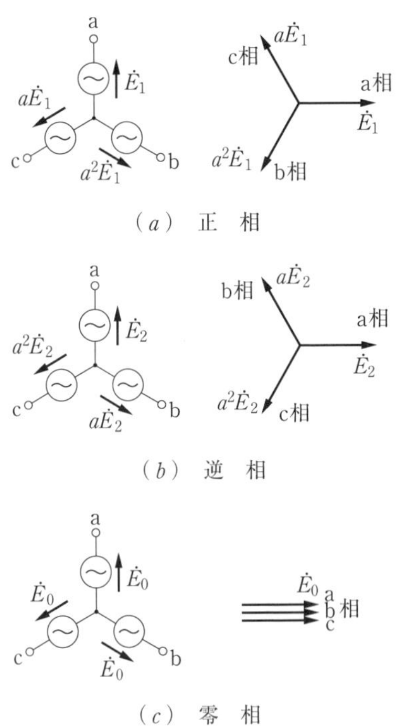

図 *7.21*　正相，逆相，零相

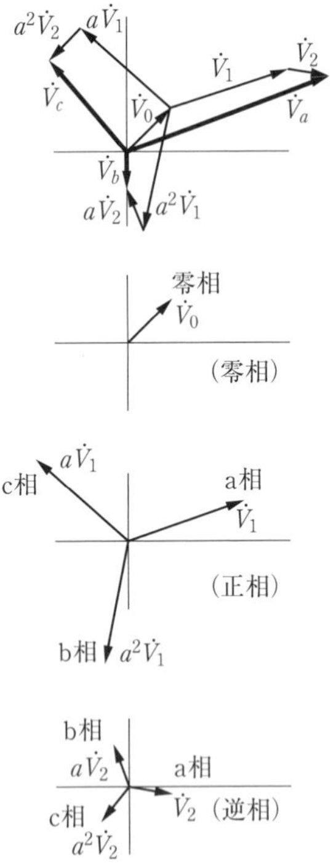

図 *7.22*　非対称電圧と対称分

流電圧を $\dot{V}_a$，$\dot{V}_b$，$\dot{V}_c$ とするとき，つぎの電圧を考える。

$$\dot{V}_0 = \frac{1}{3}(\dot{V}_a + \dot{V}_b + \dot{V}_c) \qquad \text{零相分電圧} \qquad (7.89\ a)$$

$$\dot{V}_1 = \frac{1}{3}(\dot{V}_a + a\dot{V}_b + a^2\dot{V}_c) \qquad \text{正相分電圧} \qquad (7.89\ b)$$

$$\dot{V}_2 = \frac{1}{3}(\dot{V}_a + a^2\dot{V}_b + a\dot{V}_c) \qquad \text{逆相分電圧} \qquad (7.89\ c)$$

行列を用いて表すと

$$\begin{bmatrix} \dot{V}_0 \\ \dot{V}_1 \\ \dot{V}_2 \end{bmatrix} = \frac{1}{3}\begin{bmatrix} 1 & 1 & 1 \\ 1 & a & a^3 \\ 1 & a^2 & a \end{bmatrix}\begin{bmatrix} \dot{V}_a \\ \dot{V}_b \\ \dot{V}_c \end{bmatrix} \qquad (7.90)$$

となる。同様に，任意の非対称電流 $\dot{I}_a$，$\dot{I}_b$，$\dot{I}_c$ に対して

$$\begin{bmatrix} \dot{I}_0 \\ \dot{I}_1 \\ \dot{I}_2 \end{bmatrix} = \frac{1}{3}\begin{bmatrix} 1 & 1 & 1 \\ 1 & a & a^2 \\ 1 & a^2 & a \end{bmatrix}\begin{bmatrix} \dot{I}_a \\ \dot{I}_b \\ \dot{I}_c \end{bmatrix} \qquad (7.91)$$

のように対称分を定義する。式(7.90)の関係を $\dot{V}_a$，$\dot{V}_b$，$\dot{V}_c$ で表すと

$$\begin{bmatrix} \dot{V}_a \\ \dot{V}_b \\ \dot{V}_c \end{bmatrix} = 3\begin{bmatrix} 1 & 1 & 1 \\ 1 & a & a^2 \\ 1 & a^2 & a \end{bmatrix}^{-1}\begin{bmatrix} \dot{V}_0 \\ \dot{V}_1 \\ \dot{V}_2 \end{bmatrix} = \begin{bmatrix} 1 & 1 & 1 \\ 1 & a^2 & a \\ 1 & a & a^2 \end{bmatrix}\begin{bmatrix} \dot{V}_0 \\ \dot{V}_1 \\ \dot{V}_2 \end{bmatrix} \qquad (7.92)$$

となる。**図 7.22** には，$\dot{V}_a$，$\dot{V}_b$，$\dot{V}_c$ と零相，正相，逆相の電圧 $\dot{V}_0$，$\dot{V}_1$，$\dot{V}_2$ の関係も示した。電流も同様である。

例題 7.7 式(7.92)を導け。

【解答】

$$\begin{bmatrix} 1 & 1 & 1 \\ 1 & a & a^2 \\ 1 & a^2 & a \end{bmatrix}^{-1} = \frac{1}{\varDelta}\begin{bmatrix} a^2 - a^4 & -(a - a^2) & a^2 - a \\ -(a - a^2) & a - 1 & 1 - a^2 \\ a^2 - a & -(a^2 - 1) & a - 1 \end{bmatrix}$$

$$= \frac{1}{\varDelta}\begin{bmatrix} a^2 - a & a^2 - a & a^2 - a \\ a^2 - a & a - 1 & 1 - a^2 \\ a^2 - a & 1 - a^2 & a - 1 \end{bmatrix}$$

$$\Delta = a^2 + a^2 + a^2 - a - a^4 - a = 3(a^2 - a)$$

$$\frac{a-1}{a^2-a} = a^{-1}\cdot 1 = a^{-1}\cdot a^3 = a^2$$

$$\frac{1-a^2}{a^2-a} = -\frac{a+1}{a} = -\frac{-a^2}{a} = a$$

などを用いてつぎの関係を得る。

$$\begin{bmatrix} 1 & 1 & 1 \\ 1 & a & a^2 \\ 1 & a^2 & a \end{bmatrix}^{-1} = \frac{1}{3}\begin{bmatrix} 1 & 1 & 1 \\ 1 & a^2 & a \\ 1 & a & a^2 \end{bmatrix}$$

◇

以上の対称分を用いると，非対称三相回路の計算を単相回路の計算に帰着させることができる。このことを**図 7.23** に示す非対称電源と平衡負荷を持つ回路の解析を通して説明する。

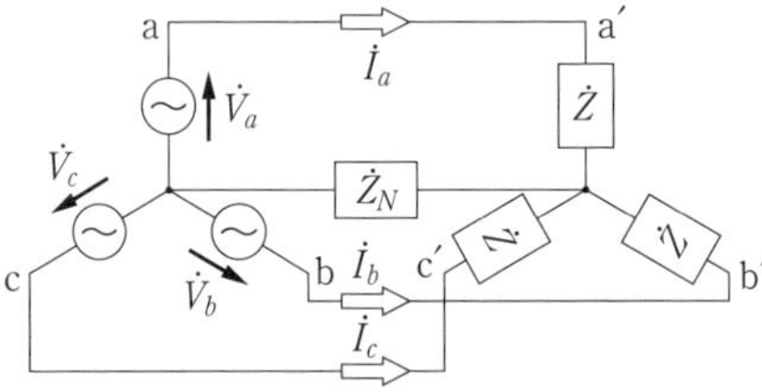

図 7.23 非対称電源，平衡負荷の Y-Y 結線

この回路の電流は，すでに式(7.54)で示されている。あとで対称座標法の結果と比較するため先にその結果を示す。回路の電流は式(7.54)において，$(\dot{Y}_A = \dot{Y}_B = \dot{Y}_C = \dot{Y} = 1/\dot{Z})$ とし，$\dot{E}_a \rightarrow \dot{V}_a$ のように置き換えて

$$\dot{I}_a = \dot{Y}\frac{\dot{Y}(2\dot{V}_a - \dot{V}_b - \dot{V}_c) + \dot{Y}_N\dot{V}_a}{3\dot{Y} + \dot{Y}_N} \tag{7.93 a}$$

$$\dot{I}_b = \dot{Y}\frac{\dot{Y}(2\dot{V}_b - \dot{V}_a - \dot{V}_c) + \dot{Y}_N\dot{V}_b}{3\dot{Y} + \dot{Y}_N} \tag{7.93 b}$$

$$\dot{I}_c = \dot{Y}\frac{\dot{Y}(2\dot{V}_c - \dot{V}_a - \dot{V}_b) + \dot{Y}_N\dot{V}_c}{3\dot{Y} + \dot{Y}_N} \tag{7.93 c}$$

となる。ここで，上の結果を，電圧，電流を対称分に分けて，重ね合わせの理より導いてみよう。**図 7.24** に**図 7.23** の電源部を対称分で表した回路を示す。まず，零相分の解析回路を**図 7.25**(a)に示す。図において

$$\dot{V}_0 = \dot{Z}\dot{I}_0 + 3\dot{Z}_N\dot{I}_0 \tag{7.94}$$

が成り立つので，零相電流 $\dot{I}_0$ は

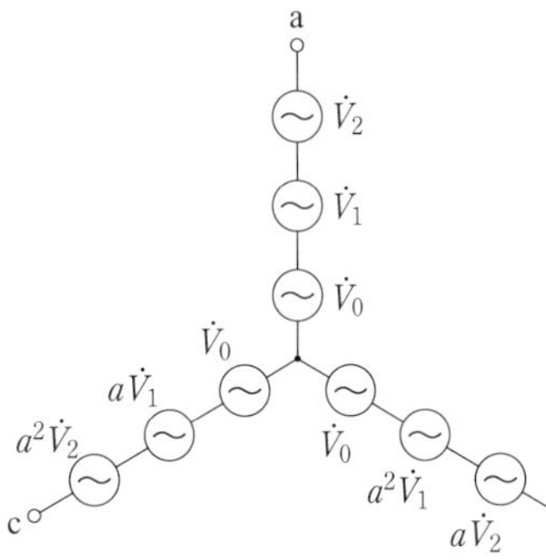

図 7.24 電源部の対称分表示

$$\dot{I}_0 = \frac{\dot{V}_0}{\dot{Z} + 3\dot{Z}_N} \qquad (7.95)$$

となる。つぎに，図(b)に示す正相分回路においては，電源が対称なので電流も対称になる。すなわち，$\dot{Z}_N$ には電流は流れないので

$$\dot{I}_1 = \frac{\dot{V}_1}{\dot{Z}} \qquad (7.96)$$

となる。逆相分電流 $\dot{I}_2$ は図(c)の逆

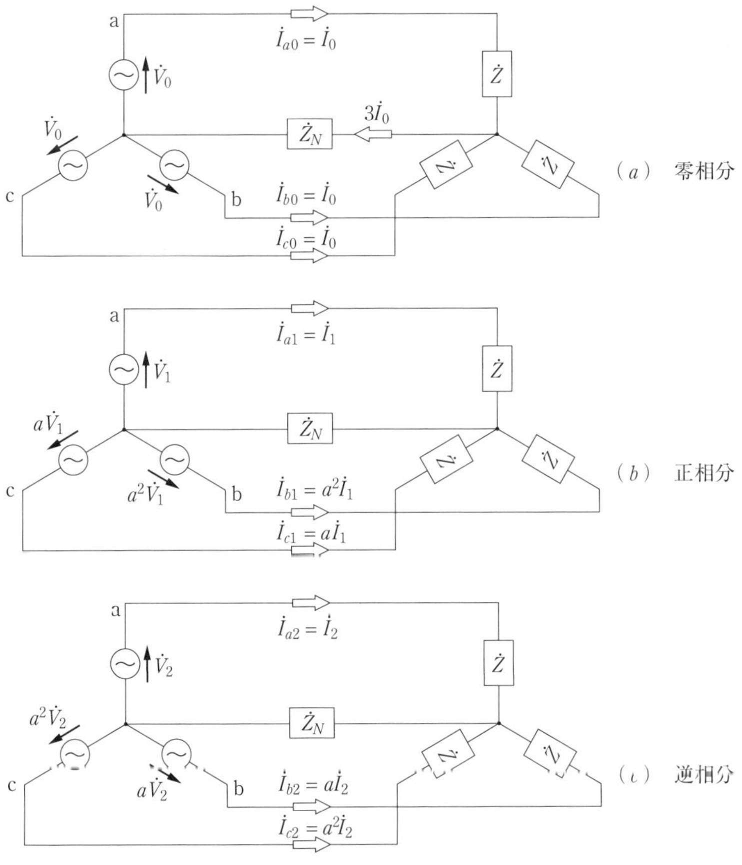

図 7.25 各対称分回路と重ね合わせの理の適用

相分回路より

$$\dot{I}_2 = \frac{\dot{V}_2}{\dot{Z}} \tag{7.97}$$

となる。こうして，各線に流れる電流は

$$\dot{I}_a = \dot{I}_{a0} + \dot{I}_{a1} + \dot{I}_{a2} = \dot{I}_0 + \dot{I}_1 + \dot{I}_2$$

$$\dot{I}_b = \dot{I}_{b0} + \dot{I}_{b1} + \dot{I}_{b2} = \dot{I}_0 + a^2\dot{I}_1 + a\dot{I}_2$$

$$\dot{I}_c = \dot{I}_{c0} + \dot{I}_{c1} + \dot{I}_{c2} = \dot{I}_0 + a\dot{I}_1 + a^2\dot{I}_2$$

となり，行列を用いて表すと

$$\begin{bmatrix} \dot{I}_a \\ \dot{I}_b \\ \dot{I}_c \end{bmatrix} = \begin{bmatrix} 1 & 1 & 1 \\ 1 & a^2 & a \\ 1 & a & a^2 \end{bmatrix} \begin{bmatrix} \dot{I}_0 \\ \dot{I}_1 \\ \dot{I}_2 \end{bmatrix} \tag{7.98}$$

となる。これより，まず $\dot{I}_a$ を求めると

$$\dot{I}_a = \dot{I}_0 + \dot{I}_1 + \dot{I}_2 = \frac{\dot{V}_0}{\dot{Z} + 3\dot{Z}_N} + \frac{\dot{V}_1 + \dot{V}_2}{\dot{Z}} \tag{7.99}$$

ここで，$\dot{V}_0$，$\dot{V}_1$，$\dot{V}_2$ は式(7.90)で表されるので，式(7.99)に代入して

$$\begin{aligned} \dot{I}_a &= \frac{1}{3}\left(\frac{\dot{V}_a + \dot{V}_b + \dot{V}_c}{\dot{Z} + 3\dot{Z}_N} + \frac{\dot{V}_a + a\dot{V}_b + a^2\dot{V}_c + \dot{V}_a + a^2\dot{V}_b + a\dot{V}_c}{\dot{Z}}\right) \\ &= \frac{1}{3}\left\{\frac{\dot{V}_a + \dot{V}_b + \dot{V}_c}{\dot{Z} + 3\dot{Z}_N} + \frac{2\dot{V}_a - \dot{V}_b - \dot{V}_c}{\dot{Z}}\right\} \\ &= \frac{Z\dot{V}_a + \dot{Z}_N(2\dot{V}_a - \dot{V}_b - \dot{V}_c)}{Z(\dot{Z} + 3\dot{Z}_N)} \\ &= \dot{Y}\frac{\dot{Y}(2\dot{V}_a - \dot{V}_b - \dot{V}_c) + \dot{Y}_N\dot{V}_a}{3\dot{Y} + \dot{Y}_N} \end{aligned} \tag{7.100}$$

となり，式(7.93 a)の結果と一致する。

同様にして，$\dot{I}_b$，$\dot{I}_c$ も求めることができ

$$\begin{aligned} \dot{I}_b &= \dot{I}_0 + a^2\dot{I}_1 + a\dot{I}_2 = \frac{\dot{V}_0}{\dot{Z} + 3\dot{Z}_N} + \frac{a^2\dot{V}_1 + a\dot{V}_2}{\dot{Z}} \\ &= \dot{Y}\frac{\dot{Y}(2\dot{V}_b - \dot{V}_a - \dot{V}_c) + \dot{Y}_N\dot{V}_b}{3\dot{Y} + \dot{Y}_N} \end{aligned} \tag{7.101}$$

$$\dot{I}_c = \dot{I}_0 + a\dot{I}_1 + a^2\dot{I}_2 = \frac{\dot{V}_0}{\dot{Z} + 3\dot{Z}_N} + \frac{a\dot{V}_1 + a^2\dot{V}_2}{\dot{Z}}$$

$$= \dot{Y}\frac{\dot{Y}(2\dot{V}_c - \dot{V}_a - \dot{V}_b) + \dot{Y}_N\dot{V}_c}{3\dot{Y} + \dot{Y}_N} \tag{7.102}$$

のように式(7.93 *b*)，式(7.93 *c*)と同じ結果となる。

7.8.2 三相交流発電機の基本式

前項では非対称回路に対称座標法を適用して求めたが，これはキルヒホッフの法則からも求めることができ，対称座標法の特別なメリットはあまり感じられない。しかしながら，送電系統における故障計算などでは，インピーダンスは定数として扱えないため対称座標法は非常に有益になる。それは，一般に発電機は三相同期発電機であり，その内部インピーダンスは，正相分，逆相分，零相分に対してそれぞれ異なる値を持つこと，また線路インピーダンスの値も対称分により異なることによる。発電機の等価回路を**図 7.26** に示す。いま，起電力 $\dot{E}_a$，$\dot{E}_b$，$\dot{E}_c$ を各対称分に分けて考えると

$$零相分起電力\quad \dot{E}_0 = \frac{1}{3}(\dot{E}_a + \dot{E}_b + \dot{E}_c) \tag{7.103 a}$$

$$正相分起電力\quad \dot{E}_1 = \frac{1}{3}(\dot{E}_a + a\dot{E}_b + a^2\dot{E}_c) \tag{7.103 b}$$

$$逆相分起電力\quad \dot{E}_2 = \frac{1}{3}(\dot{E}_a + a^2\dot{E}_b + a\dot{E}_c) \tag{7.103 c}$$

となる。電流も，各対称分に分けて考えることができる。

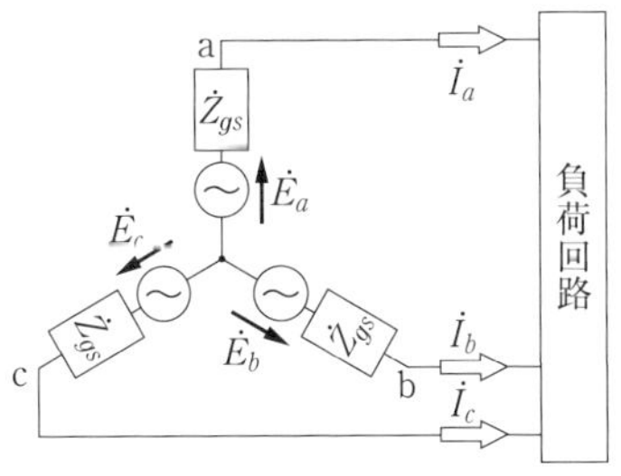

図 7.26　発電機の等価回路

ここで注意すべき点は，電源の内部インピーダンス $\dot{Z}_{gs}$ は，前述のように定数インピーダンスではなく，零相，正相，逆相電流によって違ってくることである。$\dot{I}_0$ に対する $\dot{Z}_{gs}$ を $\dot{Z}_0$ とおき**零相インピーダンス**（zero-phase-sequence impedance），$\dot{I}_1$ に対する $\dot{Z}_{gs}$ を $\dot{Z}_1$ とおき**正相インピーダンス**（positive-phase-sequence impedance），$\dot{I}_2$ に対する $\dot{Z}_{gs}$ を $\dot{Z}_2$ とおき**逆相インピーダンス**（negative-phase-sequence impedance）と呼ぶ。また，$\dot{Z}_0$，$\dot{Z}_1$，$\dot{Z}_2$ を総称して**対称分インピーダンス**という。

つぎに，**図 7.26** の回路に対して重ね合わせの理を適用し，諸量の関係式を導く。まず，**図 7.27**(*a*)の零相分に対する回路において，各端子の電位は

$$\dot{V}_{a0} = \dot{E}_0 - \dot{Z}_0\dot{I}_0 \tag{7.104 a}$$

$$\dot{V}_{b0} = \dot{E}_0 - \dot{Z}_0\dot{I}_0 = \dot{V}_{a0} \tag{7.104 b}$$

$$\dot{V}_{c0} = \dot{E}_0 - \dot{Z}_0\dot{I}_0 = \dot{V}_{a0} \tag{7.104 c}$$

となる。正相分に対しては図(*b*)の回路より

$$\dot{V}_{a1} = \dot{E}_1 - \dot{Z}_1\dot{I}_1 \tag{7.105 a}$$

$$\dot{V}_{b1} = a^2\dot{E}_1 - a^2\dot{Z}_1\dot{I}_1 = a^2\dot{V}_{a1} \tag{7.105 b}$$

$$\dot{V}_{c1} = a\dot{E}_1 - a\dot{Z}_1\dot{I}_1 = a\dot{V}_{a1} \tag{7.105 c}$$

となる。逆相分も同様に図(*c*)の回路において式(7.106)となる。

$$\dot{V}_{a2} = \dot{E}_2 - \dot{Z}_2\dot{I}_2 \tag{7.106 a}$$

$$\dot{V}_{b2} = a\dot{E}_2 - a\dot{Z}_2\dot{I}_2 = a\dot{V}_{a2} \tag{7.106 b}$$

$$\dot{V}_{c2} = a^2\dot{E}_2 - a^2\dot{Z}_2\dot{I}_2 = a^2\dot{V}_{a2} \tag{7.106 c}$$

ここで，各対称分を加えると

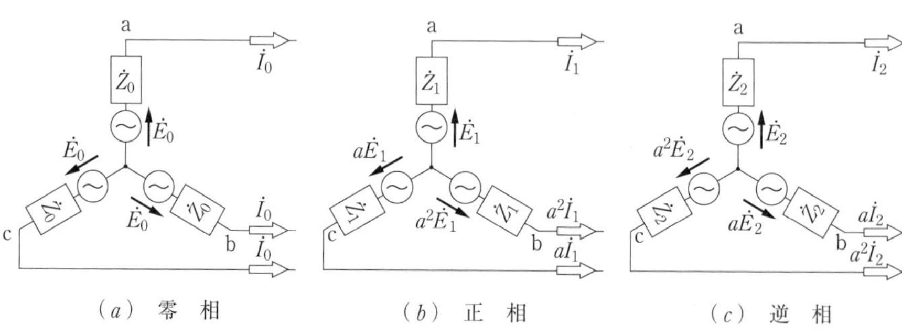

図 7.27　発電機の対称分回路

$$\dot{V}_a = \dot{V}_{a0} + \dot{V}_{a1} + \dot{V}_{a2}$$
$$= (\dot{E}_0 + \dot{E}_1 + \dot{E}_2) - (\dot{Z}_0\dot{I}_0 + \dot{Z}_1\dot{I}_1 + \dot{Z}_2\dot{I}_2) \tag{7.107 a}$$

$$\dot{V}_b = \dot{V}_{b0} + \dot{V}_{b1} + \dot{V}_{b2}$$
$$= (\dot{E}_0 + a^2\dot{E}_1 + a\dot{E}_2) - (\dot{Z}_0\dot{I}_0 + a^2\dot{Z}_1\dot{I}_1 + a\dot{Z}_2\dot{I}_2) \tag{7.107 b}$$

$$\dot{V}_c = \dot{V}_{c0} + \dot{V}_{c1} + \dot{V}_{c2}$$
$$= (\dot{E}_0 + a\dot{E}_1 + a^2\dot{E}_2) - (\dot{Z}_0\dot{I}_0 + a\dot{Z}_1\dot{I}_1 + a^2\dot{Z}_2\dot{I}_2) \qquad (7.107\ c)$$

となる。ここで，$\dot{V}_a$，$\dot{V}_b$，$\dot{V}_c$ の対称分 $\dot{V}_0$，$\dot{V}_1$，$\dot{V}_2$ は，$\dot{V}_{a0}$，$\dot{V}_{a1}$，$\dot{V}_{a2}$ にそれぞれ等しいので

$$\dot{V}_{a0} = \dot{E}_0 - \dot{Z}_0\dot{I}_0 \qquad (7.108\ a)$$
$$\dot{V}_{a1} = \dot{E}_1 - \dot{Z}_1\dot{I}_1 \qquad (7.108\ b)$$
$$\dot{V}_{a2} = \dot{E}_2 - \dot{Z}_2\dot{I}_2 \qquad (7.108\ c)$$

となる。一般に交流発電機においては，$\dot{E}_a$，$\dot{E}_b$，$\dot{E}_c$ は対称であるので，式(7.103)より，$E_0 = 0$，$\dot{E}_1 = \dot{E}_a$，$\dot{E}_2 = 0$ となる。これを式(7.108)に代入して，三相交流発電機の基本式は

$$\dot{V}_0 = -\dot{Z}_0\dot{I}_0 \qquad (7.109\ a)$$
$$\dot{V}_1 = \dot{E}_a - \dot{Z}_1\dot{I}_1 \qquad (7.109\ b)$$
$$\dot{V}_2 = -\dot{Z}_2\dot{I}_2 \qquad (7.109\ c)$$

となる。行列で表すと

$$\begin{bmatrix} \dot{V}_0 \\ \dot{V}_1 \\ \dot{V}_2 \end{bmatrix} = \begin{bmatrix} 0 \\ \dot{E}_a \\ 0 \end{bmatrix} - \begin{bmatrix} \dot{Z}_0\dot{I}_0 \\ \dot{Z}_1\dot{I}_1 \\ \dot{Z}_2\dot{I}_2 \end{bmatrix} \qquad (7.110)$$

となる。

例題 7.8　$\dot{V}_a$，$\dot{V}_b$，$\dot{V}_c$ の対称分 $\dot{V}_0$，$\dot{V}_1$，$\dot{V}_2$ は，$\dot{V}_{a0}$，$\dot{V}_{a1}$，$\dot{V}_{a2}$ にそれぞれ等しいことを確認せよ。

【解答】

$$V_0 = \frac{1}{3}(\dot{V}_a + \dot{V}_b + \dot{V}_c) = \frac{1}{3}\{3\dot{V}_{a0} + \dot{V}_{a1}(1 + a^2 + a)$$
$$+ \dot{V}_{a2}(1 + a + a^2)\} = \dot{V}_{a0}$$
$$\dot{V}_1 = \frac{1}{3}(\dot{V}_a + a\dot{V}_b + a^2\dot{V}_c) = \frac{1}{3}\{\dot{V}_{a0}(1 + a + a^2)$$
$$+ \dot{V}_{a1}(1 + 1 + 1) + \dot{V}_{a2}(1 + a^2 + a)\} = \dot{V}_{a1}$$
$$\dot{V}_2 = \frac{1}{3}(\dot{V}_a + a^2\dot{V}_b + a\dot{V}_c) = \dot{V}_{a2}$$

◇

例題 7.9　図 7.28 のように，平衡三相発電機の二つの端子 b，c が短絡したときの $\dot{I}_b$，$\dot{I}_c$ および $\dot{V}_a$，$\dot{V}_b$ を求めよ。

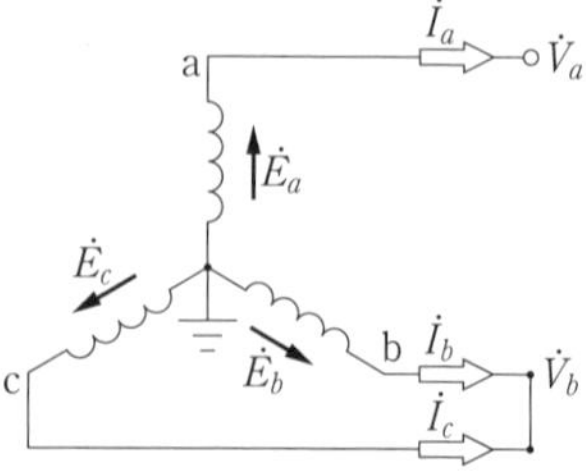

図 7.28　発電機の二線短路

【解答】 式(7.43)に，$\dot{I}_a = 0$，$\dot{I}_c = -\dot{I}_b$ を代入すると

$$\begin{bmatrix} \dot{I}_0 \\ \dot{I}_1 \\ \dot{I}_2 \end{bmatrix} = \frac{1}{3}\begin{bmatrix} 1 & 1 & 1 \\ 1 & a & a^2 \\ 1 & a^2 & a \end{bmatrix}\begin{bmatrix} 0 \\ \dot{I}_b \\ -\dot{I}_b \end{bmatrix}$$

より，$\dot{I}_0 = 0$，$\dot{I}_1 = -\dot{I}_2$ となる。

これを発電機の基本式(7.110)に代入し，さらに式(7.92)に代入して

$$\begin{bmatrix} \dot{V}_0 \\ \dot{V}_1 \\ \dot{V}_2 \end{bmatrix} = \begin{bmatrix} 0 \\ \dot{E}_a \\ 0 \end{bmatrix} - \begin{bmatrix} 0 \\ \dot{Z}_1\dot{I}_1 \\ -\dot{Z}_2\dot{I}_1 \end{bmatrix}, \qquad \begin{bmatrix} \dot{V}_a \\ \dot{V}_b \\ \dot{V}_c \end{bmatrix} = \begin{bmatrix} 1 & 1 & 1 \\ 1 & a^2 & a \\ 1 & a & a^2 \end{bmatrix}\begin{bmatrix} 0 \\ \dot{E}_a - \dot{Z}_1\dot{I}_1 \\ \dot{Z}_2\dot{I}_1 \end{bmatrix}$$

この式において，$\dot{V}_b = \dot{V}_c$ より

$$\dot{I}_1 = \frac{\dot{E}_a}{\dot{Z}_1 + \dot{Z}_2}$$

を得る。これより

$$\dot{V}_a = \dot{E}_a + (\dot{Z}_2 - \dot{Z}_1)\dot{I}_1 = \frac{2\dot{Z}_2\dot{E}_a}{\dot{Z}_1 + \dot{Z}_2}$$

$$\dot{V}_b = \dot{V}_c = a^2(\dot{E}_a - \dot{Z}_1\dot{I}_1) + a\dot{Z}_2\dot{I}_1 = -\frac{\dot{Z}_2\dot{E}_a}{\dot{Z}_1 + \dot{Z}_2} = -\frac{\dot{V}_a}{2}$$

$$\dot{I}_b = -\dot{I}_c = a^2\dot{I}_1 - a\dot{I}_1 = \frac{a^2 - a}{\dot{Z}_1 + \dot{Z}_2}\dot{E}_a = \frac{-j\sqrt{3}}{\dot{Z}_1 + \dot{Z}_2}\dot{E}_a$$ ◇

演　習　問　題

【1】 問図 *7.1* のような三相平衡負荷を等価なY形負荷に変換したとき，1相当りのインピーダンスの大きさはいくらになるか。ただし，$R = 3\,\Omega$，$\omega L = 2\,\Omega$，$1/\omega C = 1\,\Omega$ とする。

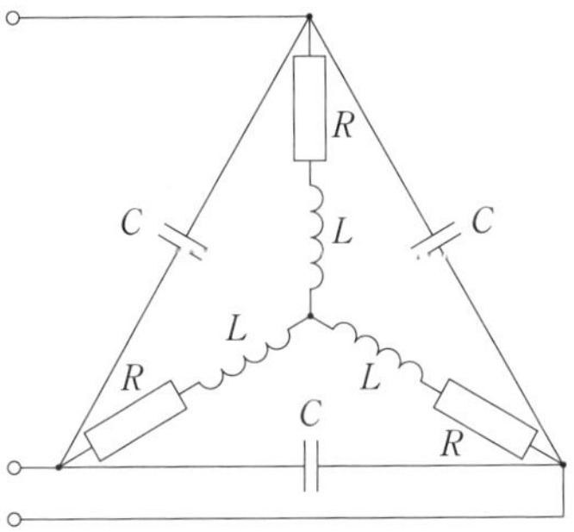

問図 *7.1*

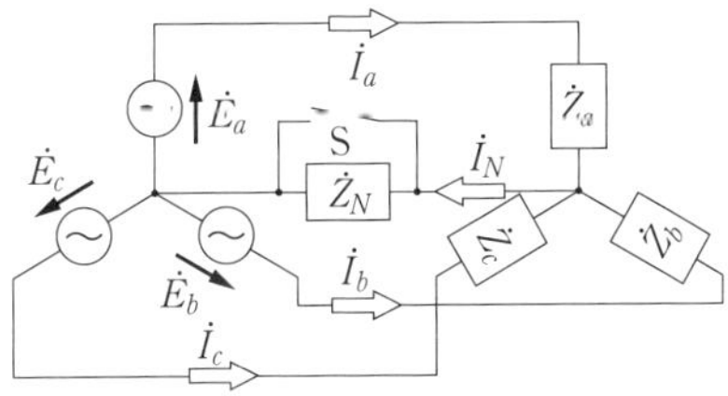

問図 *7.2*

【2】 問図 *7.2* の回路において，電源は対称で $\dot{E}_a = 100\,\text{V}$，$\dot{E}_b = 100e^{-j120^\circ}$〔V〕，$\dot{E}_c = 100e^{-j240^\circ}$〔V〕，また，負荷は不平衡で，$\dot{Z}_a = 8 + j6$〔Ω〕，$\dot{Z}_b = 6 + j8$〔Ω〕，$\dot{Z}_c = 10 + j0$〔Ω〕とする。つぎの問いに答えよ。

①スイッチSを閉じたとき，各線に流れる電流 $\dot{I}_a$，$\dot{I}_b$，$\dot{I}_c$，$\dot{I}_N$ を求めよ。

②Sを開いたときの $\dot{I}_a$，$\dot{I}_b$，$\dot{I}_c$，$\dot{I}_N$ を求めよ。ただし，$\dot{Z}_N = 5 + j0$〔Ω〕とする。

【3】 問図 *7.3* のように，R，L，C からなるΔ形負荷回路に，抵抗5Ωの各線を通して，対称三相電源が加えられている。各線に流れる電流 $\dot{I}_a$，$\dot{I}_b$，$\dot{I}_c$ を求めよ。ただし，$\dot{E}_{ab} = 200e^{j0^\circ}$，$\dot{E}_{bc} = 200e^{-j120^\circ}$，$\dot{E}_{ca} = 200e^{-j240^\circ}$〔V〕，$R = \omega L = 1/\omega C = 5\,\Omega$ とする。

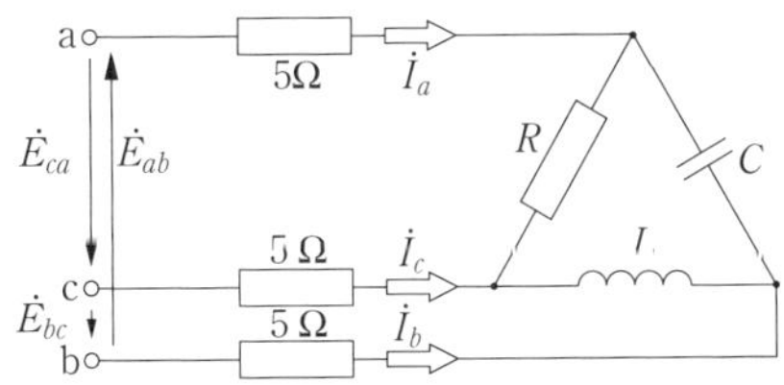

問図 *7.3*

【4】 **問図 7.4** に示す非対称 Δ 形起電力-不平衡 Δ 形負荷回路の線電流，相電流をキルヒホッフの法則を用いて求めよ。

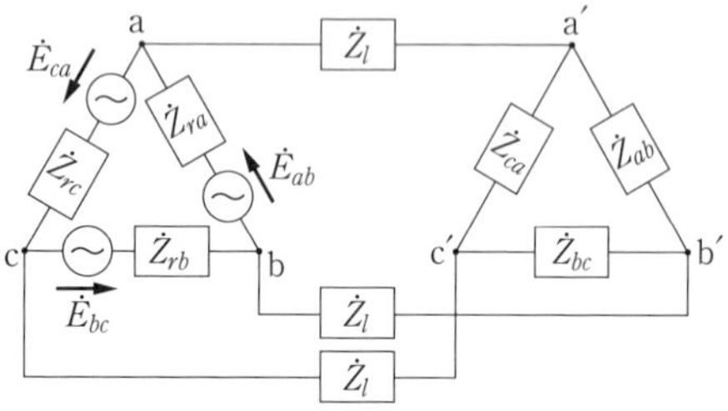

問図 7.4

【5】 式(7.70)を誘導せよ。

【6】 **問図 7.5** に示す Y 形負荷に相順が a→b→c の対称三相電圧を加えた。つぎの問いに答えよ。ただし，電源電圧 $\dot{E}_a$，$\dot{E}_b$，$\dot{E}_c$ の大きさは 100 V で，負荷のインピーダンスは $\dot{Z} = 6 + j8$〔Ω〕とする。

① 線間電圧 $\dot{V}_{ab}$，$\dot{V}_{bc}$，$\dot{V}_{ca}$ を求めよ。

② スイッチ S が開かれているとき，各電力計 W_1，W_2 の指示（読み）および回路の全電力を求めよ。

③ S を閉じ，回路を不平衡にした。各線に流れる電流 $\dot{I}_a$，$\dot{I}_b$，$\dot{I}_c$ を求めよ。

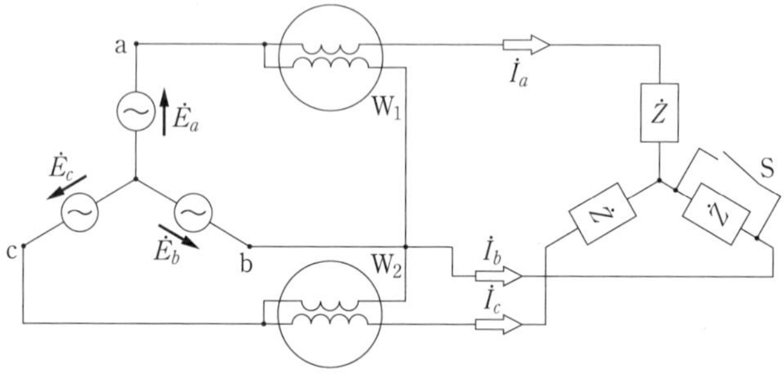

問図 7.5

【7】 **問図 7.6** に示す回路において，線間電圧が $\dot{V}_{ab} = 240$，$\dot{V}_{bc} = 240e^{-j120^\circ}$，$\dot{V}_{ca} = 240e^{-j240^\circ}$〔V〕の対称三相電圧源に，不平衡 Δ 形負荷 $\dot{Z}_{ab} = 10$，$\dot{Z}_{bc} = 5\sqrt{3} + j5$，$\dot{Z}_{ca} = 5\sqrt{3} - j5$〔Ω〕が接続されている。相順は a→b→c とする。つぎの問いに答えよ。

① 各線の電流 $\dot{I}_a$, $\dot{I}_b$, $\dot{I}_c$ を求めよ。

② 電力計 W_1, W_2 の指示および回路の全電力を求めよ。

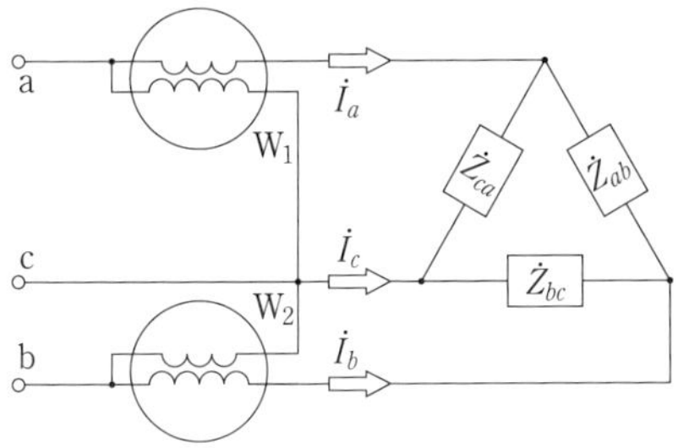

問図 7.6

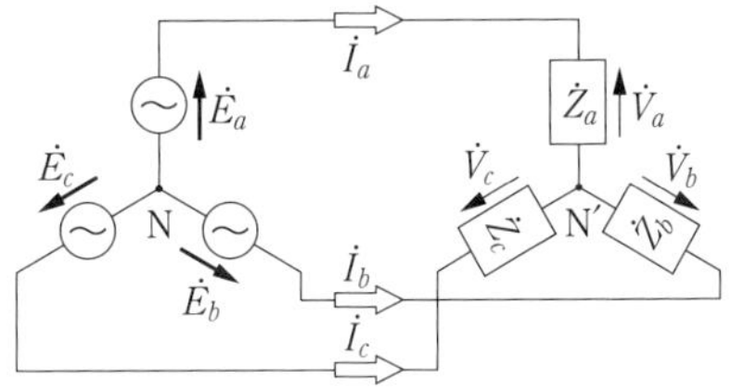

問図 7.7

【8】 問図 7.7 に示す電源が非対称で負荷が不平衡の Y-Y 回路の電流を対称座標法を用いて求めよ。

付録　三　角　関　数

$$\sin(A \pm B) = \sin A \cos B \pm \cos A \sin B$$

$$\cos(A \pm B) = \cos A \cos B \mp \sin A \sin B$$

$$\tan(A \pm B) = \frac{\tan A \pm \tan B}{1 \mp \tan A \tan B}$$

$$\sin A \pm \sin B = 2 \sin \frac{A \pm B}{2} \cos \frac{A \mp B}{2}$$

$$\cos A + \cos B = 2 \cos \frac{A + B}{2} \cos \frac{A - B}{2}$$

$$\cos A - \cos B = -2 \sin \frac{A + B}{2} \sin \frac{A - B}{2}$$

$$\tan A \pm \tan B = \frac{\sin(A \pm B)}{\cos A \cos B}$$

$$\cos^2 \theta + \sin^2 \theta = 1$$

$$\sin 2\theta = 2 \sin \theta \cos \theta$$

$$\cos 2\theta = \cos^2 \theta - \sin^2 \theta = 2 \cos^2 \theta - 1 = 1 - 2 \sin^2 \theta$$

$$\tan 2\theta = \frac{2 \tan \theta}{1 - \tan^2 \theta}$$

$$\sin A \sin B = \frac{1}{2}\{\cos(A - B) - \cos(A + B)\}$$

$$\sin A \cos B = \frac{1}{2}\{\sin(A + B) + \sin(A - B)\}$$

$$\cos A \cos B = \frac{1}{2}\{\cos(A - B) + \cos(A + B)\}$$

$$\cos A \sin B = \frac{1}{2}\{\sin(A + B) - \sin(A - B)\}$$

$$\sin^2 A - \sin^2 B = \sin(A + B) \sin(A - B)$$

$$\cos^2 A - \cos^2 B = -\sin(A + B) \sin(A - B)$$

$$\cos^2 A - \sin^2 B = \cos(A + B) \cos(A - B)$$

$$\sin^2 \theta = \frac{1}{2}(1 - \cos 2\theta) \qquad \cos^2 \theta = \frac{1}{2}(1 + \cos 2\theta)$$

$$a \cos \theta + b \cos \theta = \sqrt{a^2 + b^2} \sin\left(\theta + \tan^{-1} \frac{b}{a}\right)$$

$$\cos\theta = \frac{1}{\sqrt{1+\tan^2\theta}} \qquad \sin\theta = \frac{\tan\theta}{\sqrt{1+\tan^2\theta}}$$

$$\cos^{-1}\frac{1}{2} = \frac{\pi}{3}\,[\mathrm{rad}]\,(=60^\circ) \qquad \cos^{-1}\frac{\sqrt{3}}{2} = \frac{\pi}{6}\,[\mathrm{rad}]\,(=30^\circ)$$

$$\sin^{-1}\frac{\sqrt{3}}{2} = \frac{\pi}{3}\,[\mathrm{rad}] \qquad \sin^{-1}\frac{1}{2} = \frac{\pi}{6}\,[\mathrm{rad}]$$

$$\tan^{-1}\sqrt{3} = \frac{\pi}{3}\,[\mathrm{rad}] \qquad \tan^{-1}\frac{1}{\sqrt{3}} = \frac{\pi}{6}\,[\mathrm{rad}]$$

$$\cos^{-1}\frac{1}{\sqrt{2}} = \frac{\pi}{4}\,[\mathrm{rad}]\,(=45^\circ) \qquad \sin^{-1}\frac{1}{\sqrt{2}} = \frac{\pi}{4}\,[\mathrm{rad}]$$

$$\tan^{-1}1 = \frac{\pi}{4}\,[\mathrm{rad}] \qquad \tan^{-1}\infty = \frac{\pi}{2}\,[\mathrm{rad}]\,(=90^\circ)$$

引用・参考文献

1）中野善映，越前卯一：電気回路，コロナ社（1977）

2）森　真作：電気回路ノート，コロナ社（1977）

3）末武国弘：基礎電気回路１，培風館（1980）

4）柳沢　健：回路理論基礎，電気学会（1986）

5）西巻正郎，森　武昭，荒井俊彦：電気回路の基礎，森北出版（1990）

6）伊佐　弘，谷口勝則，岩井嘉男：基礎電気回路，森北出版（1995）

7）鎌倉友男，上　芳夫，渡辺好章：電気回路，培風館（1998）

8）小郷　寛，小亀英己，石亀篤司：基礎からの交流理論，電気学会（2002）

9）柴田尚志，皆藤新一：電気基礎，コロナ社（2005）

10）多田泰芳，柴田尚志：電磁気学，コロナ社（2005）

演習問題解答

1 **章**

【1】 $L = \dfrac{N\Phi}{I} = \dfrac{500 \times 10^{-4}}{20} = 2.5 \times 10^{-3} = 2.5\ \text{mH}$

【2】 $Q = CV = 2 \times 10^{-6} \times 30 = 60 \times 10^{-6} = 60\ \mu\text{C}$

【3】 $v = L\dfrac{\varDelta i}{\varDelta t}$ なので，$L = v\dfrac{\varDelta t}{\varDelta i} = 2 \times 10^{-3} \times \dfrac{0.01}{0.12 - 0.1} = 10^{-3} = 1\ \text{mH}$

【4】 $i = C\dfrac{\varDelta v}{\varDelta t} = 10 \times 10^{-6} \times \dfrac{110 - 100}{0.5} = 200 \times 10^{-6} = 0.2 \times 10^{-3} = 0.2\ \text{mA}$

【5】 ① $R = 8 + \dfrac{3 \times (4 + 2)}{3 + 4 + 2} = 10\ \Omega$

② 全電流 $I_0 = 30/10 = 3$ A なので，分流の関係より

$$I_1 = \frac{4 + 2}{3 + 4 + 2} \times 3 = 2\ \text{A}$$

③ 2 Ω の抵抗には，3−2=1 A の電流が流れるので，$V_2 = 2 \times 1 = 2$ V

【6】 測定電流を I，電流計を流れる電流を I_a，分流器を流れる電流を I_s とすると，$I = I_a + I_s$，$I_a r = I_s R_s$ なる関係より $I = I_a(1 + r/R_s)$，$I/I_a = n = 1 + r/R_s$ となるので，$R_s = r/(n - 1)$ とすればよい。

【7】 電流源の部分を電圧源に変換すると，**解図 *1.1*** のようになる。これより，**問図 *1.3***(*b*)の R，E は，それぞれ $R = R_1 + R_2$，$E = E_0 + R_2 I_0$ となる。図(*b*)の等価電圧源をさらに図(*c*)の電流源に変換して，$I = (E_0 + R_2 I_0)/(R_1 + R_2)$ となる。

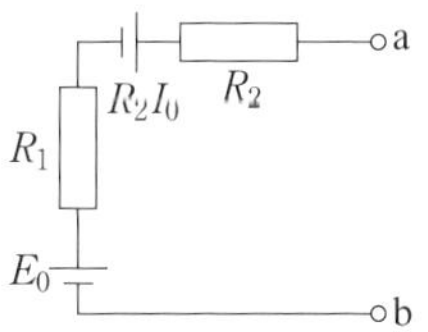

解図 *1.1*

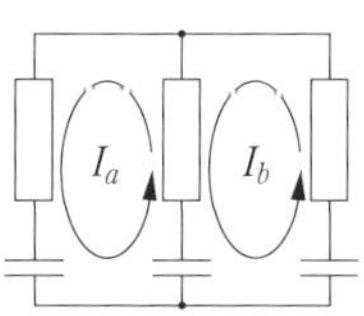

解図 *1.2*

【8】 **解図 *1.2*** のように閉路電流を仮定して，キルヒホッフの第二法則を適用すると

$$10 + 4 = 2I_a + 4(I_a - I_b) \quad \rightarrow \quad 14 = 6I_a - 4I_b$$
$$-4 - 18 = 5I_b + 4(I_b - I_a) \quad \rightarrow \quad -22 = -4I_a + 9I_b$$

これらを解いて，$I_a = 1\text{A}$，$I_b = -2\text{A}$ を得る。よって，2 Ω の抵抗には下向きに 1A が，4 Ω の抵抗には上向きに 3A が，5 Ω の抵抗には下向きに 2 A が流れる。

【9】 電流源を除いた回路を**解図 *1.3*** (*a*) に示す。

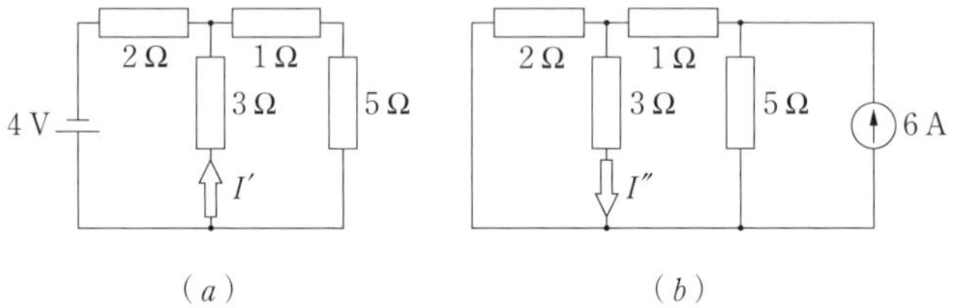

解図 *1.3*

この回路において，合成抵抗 R は $R = 2 + 3 \times (1 + 5)/(3 + 1 + 5) = 4\Omega$ であるので，全電流は $I = 4/4 = 1\text{A}$，したがって，$I' = (1 + 5)/(3 + 1 + 5) \times 1 = 2/3\text{A}$ となる。つぎに，電圧源を取り除いた回路は図 (*b*) のようになるので，まず 1 Ω の抵抗に流れる電流を求めると，$I_1 = 5/\{5 + 1 + (2 \times 3)/(2 + 3)\} \times 6 = 25/6$ 〔A〕となる。この結果を用いて I'' は，$I'' = 2/(3 + 2) \times (25/6) = 5/3$ 〔A〕となる。よって求める電流は向きを考慮して，$I = I'' - I' = 5/3 - 2/3 = 1$ 〔A〕となる。

【10】 **解図 *1.4*** のように電圧源を電流源に変換した回路において，R に流れる電流 I は

$$I = \frac{2}{2 + R}(4 + 2) = \frac{12}{2 + R}$$

となる。よって，電力 P は

$$P = RI^2 = \frac{144R}{(2 + R)^2} = \frac{144}{\dfrac{4}{R} + 4 + R}$$

となるので，分母が最小のとき，すなわち $4/R = R$ のとき P は最大となるので，$R = 2\Omega$ を得る。このとき，$P_{\max} = 18\text{W}$ となる。

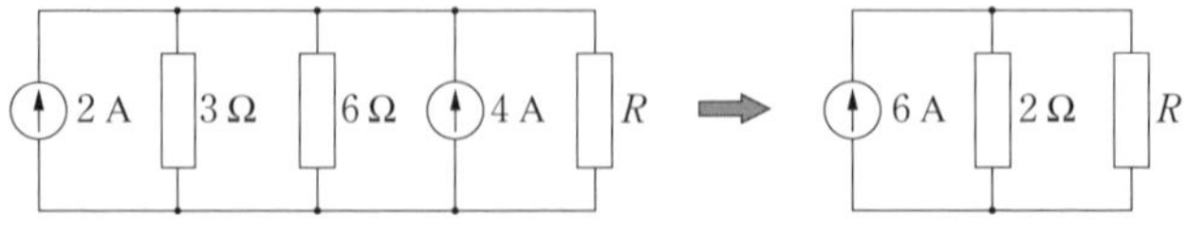

解図 *1.4*

【11】 12 Ω の抵抗を取り除いた**解図 *1.5***(*a*)において，各部の電流 I_1，I_2 はそれぞれ，$I_1 = 20/(6+4) = 2\mathrm{A}$，$I_2 = 20/(2+8) = 2\mathrm{A}$ となる。これより，図の点 a の電位は $V_a = 2 \times 4 = 8\mathrm{V}$，点 b の電位は $V_b = 2 \times 8 = 16\mathrm{V}$ となるので，ab 間の電圧は図の向きに $V_{ba} = 16 - 8 = 8\mathrm{V}$ となる。つぎに，ab 端から見た抵抗は，図(*b*)より $R_{ab} = (6 \times 4)/(6+4) + (2 \times 8)/(2+8) = 4\,\Omega$ となる。よって，12 Ω の抵抗の電流 I は，$I = V_{ba}/(R_{ab} + 12) = 8/16 = 0.5\mathrm{A}$ となる。

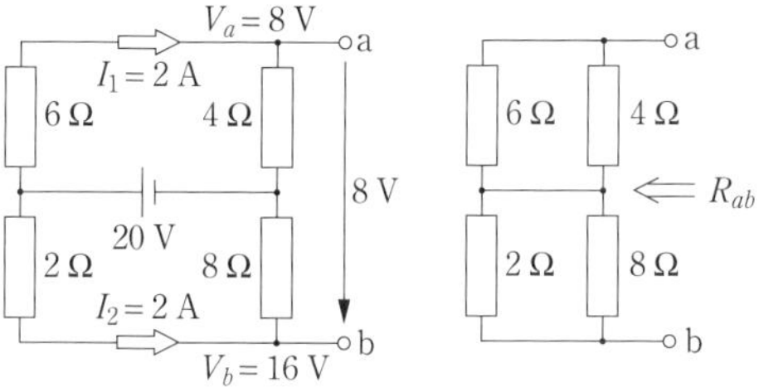

(*a*)　(*b*)

解図 *1.5*

【12】 ① $\pi/180 \fallingdotseq 0.0175\mathrm{rad}$，② $180/\pi \fallingdotseq 57.3°$，③ $\pi/10$〔rad〕，④ 120°

【13】 $\mathrm{AB} = \dfrac{a\theta}{2}$〔m〕

【14】 $\omega = 2\pi f$，$f = \dfrac{500\pi}{2\pi} = 250\ \mathrm{Hz}$

【15】 $f = \dfrac{1}{T} = \dfrac{1}{0.01} = 100\ \mathrm{Hz}$

【16】 $T = \dfrac{2\pi}{\omega} = \dfrac{2\pi}{1\,000\pi} = \dfrac{1}{500} = 2\ \mathrm{ms}$

【17】 v_1：$T = 20\mathrm{ms}$ なので $f = 50\mathrm{Hz}$，$v_1(t) = 20 \sin 100\pi t$〔V〕

v_2：2.5ms は $2.5 \times \dfrac{2\pi}{20} = \dfrac{\pi}{4}$〔rad〕，$v_2(t) = 20 \sin\left(100\pi t - \dfrac{\pi}{4}\right)$〔V〕

【18】 $100\pi \times \dfrac{1}{300} - \dfrac{\pi}{4} = \dfrac{\pi}{12}$〔rad〕

【19】 i_2 は i_1 より $\pi/12$〔rad〕位相が遅れる。

【20】 **解図 *1.6*** 参照

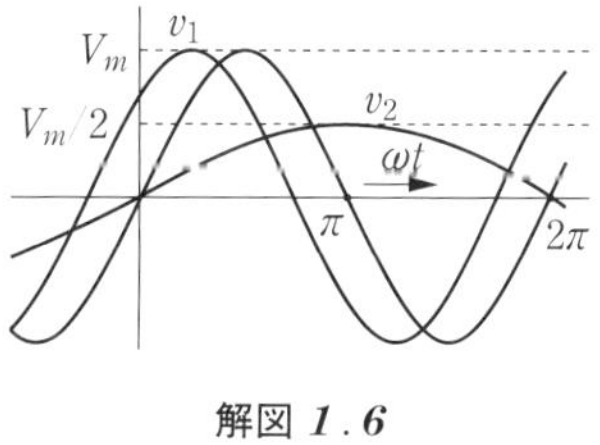

解図 *1.6*

【21】 $\omega = 2\pi f = 50\pi$〔rad/s〕，$v(t) = 10\sqrt{2}\sin\left(50\pi t + \dfrac{\pi}{3}\right)$〔V〕

【22】 $V_a = \dfrac{1}{T}\int_0^{\alpha T} V_m dt = \dfrac{V_m}{T}[t]_0^{\alpha T} = \alpha V_m$

$$V_e = \sqrt{\frac{1}{T}\int_0^{\alpha T} {V_m}^2 dt} = \sqrt{\frac{{V_m}^2}{T}[t]_0^{\alpha T}} = \sqrt{\alpha}\, V_m$$

【23】 $V_e = \sqrt{\dfrac{1}{T}\int_0^{T} v^2 dt} = \sqrt{\dfrac{4}{T}\int_0^{T/4}\left(\dfrac{4V_m}{T}t\right)^2 dt} = \sqrt{\dfrac{64{V_m}^2}{3T^3}[t^3]_0^{T/4}} = \dfrac{V_m}{\sqrt{3}}$

【24】 $C = \dfrac{(1+2)(1+5)}{(1+2)+(1+5)} = \dfrac{18}{9} = 2\ \mu\text{F}$

【25】 $e = vBl\sin\theta = 3\times 0.5\times 0.2\times\sin\dfrac{\pi}{4} = 0.15\sqrt{2} \fallingdotseq 0.212\ \text{V}$

向きは②→①

【26】 ① $X_L = \omega L = 200\times 0.25 = 50\ \Omega$

② $X_C = \dfrac{1}{\omega C} = \dfrac{1}{200\times 250\times 10^{-6}} = 20\ \Omega$

③ $I_R = \dfrac{V}{R} = \dfrac{100}{25} = 4,\qquad i_R = 4\sqrt{2}\sin(200t)$〔A〕

$I_L = \dfrac{V}{X_L} = \dfrac{100}{50} = 2,\qquad i_L = 2\sqrt{2}\sin\left(200t - \dfrac{\pi}{2}\right)$〔A〕

$I_C = \dfrac{V}{X_C} = \dfrac{100}{20} = 5,\qquad i_C = 5\sqrt{2}\sin\left(200t + \dfrac{\pi}{2}\right)$〔A〕

④ 解図 ***1.7*** 参照

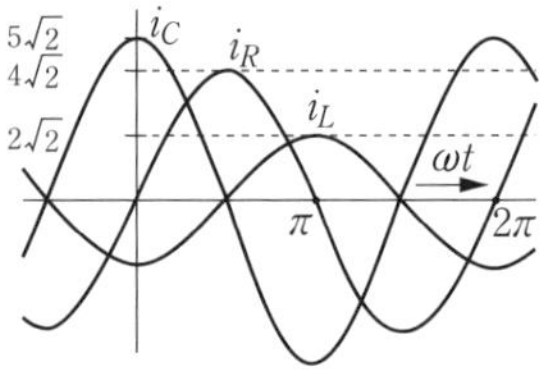

解図 ***1.7***

2 章

【1】 ① $X_C = \dfrac{1}{\omega C} = \dfrac{1}{10^3\times 20\times 10^{-6}} = \dfrac{100}{2} = 50\ \Omega$

② $i = \sqrt{2}\,I\sin(\omega t + \phi),\qquad v_R = \sqrt{2}\times 50I\sin(\omega t + \phi)$

$$v_C = \sqrt{2}\times 50I\sin\left(\omega t + \phi - \frac{\pi}{2}\right)$$

$$\sqrt{2}\times 100\sin\omega t = \sqrt{2}\times 50I\{\sin(\omega t + \phi) - \cos(\omega t + \phi)\}$$

$$2\sin\omega t = I \times (\sin\omega t\cos\phi + \cos\omega t\sin\phi - \cos\omega t\cos\phi$$
$$+ \sin\omega t\sin\phi)$$
$$2 = I(\cos\phi + \sin\phi), \qquad 0 = I(\sin\phi - \cos\phi)$$

より　両式を2乗して加えることで$4 = I^2 \times 2$，$I = \sqrt{2}$，また第2式より $\sin\phi = \cos\phi$，$\phi = \pi/4$，求める電流は $i(t) = 2\sin(1\,000t + \pi/4)$〔A〕

【2】 $i_R = 4\sqrt{2}\sin(\omega t)$，$i_L = 2\sqrt{2}\sin(\omega t - \pi/2) = -2\sqrt{2}\cos\omega t$

$i_C = 5\sqrt{2}\sin(\omega t + \pi/2) = 5\sqrt{2}\cos\omega t$

$i = i_R + i_L + i_C = 4\sqrt{2}\sin\omega t + (5-2)\sqrt{2}\cos\omega t = \sqrt{2}(4\sin\omega t + 3\cos\omega t)$

$i = \sqrt{2}I\sin(\omega t + \phi)$ とおき，$i = \sqrt{2}I(\sin\omega t\cos\phi + \cos\omega t\sin\phi)$ と比較して $I\cos\phi = 4$，$I\sin\phi = 3$　これより　$I = 5$，$\phi = \tan^{-1}(3/4)$

よって，$i(t) = 5\sqrt{2}\sin\{\omega t + \tan^{-1}(3/4)\}$〔A〕

【3】 まず R の両端の電圧を求めると，それは電源電圧 v に等しいので

$$v = 20 \times 5\sqrt{2}\sin\omega t = 100\sqrt{2}\sin\omega t$$

となる。つぎに，C に流れる電流 i_C および全電流 i は

$$i_C = \frac{100}{50}\sqrt{2}\sin\left(\omega t + \frac{\pi}{2}\right) = 2\sqrt{2}\cos\omega t$$
$$i = i_R + i_C = 5\sqrt{2}\sin\omega t + 2\sqrt{2}\cos\omega t$$
$$i = \sqrt{2}I(\sin\omega t\cos\phi + \cos\omega t\sin\phi)$$

と比較して $I\cos\phi = 5$，$I\sin\phi = 2$，これより，$I = \sqrt{29}$，$\phi = \tan^{-1}(2/5)$ $=21.8°$，よって

$$i(t) - \sqrt{58}\sin\left(\omega t + \tan^{-1}\frac{2}{5}\right)\ 〔A〕$$

【4】 周波数 f が a 倍になると，$\omega = 2\pi f$ より ω も a 倍になる。

$$Z = \sqrt{R^2 + (\omega L)^2} = \sqrt{2\,500} = 50\ \Omega$$
$$Z' = \sqrt{R^2 + \left(\frac{\omega L}{2}\right)^2} = \sqrt{1\,300} = 10\sqrt{13}\ \Omega$$
$$\frac{Z'}{Z} - \frac{10\sqrt{13}}{50} = \frac{\sqrt{13}}{5} \fallingdotseq 0.72\ 倍$$

【5】
$$Y = \sqrt{\frac{1}{R^2} + (\omega C)^2} = \sqrt{\frac{1}{100} + \frac{1}{100}} = \frac{\sqrt{2}}{10}\ 〔S〕$$
$$Y' = \sqrt{\frac{1}{R^2} + (2\omega C)^2} = \sqrt{\frac{1}{100} + \frac{4}{100}} = \frac{\sqrt{5}}{10}\ 〔S〕$$
$$\frac{Y'}{Y} = \frac{\sqrt{5}}{\sqrt{2}} \fallingdotseq 1.58\ 倍$$

【6】 図 **2.12**(*b*)において，$I_R = 10\text{A}$，$I_C = 5\text{A}$ であるので

$I = \sqrt{10^2 + 5^2} = 5\sqrt{5}$〔A〕

また $\phi = \tan^{-1}(1/2) = 26.6°$ であるので

$i = 5\sqrt{10}\sin(\omega t + 26.6°)$〔A〕

【7】 フェーザ図は**解図 2.1** のようになる。$I_R = 120/30 = 4\text{A}$，$I_L = 120/15 = 8\text{A}$ なので，$I = \sqrt{4^2 + 8^2} = 4\sqrt{5}$〔A〕，$\phi = -\tan^{-1}(R/\omega L) = -\tan^{-1}(2)$〔rad〕$= -63.4°$，よって

$$i = 4\sqrt{10}\sin(\omega t + 30° - 63.4°)$$
$$= 4\sqrt{10}\sin(\omega t - 33.4°)\text{〔A〕}$$

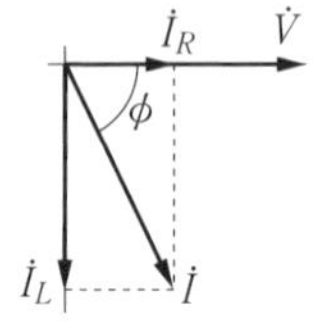

解図 2.1

【8】 ① 流れる電流を $i = \sqrt{2}I\sin(1\,000t + \phi)$，電流のフェーザを I とし，これを基準に考えると，抵抗の両端の電圧の大きさ V_R は

$$V_R = RI = 50I$$

コンデンサ C では

$$X_C = \frac{1}{\omega C} = \frac{1}{10^3 \times 40 \times 10^{-6}} = \frac{100}{4} = 25\ \Omega$$

であるので，$V_C = X_C I = 25I$ となる。

電流，電圧のフェーザを位相を考慮して書くと**解図 2.2** のようになる。これより，$V^2 = V_R^2 + V_C^2 = 25^2 I^2(2^2 + 1)$，$V = 25\sqrt{5}\,I$，$I = 100/25\sqrt{5} = 4/\sqrt{5} = 0.8\sqrt{5}$，$\phi = \tan^{-1}(V_C/V_R) = \tan^{-1}(1/2)$，

よって

$$i(t) = 0.8\sqrt{10}\sin\left(1\,000t + \tan^{-1}\frac{1}{2}\right)\text{〔A〕}$$

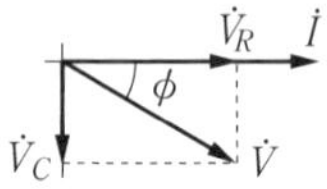

解図 2.2

② $Z = \dfrac{V}{I} = 25\sqrt{5}$〔Ω〕

【9】 ① $I_1 = \dfrac{V}{\sqrt{R^2 + (\omega L)^2}} = \dfrac{120}{40} = 3\ \text{A}$

$$\phi_1 = \tan^{-1}\frac{V_L}{V_R} = \tan^{-1}\frac{\omega L}{R} = \tan^{-1}\sqrt{3} = \frac{\pi}{3}\text{〔rad〕（遅れ）}$$

② $I_2 = \omega CV = \dfrac{\sqrt{3}}{80} \times 120 = \dfrac{3\sqrt{3}}{2}$〔A〕，$\phi_2 = \dfrac{\pi}{2}$〔rad〕（進み）

③ **解図 2.3** 参照

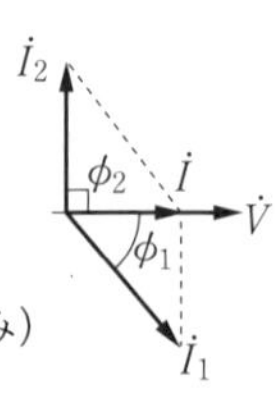

解図 2.3

④ $I_1 = \cos\dfrac{\pi}{3} = 3 \times \dfrac{1}{2} = \dfrac{3}{2}$〔A〕

$I_1 \sin\dfrac{\pi}{3} = 3 \times \dfrac{\sqrt{3}}{2} = \dfrac{3\sqrt{3}}{2}$〔A〕

$$I=\sqrt{\left(I_1\cos\frac{\pi}{3}\right)^2+\left(I_2-I_1\sin\frac{\pi}{3}\right)^2}=\frac{3}{2}\,〔\mathrm{A}〕$$

$\phi=0$，よって

$$i(t)=\frac{3\sqrt{2}}{2}\sin\omega t\,〔\mathrm{A}〕$$

【10】 ① $\dot{A}+\dot{B}=8+j6$，大きさ $=10$，偏角 $=\tan^{-1}\dfrac{3}{4}$

② $\dot{A}-\dot{B}=2-j2$，大きさ $=2\sqrt{2}$，偏角 $=\tan^{-1}(-1)=-\dfrac{\pi}{4}$

③ $\dot{A}\dot{B}=(5+j2)(3+j4)=7+j26$，大きさ $=\sqrt{7^2+26^2}=\sqrt{725}=5\sqrt{29}$

偏角 $=\tan^{-1}\dfrac{26}{7}$　あるいは　$\tan^{-1}\dfrac{2}{5}+\tan^{-1}\dfrac{4}{3}$

④ $\dfrac{\dot{A}}{\dot{B}}=\dfrac{5+j2}{3+j4}=\dfrac{(5+j2)(3-j4)}{25}=\dfrac{23-j14}{25}$

大きさ $=\dfrac{\sqrt{23^2+14^2}}{25}=\dfrac{\sqrt{725}}{25}=\dfrac{\sqrt{29}}{5}$

偏角 $=\tan^{-1}\left(-\dfrac{14}{23}\right)=-\tan^{-1}\dfrac{14}{23}$ あるいは $\tan^{-1}\dfrac{2}{5}-\tan^{-1}\dfrac{4}{3}$

【11】 ① $\sqrt{3}\,e^{j\pi/3}=\sqrt{3}\left(\cos\dfrac{\pi}{3}+j\sin\dfrac{\pi}{3}\right)=\dfrac{\sqrt{3}}{2}(1+j\sqrt{3})$

② $3-j3=3(1-j)=3\sqrt{2}\,e^{-j(\pi/4)}$

③ $e^{j\theta}=\cos\theta+j\sin\theta$，$e^{-j\theta}=\cos\theta-j\sin\theta$，第 1 式と第 2 式を加えて $\cos\theta$ が，第 1 式から第 2 式を引いて $\sin\theta$ が得られる。

【12】 極座標に直すと，$\dot{A}=2e^{j\frac{\pi}{2}}$，$\dot{B}=10e^{-j\frac{\pi}{6}}$，$C=20e^{-j\frac{\pi}{3}}$ となるので

$$\frac{\dot{A}\dot{B}}{\dot{C}}=\frac{20e^{j\left(\frac{\pi}{2}-\frac{\pi}{6}\right)}}{20e^{-j\frac{\pi}{3}}}=e^{j\left(\frac{\pi}{3}+\frac{\pi}{3}\right)}=e^{j\frac{2}{3}\pi}=\cos\frac{2}{3}\pi+j\sin\frac{2}{3}\pi$$

$$=-\frac{1}{2}+j\frac{\sqrt{3}}{2}$$

【13】 ① $\dot{I}=\dfrac{100}{20+j(10^3\times0.015)}=\dfrac{100}{20+j15}=\dfrac{100}{5(4+j3)}=\dfrac{20}{(4+j3)}$

$=\dfrac{4}{5}(4-j3)$

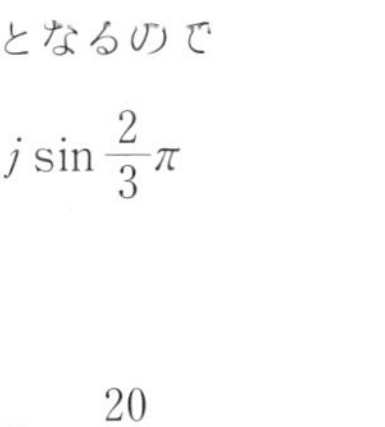

解図 2.4

大きさ $=\dfrac{4}{5}\times5=4$ A，偏角 $\phi=\tan^{-1}\left(-\dfrac{3}{4}\right)=$

$-\tan\dfrac{3}{4}$〔rad〕

② $\dot{Z}=\dfrac{\dot{V}}{\dot{I}}=20+j15=5(4+j3)$

$Z = 5\sqrt{4^2 + 3^2} = 25\ \Omega$

③ **解図 *2.4*** 参照

【14】 電圧と電流の位相差 ϕ は

$$\phi = \frac{\pi}{4} - \left(-\frac{\pi}{12}\right) = \frac{\pi}{3}$$

よって，力率 $\cos\phi = \cos\frac{\pi}{3} = \frac{1}{2}$，　電力 $P = VI\cos\phi = 100 \times 2 \times \frac{1}{2}$ $= 100\ \text{W}$

【15】 有効電力　$P = \mathrm{Re}(\dot{V}\bar{I}) = \mathrm{Re}\{(60 + j80)(4 - j3)\} = 480\ \text{W}$

皮相電力　$H = VI = \sqrt{60^2 + 80^2} \times \sqrt{4^2 + 3^2} = 100 \times 5 = 500\ \text{V·A}$

力　率　$\cos\phi = \frac{P}{H} = \frac{480}{500} = \frac{24}{25} = 0.96$

$\sin\phi = \sqrt{1 - \cos^2\phi} = \frac{7}{25} = 0.28$ なので

無効電力　$Q = VI\sin\phi = 500 \times 0.28 = 140\ \text{V·A}$ または Var

3 章

【1】 図(a)　$\dot{Z} = \frac{j25}{5 + j5} + \frac{-j100}{10 - j10} = \frac{5}{2}(3 - j)$，　$Z = \frac{5}{2}\sqrt{3^2 + 1} = \frac{5}{2}\sqrt{10}$〔Ω〕

図(b)　$\dot{Z} = \frac{2}{25} + \frac{j12}{3 + j4} - j\frac{11}{25} = 2 + j$，　$Z = \sqrt{2^2 + 1} = \sqrt{5}$〔Ω〕

【2】 $Z = \sqrt{20^2 + X_C^2} = \frac{V}{I} = \frac{50}{2} = 25$，　$20^2 + X_C^2 = 25^2$，　$X_C = 15\Omega$

【3】 $\dot{I} = \frac{100}{j25} + \frac{100}{3 - j4} = \left\{-j4 + \frac{100(3 + j4)}{9 + 16}\right\} = 12 + j12$

大きさ $= 12\sqrt{1 + 1} = 12\sqrt{2}$〔A〕，　偏角 $= \tan^{-1}1 = \frac{\pi}{4}$〔rad〕

【4】 ① $\dot{Z} = j + \frac{-j2}{1 - j2} = j + \frac{-j2(1 + j2)}{5} = \frac{1}{5}(4 + j3)$〔Ω〕

② $\dot{I} = \frac{\dot{V}}{\dot{Z}} = \frac{10 \times 5}{4 + j3} = 2(4 - j3)$〔A〕

③ $\dot{I}_1 = \frac{-j2}{1 - j2}\dot{I} = \frac{-j2(1 + j2)}{5} \times 2(4 - j3)$ $= 4(1 - j2)$〔A〕

$\dot{I}_2 = \frac{1}{1 - j2}\dot{I} = \frac{1 + j2}{5} \times 2(4 - j3)$ $= 2(2 + j)$〔A〕

④ **解図 *3.1*** 参照

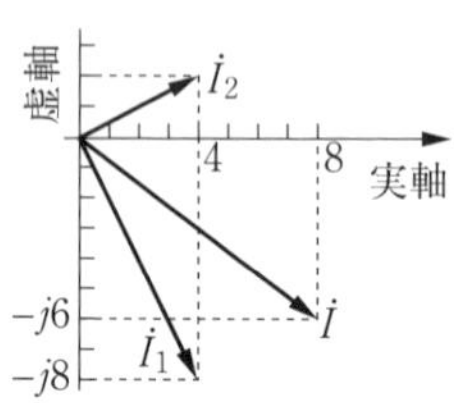

解図 *3.1*

【5】 $$\dot{Z} = \frac{-j\dfrac{1}{\omega C}(R + j\omega L)}{-j\dfrac{1}{\omega C} + R + j\omega L}$$

$$= \frac{\dfrac{L}{C}R - \dfrac{R}{\omega C}\left(\omega L - \dfrac{1}{\omega C}\right) - j\left\{\dfrac{L}{C}\left(\omega L - \dfrac{1}{\omega C}\right) + \dfrac{R^2}{\omega C}\right\}}{R^2 + \left(\omega L - \dfrac{1}{\omega C}\right)^2}$$

虚部が零であればよいので

$$\frac{L}{C}\left(\omega L - \frac{1}{\omega C}\right) = -\frac{R^2}{\omega C} \quad より \quad C = \frac{L}{R^2 + (\omega L)^2}$$

【6】 $$\dot{Z} = R + \frac{jX_2(R_1 + jX_1)}{R_1 + j(X_1 + X_2)}, \quad \dot{I}_0 = \frac{R_1 + j(X_1 + X_2)}{R\{R_1 + j(X_1 + X_2)\} + jX_2(R_1 + jX_1)}\dot{V}$$

分流より

$$\dot{I} = \frac{jX_2}{R_1 + j(X_1 + X_2)}\dot{I}_0$$

$$= \left\{\frac{X_2}{X_2R_1 + R(X_1 + X_2) + j(X_1X_2 - RR_1)}\right\}\dot{V}$$

{　}が実数となるのは，分母の虚部が零であればよいので

$$X_1X_2 - RR_1 = 0 \quad より \quad R = \frac{X_1X_2}{R_1}$$

【7】 回路の複素インピーダンス $\dot{Z}$ は

$$\dot{Z} = -j\frac{1}{\omega C_2} + \frac{R_2\left(R_1 - j\dfrac{1}{\omega C_1}\right)}{R_1 + R_2 - j\dfrac{1}{\omega C_1}}$$

$$= \frac{-j\dfrac{1}{\omega C_1}\left(R_1 + R_2 - j\dfrac{1}{\omega C_1}\right) + R_2\left(R_1 - j\dfrac{1}{\omega C_1}\right)}{R_1 + R_2 - j\dfrac{1}{\omega C_1}}$$

であるので，$\dot{I}_1$ は分流の式を用いて

$$\dot{I}_1 = \frac{R_2}{R_1 + R_2 - j\dfrac{1}{\omega C_1}} \cdot \frac{\dot{V}}{\dot{Z}}$$

$$= \frac{R_2\dot{V}}{\left(R_1R_2 - \dfrac{1}{\omega^2 C_1C_2}\right) - j\left\{\dfrac{R_2}{\omega C_1} + \dfrac{1}{\omega C_2}(R_1 + R_2)\right\}}$$

となる。題意より，$\dot{I}_1$ の分母の実部が零であればよいので

$$R_1R_2 - \frac{1}{\omega^2 C_1C_2} = 0 \quad より \quad R_1R_2 = \frac{1}{\omega^2 C_1C_2}$$

【8】 ① まず，$\dot{I}$ と $\dot{Z}_2$ からなる電流源の部分を電圧源に変換し，全体の等価電圧源を求める。電流源の部分を電圧源に変換したものを**解図 3.2**(a)に示す。

$$\dot{V}_2 = \dot{Z}_2\dot{I}$$

この回路で端子電圧 $\dot{V}_0$，および AB 端から見たインピーダンス $\dot{Z}_0$ は

$$\dot{V}_0 = \dot{V}_2 + \dot{Z}_2\dot{I}_a = \dot{V}_2 + \dot{Z}_2\frac{\dot{V}_1 - \dot{V}_2}{\dot{Z}_1 + \dot{Z}_2} = \frac{\dot{Z}_2(\dot{V}_1 + \dot{Z}_1\dot{I})}{\dot{Z}_1 + \dot{Z}_2}$$

$$\dot{Z}_0 = \frac{\dot{Z}_1\dot{Z}_2}{\dot{Z}_1 + \dot{Z}_2}$$

となるので，等価電圧源は図(b)のようになる。

② $\dot{V}_1$ と $\dot{Z}_1$ からなる電圧源の部分を電流源に変換すると図(c)のようになる。これより，全体の等価電流源は図(d)のようになる。

$$\dot{I}_0 = \frac{\dot{V}_1}{\dot{Z}_1} + \dot{I} = \frac{\dot{V}_1 + \dot{Z}_1\dot{I}}{\dot{Z}_1}$$

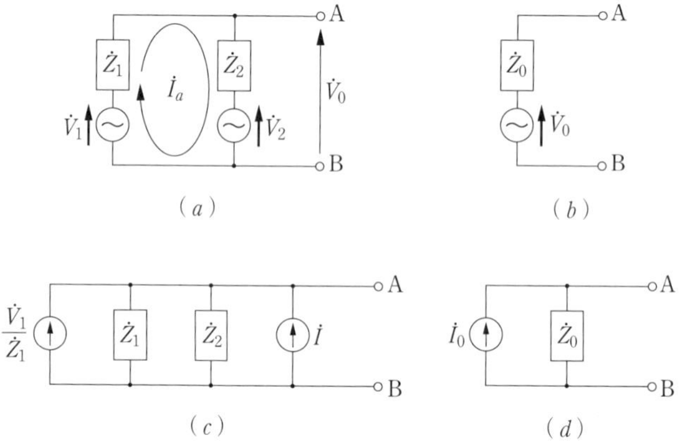

解図 3.2

【9】 重ね合わせの理を用いるとして，まず電圧源だけの回路を考えると，電流源の部分は開放であるので**解図 3.3**(a)のようになる。これより流れる電流 $\dot{I}'$ は

$$\dot{I}' = \frac{10(1+j)}{2+j4} = \frac{5(1+j)}{1+j2}$$

つぎに，電流源だけの回路を考えると，電圧源の部分は短絡であるので，回路は図(b)のようになる。電流 $\dot{I}''$ は分流の関係を用いて

$$\dot{I}'' = \frac{2}{2+j4}5(1-j) = \frac{5(1-j)}{1+j2}$$

となる。よってコイルに流れる電流 $\dot{I}$ はつぎのようになる。

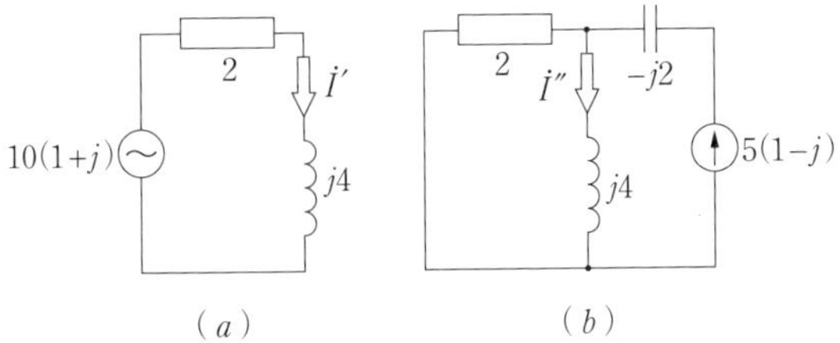

解図 *3.3*

$$\dot{I} = \dot{I}' + \dot{I}'' = \frac{5(1+j)}{1+j2} + \frac{5(1-j)}{1+j2} = \frac{10}{1+j2} = 2(1-j2)\ \text{〔A〕}$$

【10】 重ね合わせの理を用いて，まず $\dot{I}_1$ のみが存在する回路を考える。そのとき，$\dot{I}_2$ の部分は開放となるので，**解図 *3.4*** (*a*)の回路より分流の関係を用いて

$$\dot{I}' = \frac{\dot{Z}_1}{\dot{Z}_1 + \dot{Z}_2 + \dot{Z}_3}\dot{I}_1$$

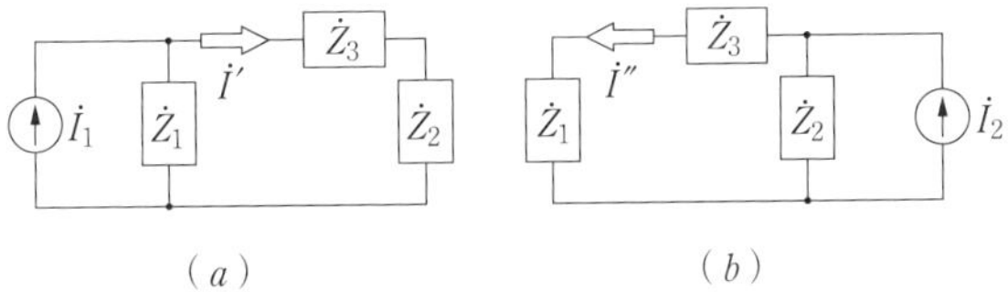

解図 *3.4*

同様にして，図(*b*)のように，$\dot{I}_2$ のみが存在する回路を考えると

$$\dot{I}'' = \frac{\dot{Z}_2}{\dot{Z}_1 + \dot{Z}_2 + \dot{Z}_3}\dot{I}_2$$

となるので，求める電流 $\dot{I}$ は向きを考慮してつぎのようになる。

$$\dot{I} = \dot{I}' - \dot{I}'' = \frac{\dot{Z}_1\dot{I}_1 - \dot{Z}_2\dot{I}_2}{\dot{Z}_1 + \dot{Z}_2 + \dot{Z}_3}$$

【11】 重ね合わせの理を用いる。電圧源だけの回路を考えると**解図 *3.5***(*a*)のようになる。この回路にキルヒホッフの法則を適用してもよいし，さらに重ね合わせの理を用いて求めてもよい。その結果は式(*3.44*)などですでに求められており

$$\dot{I}_3' = \frac{\dot{Z}_2\dot{V}_1 + \dot{Z}_1\dot{V}_2}{\dot{Z}_1\dot{Z}_2 + \dot{Z}_2\dot{Z}_3 + \dot{Z}_3\dot{Z}_1}$$

つぎに，電流源だけの回路を考えると図(*b*)のようになるので

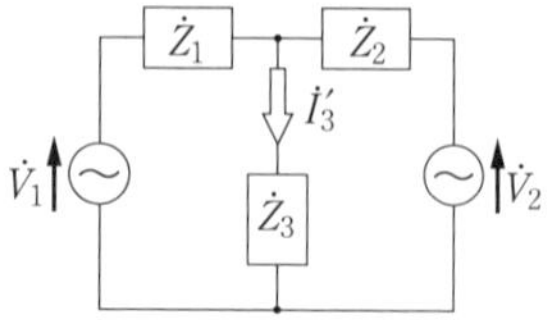

（a）

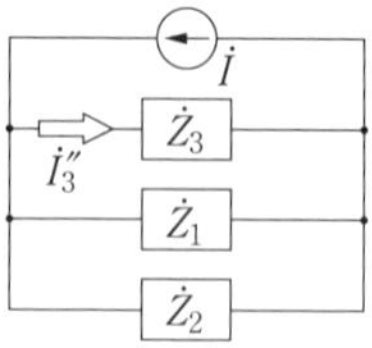

（b）

解図 3.5

$$\dot{I}_3{}'' = \frac{\dfrac{\dot{Z}_1\dot{Z}_2}{\dot{Z}_1+\dot{Z}_2}}{\dot{Z}_3+\dfrac{\dot{Z}_1\dot{Z}_2}{\dot{Z}_1+\dot{Z}_2}}\dot{I} = \frac{\dot{Z}_1\dot{Z}_2\dot{I}}{\dot{Z}_1\dot{Z}_2+\dot{Z}_2\dot{Z}_3+\dot{Z}_3\dot{Z}_1}$$

よって，求める電流 $\dot{I}_3$ はつぎのようになる。

$$\dot{I}_3 = \dot{I}_3{}' + \dot{I}_3{}'' = \frac{\dot{Z}_2\dot{V}_1+\dot{Z}_1\dot{V}_2+\dot{Z}_1\dot{Z}_2\dot{I}}{\dot{Z}_1\dot{Z}_2+\dot{Z}_2\dot{Z}_3+\dot{Z}_3\dot{Z}_1}$$

【12】 ① 回路のインピーダンス $\dot{Z}$ は

$$\dot{Z} = j2 + \frac{-j4(6+j2)}{6+j2-j4} = \frac{6(1-j)}{3-j}$$

抵抗に流れる電流 $\dot{I}$ は

$$\dot{I} = \frac{-j4}{6+j2-j4}\cdot\frac{\dot{E}}{\dot{Z}} = \frac{-j2}{3-j}\times\frac{10(3-j)}{6(1-j)} = \frac{5}{3}(1-j)\ [\mathrm{A}]$$

② テブナンの定理を用いて，抵抗を取り除いた回路の端子電圧 $\dot{V}_0$ は

$$\dot{V}_0 = \frac{-j4}{j2-j4}\times 10 = 20\ \mathrm{V}$$

また，抵抗端からみたインピーダンス $\dot{Z}_0$ は

$$\dot{Z}_0 = j2 + \frac{j2\times(-j4)}{j2-j4} = j6\ [\Omega]$$

よって電流 $\dot{I}$ は

$$\dot{I} = \frac{\dot{V}_0}{\dot{Z}_0+R} = \frac{20}{6+j6} = \frac{5}{3}(1-j)\ [\mathrm{A}]$$

となり，結果は①と一致する。

【13】 $\dot{I} = \dfrac{-\omega^2LC\dot{V}_1+\dot{V}_2}{R+j\omega L(1+j\omega CR)}$

【14】 問図（a）の回路の複素インピーダンス $\dot{Z}$ は

$$\dot{Z} = \frac{-j\dfrac{R}{\omega C}}{R-j\dfrac{R}{\omega C}} = \frac{-j\dfrac{R}{\omega C}\left(R+j\dfrac{1}{\omega C}\right)}{R^2+\left(\dfrac{1}{\omega C}\right)^2} = \frac{\dfrac{R}{\omega C}\left(\dfrac{1}{\omega C}-jR\right)}{R^2+\left(\dfrac{1}{\omega C}\right)^2}$$

また，問図(b)の回路の複素インピーダンス $\dot{Z}$ は

$$\dot{Z} = R' - j\frac{1}{\omega C'}$$

と表されるので，両方のインピーダンスを等しいとおいて

$$R' = \frac{\dfrac{R}{\omega^2 C^2}}{R^2 + \left(\dfrac{1}{\omega C}\right)^2} = \frac{R}{(R\omega C)^2 + 1}$$

$$\frac{1}{\omega C'} = \frac{\dfrac{R^2}{\omega C}}{R^2 + \left(\dfrac{1}{\omega C}\right)^2} = \frac{R^2 \omega C}{(R\omega C)^2 + 1}, \qquad C' = \frac{(R\omega C)^2 + 1}{R^2 \omega^2 C}$$

【15】 $-j\dfrac{R_2}{\omega C_3} = \left(R_4 - j\dfrac{1}{\omega C_4}\right)\left(\dfrac{-j\dfrac{R_1}{\omega C_1}}{R_1 - j\dfrac{1}{\omega C_1}}\right)$ より

$$R_4 = \frac{C_1}{C_3}R_2, \qquad C_4 = \frac{R_1}{R_2}C_3$$

【16】 $R_1(R_4 + j\omega L_4) = R_3(R_2 + j\omega L_2)$ より，$R_1 R_4 = R_2 R_3$ および $R_1 L_4 = R_3 L_2$

【17】 $R_2 R_3 = \left(R_1 - j\dfrac{1}{\omega C_1}\right)(R_4 + j\omega L_4)$ より，$R_2 R_3 = R_1 R_4 + \dfrac{L_4}{C_1}$ および $R_1 \omega L_4 = \dfrac{R_4}{\omega C_1}$

【18】 ① $\dot{Z} = j + \dfrac{(1+j)(1-j3)}{(1+j)+(1-j3)} = j + \dfrac{3+j}{2} = \dfrac{3}{2}(1+j)$ 〔Ω〕

② $\dot{I}_1 = \dfrac{\dot{V}}{\dot{Z}} = \dfrac{18 \times 2}{3(1+j)} = 6(1-j)$ 〔A〕

$\dot{I}_2 = \dfrac{1-j3}{2-j2} \times 6(1-j) = 3(1-j3)$ 〔A〕

$\dot{I}_3 = \dfrac{1+j}{2-j2} \times 6(1-j) = 3(1+j)$ 〔A〕

③ **解図 *3.6*** 参照

④ $P = \mathrm{Re}(\dot{V}\bar{I}) = \mathrm{Re}\{18 \times 6(1+j)\} = 108$ W

あるいは

$$P = 1 \times I_2^2 + 1 \times I_3^2 = 90 + 18 = 108 \text{ W}$$

$$\cos\phi = \frac{P}{VI_1} = \frac{108}{18 \times 6\sqrt{2}} = \frac{1}{\sqrt{2}}$$

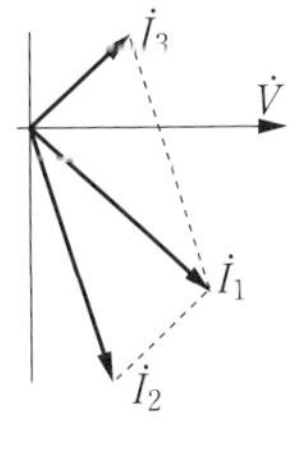

解図 *3.6*

【19】 回路のアドミタンス $\dot{Y}$ は

$$\dot{Y} = \frac{1}{R_1 + j\omega L} + \frac{1}{R_2 - j\dfrac{1}{\omega C}} = \frac{R_1 - j\omega L}{{R_1}^2 + (\omega L)^2} + \frac{R_2 + j\dfrac{1}{\omega C}}{{R_2}^2 + \left(\dfrac{1}{\omega C}\right)^2}$$

題意より，虚部は零でなければならないので

$$\frac{L}{{R_1}^2 + (\omega L)^2} = \frac{C}{1 + (R_2 \omega C)^2} \tag{1}$$

あるいは

$$\omega(C{R_1}^2 - L) + \omega^3 LC(L - C{R_2}^2) = 0 \tag{2}$$

となる。そのときのアドミタンス Y は

$$Y = \frac{R_1 + \omega^2 LCR_2}{{R_1}^2 + (\omega L)^2}$$

となる。

$\partial Y/\partial\omega = 0$ より，$R_1 R_2 = L/C$ を得る。これを式(1)あるいは式(2)に代入して $R_1 = R_2 = \sqrt{L/C}$ を得る。この結果は，偏微分を使わなくても式(2)の ω の係数を零とおいても得られる。

【20】 回路のインピーダンス Z は

$$Z = \sqrt{(5 + R)^2 + (2 + X)^2} = 100 \times \frac{4}{25\sqrt{2}} = 8\sqrt{2}\ \Omega$$

これより

$$(5 + R)^2 + (2 + X)^2 = 128$$

また

$$\tan\frac{\pi}{4} = \frac{2 + X}{5 + R} = 1$$

より

$$2 + X = 5 + R$$

これより

$$(5 + R)^2 = 64, \qquad 5 + R = \pm 8$$

$R \geqq 0$ を採用して

$$R = 3\,\Omega, \qquad X = 6\,\Omega$$

【21】 $4 - j3$〔Ω〕の部分に流れる電流 $\dot{I}_1$ は

$$\dot{I}_1 = \frac{100}{4 - j3} = 4(4 + j3)\ \text{〔A〕}$$

$\dot{Z}$ に流れる電流 $\dot{I}_2$ は

$$\dot{I}_2 = \dot{I} - \dot{I}_1 = 4(7 - j) - 4(4 + j3) = 4(3 - j4)\ \text{〔A〕}$$

よって $\dot{Z}$ は

$$\dot{Z} = \frac{100}{4(3 - j4)} = 3 + j4 \ [\Omega]$$

【22】 電流が同じになるにはインピーダンスあるいはアドミタンスが等しければよい。S を開いたときのアドミタンス $\dot{Y}_1$ は

$$\dot{Y}_1 = j\omega C$$

S を閉じたときのアドミタンス $\dot{Y}_2$ は

$$\dot{Y}_2 = j\omega C + \frac{1}{R + j\omega L} = \frac{R - j\omega L + j\omega C\{R^2 + (\omega L)^2\}}{R^2 + (\omega L)^2}$$

これらの大きさが等しいとおいて

$$\omega C = \frac{1}{R^2 + (\omega L)^2}\sqrt{R^2 + [\omega C\{R^2 + (\omega L)^2\} - \omega L]^2}$$

より $2\omega^2 LC = 1$

【23】 テブナンの定理において

$$2 = \frac{100}{R_0 + 30}$$

より $R_0 = 20\ \Omega$

【24】 R に流れる電流 $\dot{I}$ は

$$\dot{I} = \frac{-j\dfrac{1}{\omega C}}{R - j\dfrac{1}{\omega C}} \cdot \frac{\dot{V}}{j\omega L + \dfrac{-j\dfrac{R}{\omega C}}{R - j\dfrac{1}{\omega C}}} = \frac{-j\dfrac{1}{\omega C}\dot{V}}{j\omega L\left(R - j\dfrac{1}{\omega C}\right) - j\dfrac{R}{\omega C}}$$

$$= \frac{\dot{V}}{R(1 - \omega^2 LC) + j\omega L}$$

その大きさ I は

$$I = \frac{V}{\sqrt{R^2(1 - \omega^2 LC)^2 + \omega^2 L^2}}$$

消費電力 P は

$$P = RI^2 = \frac{RV^2}{R^2(1 - \omega^2 LC)^2 + \omega^2 L^2}$$

であるので，$dP/dC = 0$ より，あるいは上式において分母の（　）内を零にすれば P が最大となるのは明らかで，そのときの条件は $1 - \omega^2 LC = 0$ すなわち $C = 1/\omega^2 L$ のとき，消費電力が最大になる。その最大電力 $P_{\max}$ は

$$P_{\max} = \frac{RV^2}{\omega^2 L^2}$$

【25】 コイル L のリアクタンス X は，$X = \omega L = 5 \times 10^3 \times 100 \times 10^{-3} = 500\ \Omega$

回路のインピーダンス $\dot{Z}$ は

$$\dot{Z} = R_1 + \frac{jR_2X}{R_2 + jX} = 1 + \frac{j}{2+j} = \frac{2}{5}(3+j)\ [\mathrm{k\Omega}]$$

電流 $\dot{I}$ は

$$\dot{I} = \frac{\dot{V}}{\dot{Z}} = \frac{10}{\frac{2}{5}(3+j)} = \frac{5}{2}(3-j)\ [\mathrm{mA}]$$

電力 P は，$P = \mathrm{Re}(\dot{V}\bar{\dot{I}}) = 10 \times \dfrac{5}{2} \times 3 = 75\ \mathrm{mW}$

【26】 RL 直列部に流れる電流を $\dot{I}_2$ とすると

$$\dot{I}_2 = \frac{\dot{V}}{R + j\omega L}, \qquad I_2 = \frac{V}{\sqrt{R^2 + (\omega L)^2}}$$

よって，電力 P は抵抗のみで消費するので

$$P = RI_2{}^2 = \frac{RV^2}{R^2 + (\omega L)^2}$$

また，C に流れる電流を $\dot{I}_1$ とすると，$\dot{I}_1 = j\omega C\dot{V}$ であるので，全電流 $\dot{I}$ は

$$\dot{I} = \dot{I}_1 + \dot{I}_2 = \frac{R}{R^2 + (\omega L)^2} + j\left(\omega C - \frac{\omega L}{R^2 + (\omega L)^2}\right)$$

$$I = \frac{V}{R^2 + (\omega L)^2}\sqrt{R^2 + [\omega C\{R^2 + (\omega L)^2\} - \omega L]^2}$$

よって，力率は

$$\cos\phi = \frac{P}{VI} = \frac{R}{\sqrt{R^2 + [\omega C\{R^2 + (\omega L)^2\} - \omega L]^2}}$$

力率が 1 となるための条件は，上式の分母において〔　〕内が零であればよいので

$$C = \frac{L}{R^2 + (\omega L)^2}$$

【27】 電圧，電流のフェーザ図を書くと**解図 3.7** のようになるので，これより

$$I_1{}^2 = (I_2 + I_3\cos\phi)^2 + (I_3\sin\phi)^2 = I_2{}^2 + I_3{}^2 + 2I_2I_3\cos\phi$$

$\dot{Z}$ による消費電力 P は，$P = VI_3\cos\phi$ であるので，上式より $I_3\cos\phi$ を求めて代入し

$$P = \frac{R}{2}(I_1{}^2 - I_2{}^2 - I_3{}^2)$$

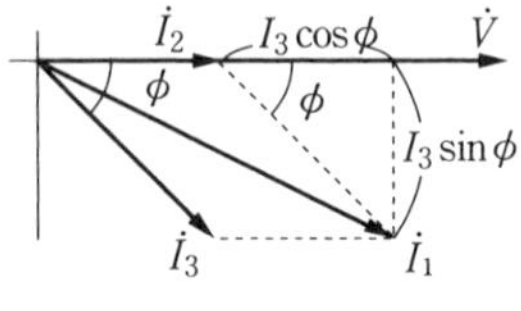

解図 3.7

【28】 電圧，電流のフェーザ図を書くと**解図 3.8** のようになるので，これより

$$V_1^2 = (V_2 + V_3 \cos\phi)^2 + (V_3 \sin\phi)^2$$
$$= V_2^2 + V_3^2 + 2 V_2 V_3 \cos\phi$$

$\dot{Z}$ による消費電力は $P = V_3 I \cos\phi$ であるので，$I = V_2/R$，および上式より $V_3 \cos\phi$ を求めて代入し

$$P = \frac{1}{2R}(V_1^2 - V_2^2 - V_3^2)$$

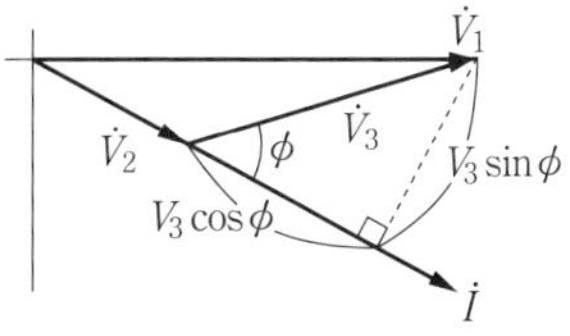

解図 3.8

4章

【1】 この回路は節点数 $n = 2$，枝数 $b = 3$ である。まず，閉路電流法で求める。閉路の数は $l = b - (n-1) = 3 - (2-1) = 2$ であるので，閉路および電流を**解図 4.1**(a)のように定める。

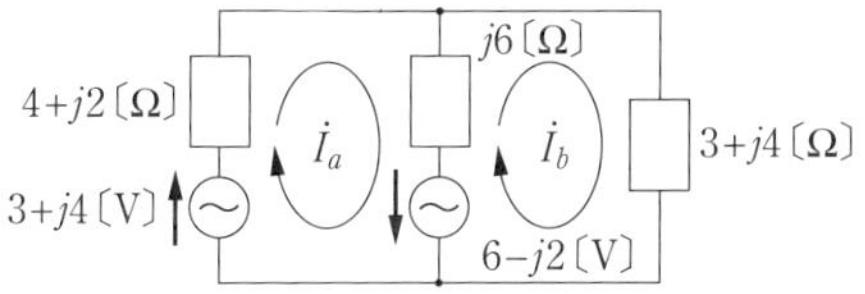

(a)

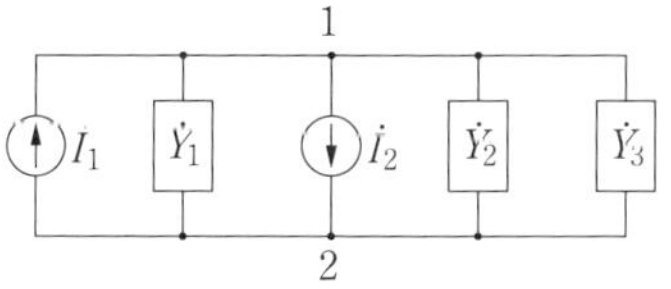

$\dot{I}_1 = \dfrac{3+j4}{4+j2}$〔A〕，　$\dot{I}_2 = \dfrac{6-j2}{j6}$〔A〕

$\dot{Y}_1 = \dfrac{1}{4+j2}$，　$\dot{Y}_2 = \dfrac{1}{j6}$，　$\dot{Y}_3 = \dfrac{1}{3+j4}$〔S〕

(b)

解図 4.1

キルヒホッフの第二法則を適用して次式を得る。

$$9 + j2 = (4 + j8)\dot{I}_a - j6\dot{I}_b, \qquad -6 + j2 = -j6 I_b + (3 + j10)\dot{I}_a$$

これらより，求める電流 $\dot{I}_b$ はつぎのようになる。

$$\dot{I}_b = \frac{\begin{vmatrix} 4 + j8 & 9 + j2 \\ -j6 & -6 + j2 \end{vmatrix}}{\begin{vmatrix} 4 + j8 & -j6 \\ -j6 & 3 + j10 \end{vmatrix}} = \frac{-26 + j7}{16(-1 + j2)} = \frac{1}{16}(8 + j9)$$

参考までに，電流 $\dot{I}_a$ を求めるとつぎのようになる。

$$\dot{I}_a = \frac{\begin{vmatrix} 9+j2 & -j6 \\ -6+j2 & 3+j10 \end{vmatrix}}{\begin{vmatrix} 4+j8 & -j6 \\ -j6 & 3+j10 \end{vmatrix}} = \frac{5(-1+j12)}{16(-1+j2)} = \frac{5}{32}(5-j2)$$

$$\dot{I}_a - \dot{I}_b = \frac{1}{32}(9-j28)$$

つぎに,節点電位法を用いて求める。電圧源を電流源に変換した回路を図(b)に示す。未知数は $n-1=2-1=1$ であり,節点2の電位を基準に零とおき,節点1の電位を $\dot{V}_1$ とする。節点1にキルヒホッフの第一法則を適用すると

$$-\dot{I}_1 + \dot{Y}_1\dot{V}_1 + \dot{I}_2 + \dot{Y}_2\dot{V}_1 + \dot{Y}_3\dot{V}_1 = 0$$

$$\left(\frac{1}{4+j2} + \frac{1}{j6} + \frac{1}{3+j4}\right)\dot{V}_1 = \frac{3+j4}{4+j2} - \frac{6-j2}{j6}$$

$$\dot{V}_1 = \frac{-12+j59}{16}, \qquad \dot{I}_b = \frac{1}{3+j4} \cdot \frac{-12+j59}{16} = \frac{1}{16}(8+j9)$$

となり,閉路電流法で求めた結果と一致する。

【2】 節点電位法を用いる。**問図 4.2** の電圧源を電流源に変換して考え(**解図 4.2** 参照),図の節点3を基準に取り,節点1の電位を $\dot{V}_1$,節点2の電位を $\dot{V}_2$ とする。

$\dot{I}_1 = \dfrac{\dot{V}_1}{\dot{Z}_1}$

$\dot{Y}_1 = j\omega C_1, \qquad \dot{Y}_2 = j\omega C_2, \qquad \dot{Y}_3 = \dfrac{1}{j\omega L}$

$\dot{Y} = \dfrac{1}{\dot{Z}}$

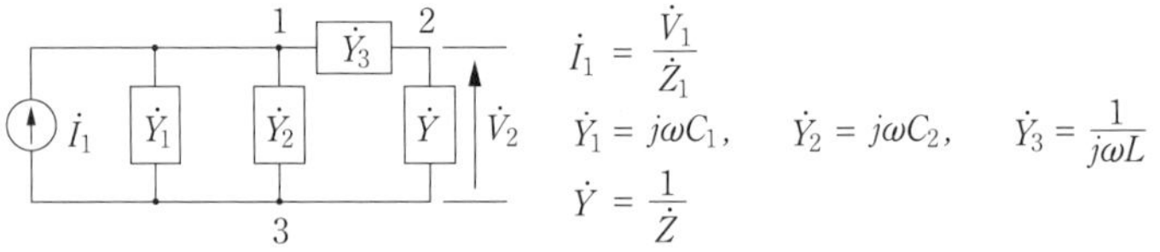

解図 **4.2**

節点1および2にキルヒホッフの第一法則を適用して

$$(\dot{Y}_1 + \dot{Y}_2)\dot{V}_1 + \dot{Y}_3(\dot{V}_1 - \dot{V}_2) - \dot{I}_1 = 0, \qquad \dot{Y}_1\dot{V}_2 + \dot{Y}_3(\dot{V}_2 - \dot{V}_1) = 0$$

これらより $\dot{V}_2$ を計算すると

$$\dot{V}_2 = \frac{\dot{Y}_1\dot{Y}_3}{(\dot{Y}_1+\dot{Y}_2+\dot{Y}_3)\dot{Y} + (\dot{Y}_1+\dot{Y}_2)\dot{Y}_3}\dot{V}$$

となる。この電圧が負荷に無関係であるためには上の式において $\dot{Y}$ の係数が零であればよいので,$\dot{Y}_1 + \dot{Y}_2 + \dot{Y}_3 = 0$ を得る。また,そのときの電圧 $\dot{V}_2$ は

$$\dot{V}_2 = \frac{\dot{Y}_1}{\dot{Y}_1 + \dot{Y}_2}\dot{V}$$

となる。問題の素子のときは，$\dot{Y}_1 = j\omega C_1$，$\dot{Y}_2 = j\omega C_2$，$\dot{Y}_3 = 1/j\omega L$ であるので

$$\omega^2(C_1 + C_2)L = 1, \qquad \dot{V}_2 = \frac{C_1}{C_1 + C_2}\dot{V}$$

この回路は，負荷の電圧が負荷のインピーダンスに依存しないので，高電圧の電圧変成装置として用いられる。

5章

【1】 ① $LC = 4 \times 10^{-3} \times 0.001 \times 10^{-6} = 4 \times 10^{-12}$

$$\omega_0 = \frac{1}{\sqrt{LC}} = \frac{1}{2 \times 10^{-6}} = 5 \times 10^5 \text{ rad/s}$$

$$f_0 = \frac{1}{2\pi\sqrt{LC}} = \frac{500}{2\pi} = \frac{250}{\pi} \fallingdotseq 79.6 \text{ kHz}$$

② $I_0 = \dfrac{V}{R} = \dfrac{1}{50} = 0.02 \text{ A} = 20 \text{ mA}$，　③ $Q_0 = \dfrac{\omega_0 L}{R} = \dfrac{2\,000}{50} = 40$

④ $\dfrac{\varDelta f}{f_0} = \dfrac{1}{Q_0} = \dfrac{1}{40} = 0.025$

⑤ $\omega L = 2\omega_0 L = 2 \times 5 \times 10^5 \times 4 \times 10^{-3} = 4\,000$

$$\frac{1}{\omega C} = \frac{1}{2\omega_0 C} = \frac{1}{2 \times 5 \times 10^5 \times 10^{-9}} = 1\,000$$

$$\left(\omega L - \frac{1}{\omega C}\right) \gg R, \qquad Z \fallingdotseq \omega L - \frac{1}{\omega C}$$

なので

$$\frac{I}{I_0} = \frac{1}{3\,000 \times 0.02} = \frac{1}{60} \fallingdotseq 0.017 \text{ 倍}$$

【2】 回路の合成インピーダンス $\dot{Z}$ は

$$\dot{Z} = R_1 + j\omega L + \frac{-j\dfrac{R_2}{\omega C}}{R_2 - j\dfrac{1}{\omega C}}$$

$$= R_1 + \frac{\dfrac{R_2}{(\omega C)^2}}{R_2{}^2 + \dfrac{1}{(\omega C)^2}} + j\left\{\omega L - \frac{\dfrac{R_2{}^2}{\omega C}}{R_2{}^2 + \dfrac{1}{(\omega C)^2}}\right\}$$

共振時は電源電圧と回路全体に流れる電流が同相になるので，そのためには上式のインピーダンスの虚部が零であればよい。

$$\omega L = \frac{\dfrac{R_2{}^2}{\omega C}}{R_2{}^2 + \dfrac{1}{(\omega C)^2}}$$

より ω_0 を求めると

$$\omega_0 = \frac{1}{R_2 C}\sqrt{\frac{C}{L}R_2{}^2 - 1}$$

となる。式を変形して

$$f_0 = \frac{\omega_0}{2\pi} = \frac{1}{2\pi\sqrt{LC}}\sqrt{1 - \frac{L}{CR_2{}^2}}$$

【3】 回路の電流 I と電圧 V の大きさの関係は

$$I = \sqrt{\frac{1}{R^2} + \left(\omega C - \frac{1}{\omega L}\right)^2}\, V$$

であるので，共振時の電流を $I_0 = V/R$ として

$$\frac{\sqrt{2}\, I_0}{V} = \sqrt{\frac{1}{R^2} + \left(\omega C - \frac{1}{\omega L}\right)^2}, \qquad \omega C - \frac{1}{\omega L} = \pm\frac{1}{R}$$

を満たす ω を $\omega_1(= 2\pi f_1)$，$\omega_2(= 2\pi f_2)$ とおくと

$$\omega_2 C - \frac{1}{\omega_2 L} = \frac{1}{R} \quad \text{より} \quad \omega_2 = \frac{1}{2}\left\{\frac{1}{CR} + \sqrt{\frac{1}{(CR)^2} + \frac{4}{LC}}\right\}$$

$$\omega_1 C - \frac{1}{\omega_1 L} = -\frac{1}{R} \quad \text{より} \quad \omega_1 = \frac{1}{2}\left\{-\frac{1}{CR} + \sqrt{\frac{1}{(CR)^2} + \frac{4}{LC}}\right\}$$

であるので

$$\omega_2 - \omega_1 = \frac{1}{CR}, \qquad \omega_1\omega_2 = \frac{1}{LC} = \omega_0{}^2$$

となる。これよりつぎの関係を得る。

$$Q_0 = \frac{\omega_0}{\omega_2 - \omega_1} = \frac{\omega_0}{\dfrac{1}{CR}} = \omega_0 CR = \frac{R}{\omega_0 L} = R\sqrt{\frac{C}{L}}$$

【4】 ① $\dfrac{Q_0}{2} = \dfrac{R}{2}\sqrt{\dfrac{C}{L}} = \dfrac{RR_a}{R + R_a}\sqrt{\dfrac{C}{L}}$ より $R = R_a$

$$2f_0 = \frac{2}{2\pi\sqrt{LC}} = \frac{1}{2\pi\sqrt{\dfrac{LL_a}{L + L_a}C}} \quad \text{より} \quad L = 3L_a$$

$$\frac{f_0}{2} = \frac{1}{4\pi\sqrt{LC}} = \frac{1}{2\pi\sqrt{L(C + C_a)}} \quad \text{より} \quad C = \frac{C_a}{3}$$

② $Q_0 = R\sqrt{\dfrac{C}{L}} = \dfrac{R_a}{3}\sqrt{\dfrac{C_a}{L_a}}$，　③ $f_0 = \dfrac{1}{2\pi\sqrt{LC}} = \dfrac{1}{2\pi\sqrt{L_a C_a}}$

【5】 $\dot{Z} = R_1 + \dfrac{jR_2\left(\omega L - \dfrac{1}{\omega C}\right)}{R_2 + j\left(\omega L - \dfrac{1}{\omega C}\right)}$

$$= R_1 + \frac{R_2\left(\omega L - \dfrac{1}{\omega C}\right)^2 + jR_2{}^2\left(\omega L - \dfrac{1}{\omega C}\right)}{R_2{}^2 + \left(\omega L - \dfrac{1}{\omega C}\right)^2}$$

$$x = R_1 + \frac{R_2\left(\omega L - \dfrac{1}{\omega C}\right)^2}{R_2{}^2 + \left(\omega L - \dfrac{1}{\omega C}\right)^2} \quad (1), \qquad y = \frac{R_2{}^2\left(\omega L - \dfrac{1}{\omega C}\right)}{R_2{}^2 + \left(\omega L - \dfrac{1}{\omega C}\right)^2} \quad (2)$$

とおいて，式(1)から $(\omega L - 1/\omega C)^2$ を求めると

$$\left(\omega L - \frac{1}{\omega C}\right)^2 = \frac{R_2{}^2(x - R_1)}{R_1 + R_2 - x}$$

となるので，これを式(2)に代入し ω を消去すると

$$\left\{x - \left(R_1 + \frac{R_2}{2}\right)\right\}^2 + y^2 = \left(\frac{R_2}{2}\right)^2$$

となる。これは，$(R_1 + R_2/2,\ 0)$ に中心をもつ半径 $R_2/2$ の円となる（**解図 5.1** 参照）。

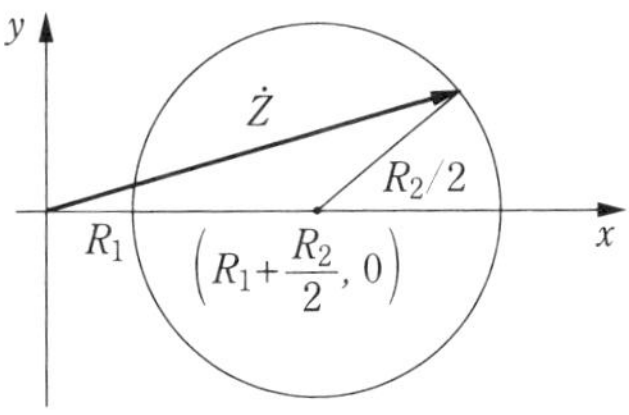

解図 5.1

【6】 $\dot{V}$ と $\dot{V}_0$ の関係は

$$\dot{V} = \frac{1}{2}\dot{V}_0 - \frac{-j\dfrac{1}{\omega C}}{R - j\dfrac{1}{\omega C}}\dot{V}_0$$

となる。実部を x，虚部を y とおいて

$$x = \left\{\frac{1}{2} - \frac{\left(\dfrac{1}{\omega C}\right)^2}{R^2 + \left(\dfrac{1}{\omega C}\right)^2}\right\}V_0$$

$$= \frac{\dfrac{1}{2}\left\{R^2 - \left(\dfrac{1}{\omega C}\right)^2\right\}}{R^2 + \left(\dfrac{1}{\omega C}\right)^2}V_0$$

$$y = \frac{\dfrac{R}{\omega C}}{R^2 + \left(\dfrac{1}{\omega C}\right)^2}V_0 \geqq 0$$

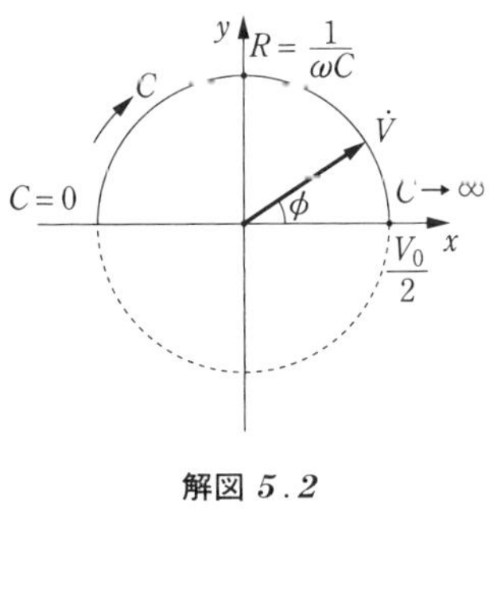

解図 5.2

上式を整理すると

$$x^2+y^2=\left(\frac{V_0}{2}\right)^2,\qquad \phi=\tan^{-1}\frac{2R\omega C}{(R\omega C)^2-1}$$

となる。$\dot{V}$ の大きさはつねに一定で，$V_0/2$ となり，位相 ϕ だけが変化する（**解図 5.2** 参照）。

6 章

【1】 この場合の等価回路は**解図 6.1** のようになるので，これより $\dot{Z}$ は

$$\dot{Z}=j\left(\omega L-\omega M-\frac{1}{\omega C}\right)+\frac{j\omega M\times j\left(\omega L-\omega M-\frac{1}{\omega C}\right)}{j\omega M+j\left(\omega L-\omega M-\frac{1}{\omega C}\right)}$$

$$=j\left\{\left(\omega L-\frac{1}{\omega C}\right)-\frac{\omega^2M^2}{\omega L-\frac{1}{\omega C}}\right\}$$

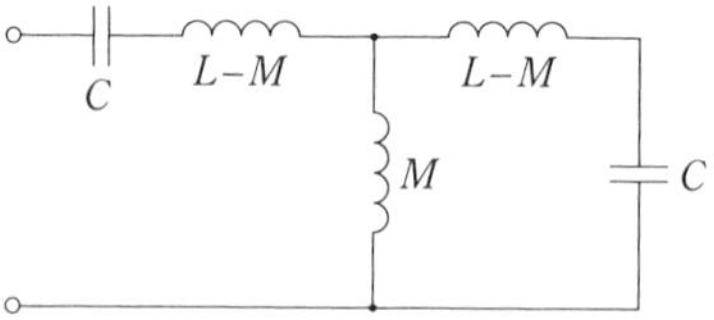

解図 6.1

【2】 ① L_2 の部分に流れる電流を $\dot{I}_2$ として回路の方程式を立てると

$$\dot{V}=j\omega L_1\dot{I}_1+j\omega M\dot{I}_2+R\dot{I}_1,\qquad \dot{V}=j\omega L_2\dot{I}_2+j\omega M\dot{I}_1$$

第 2 式より，$j\omega\dot{I}_2=\frac{1}{L_2}(\dot{V}-j\omega M\dot{I}_1)$ を第 1 式に代入して

$$\dot{I}_1=\frac{\omega(L_2-M)\dot{V}}{R\omega L_2+j\omega^2(L_1L_2-M^2)}$$

② 上式より分母の虚部が零であればよいので，条件は $M^2=L_1L_2$

③ $\dot{I}_1$ の分母の実部と虚部が等しければよいので，条件は

$RL_2=\omega(L_1L_2-M^2)$

【3】 等価回路は**解図 6.2** のようになる。

この回路にキルヒホッフの法則を適用して

$$\dot{V}=j\left(\omega L_1-\frac{1}{\omega C}\right)\dot{I}_1$$

$$-j\left(\omega M-\frac{1}{\omega C}\right)\dot{I}_2$$

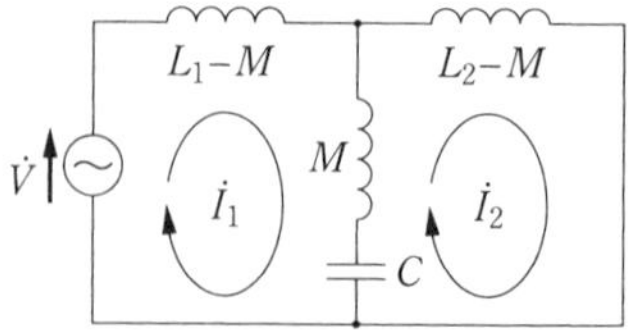

解図 6.2

$$0 = -j\left(\omega M - \frac{1}{\omega C}\right)\dot{I}_1 + j\left(\omega L_2 - \frac{1}{\omega C}\right)\dot{I}_2$$

これらより

$$\varDelta = \begin{vmatrix} j\left(\omega L_1 - \frac{1}{\omega C}\right) & -j\left(\omega M - \frac{1}{\omega C}\right) \\ -j\left(\omega M - \frac{1}{\omega C}\right) & j\left(\omega L_2 - \frac{1}{\omega C}\right) \end{vmatrix}$$

$$= -\left(\omega L_1 - \frac{1}{\omega C}\right)\left(\omega L_2 - \frac{1}{\omega C}\right) + \left(\omega M - \frac{1}{\omega C}\right)^2$$

$$\dot{I}_1 = \frac{1}{\varDelta}\begin{vmatrix} \dot{V} & -j\left(\omega M - \frac{1}{\omega C}\right) \\ 0 & j\left(\omega L_2 - \frac{1}{\omega C}\right) \end{vmatrix}$$

$$= \frac{-j\left(\omega L_2 - \frac{1}{\omega C}\right)\dot{V}}{\left(\omega L_1 - \frac{1}{\omega C}\right)\left(\omega L_2 - \frac{1}{\omega C}\right) - \left(\omega M - \frac{1}{\omega C}\right)^2}$$

$$\dot{I}_2 = \frac{1}{\varDelta}\begin{vmatrix} j\left(\omega L_1 - \frac{1}{\omega C}\right) & \dot{V} \\ -j\left(\omega M - \frac{1}{\omega C}\right) & 0 \end{vmatrix}$$

$$= \frac{-j\left(\omega M - \frac{1}{\omega C}\right)\dot{V}}{\left(\omega L_1 - \frac{1}{\omega C}\right)\left(\omega L_2 - \frac{1}{\omega C}\right) - \left(\omega M - \frac{1}{\omega C}\right)^2}$$

となる。また，$\dot{I}_2$が零となるための条件は上式よりただちに$\omega M = 1/\omega C$なので

$$\omega^2 = \frac{1}{MC}, \qquad f = \frac{1}{2\pi\sqrt{MC}}$$

【4】 等価回路は**解図 *6.3*** となる。これよりインピーダンス$\dot{Z}$は

$$\dot{Z} = j\omega(L_1 - M) + \frac{j(R + j\omega M)\left(\omega L_2 - \omega M - \frac{1}{\omega C}\right)}{R + j\left(\omega L_2 - \frac{1}{\omega C}\right)}$$

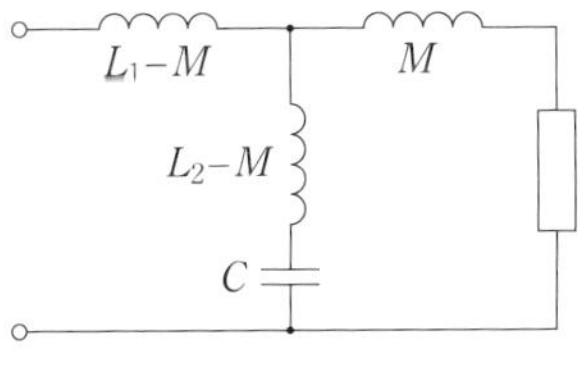

解図 *6.3*

【5】 等価回路は**解図 6.4** のようになる。この回路に流入する電流をキルヒホッフの法則より求めると，図のようにループ電流 $\dot{I}_1$，I_2 を仮定して

$$\dot{V} = (R_1 + j\omega L_1)\dot{I}_1 + j\omega M\dot{I}_2, \qquad 0 = j\omega M\dot{I}_1 + (R_2 + j\omega L_2)\dot{I}_2$$

これより

$$\dot{I}_1 = \frac{\begin{vmatrix} \dot{V} & j\omega M \\ 0 & R_2 + j\omega L_2 \end{vmatrix}}{\begin{vmatrix} R_1 + j\omega L_1 & j\omega M \\ j\omega M & R_2 + j\omega L_2 \end{vmatrix}}$$

$$= \frac{(R_2 + j\omega L_2)\dot{V}}{R_1R_2 - \omega^2(L_1L_2 - M^2) + j\omega(R_1L_2 + R_2L_1)}$$

回路の電力 P は，$\dot{I}_1$ の共役複素数を $\bar{\dot{I}}_1$ として

$$P = \mathrm{Re}(\dot{V}\bar{\dot{I}}_1) = \frac{R_1R_2{}^2 + R_1\omega^2L_2{}^2 + R_2\omega^2M^2}{\{R_1R_2 - \omega^2(L_1L_2 - M^2)\}^2 + \omega^2(R_1L_2 + R_2L_1)^2}V^2$$

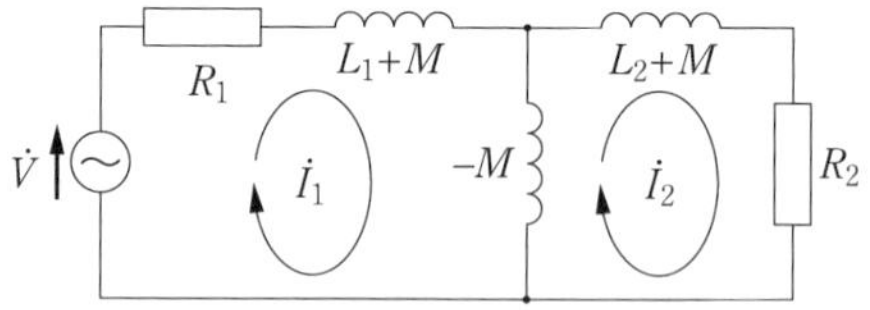

解図 6.4

【6】 前問【5】の結果において，$R_1 = 0$，$R_2 = R$ とおいて

$$P = \frac{R\omega^2M^2V^2}{\{\omega^2(L_1L_2 - M^2)\}^2 + R^2\omega^2L_1{}^2}$$

$M^2 = L_1L_2$ の関係があるときは

$$P = \frac{1}{R}\left(\frac{L_2}{L_1}\right)V^2$$

となる。これは，理想変成器に接続された抵抗での消費電力になる。

【7】 等価回路は**解図 6.5** のようになる。電流および電力は

$$\dot{I} = \frac{\dot{V}}{r + \dfrac{R}{a^2}}, \qquad P = \frac{R}{a^2}I^2 = \frac{a^2RV^2}{(a^2r + R)^2}$$

となる。この結果を用いて

① $dP/dR = 0$ より，$R = a^2r$ のとき電力は最大になる。

② $dP/da = 0$ より，$a = \sqrt{R/r}$ のとき電力は最大となる。

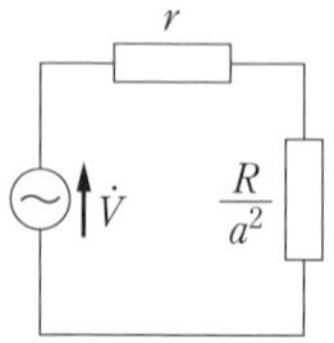

解図 6.5

【8】 等価回路は**解図 6.6** となるので，これより平衡条件は

$$R_3\{R_2 + j\omega(L_2 - M)\} = j\omega M\left(R_4 - j\frac{1}{\omega C_4}\right)$$

両辺の実部，虚部どうしを等しいとおいて

$$M = R_2R_3C_4, \qquad R_3(L_2 - M) = MR_4$$

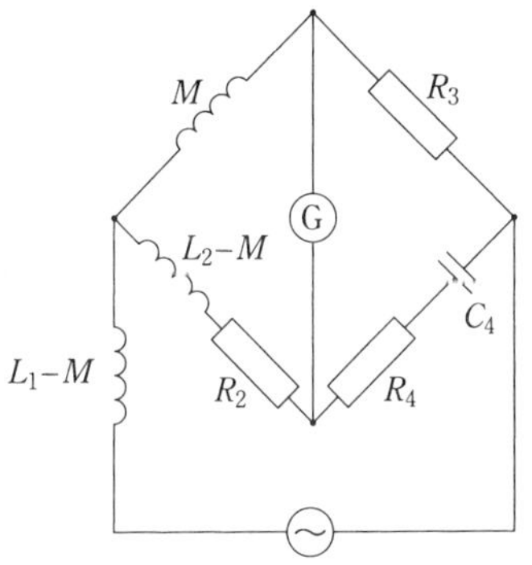

解図 6.6

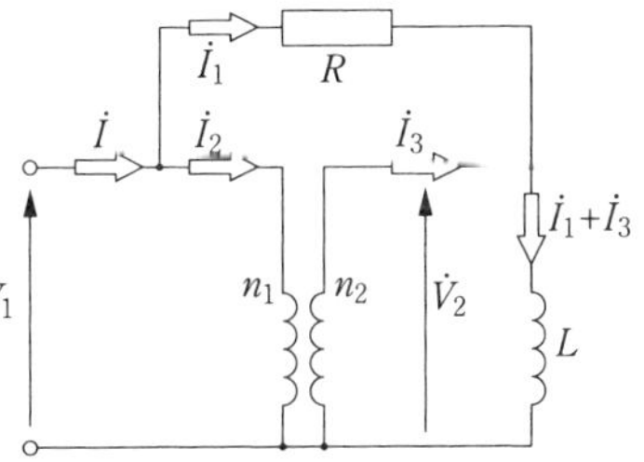

解図 6.7

【9】 **解図 6.7** のように各部の電圧，電流を決めると，つぎの関係が成り立つ。

$$\dot{V}_1 = a\dot{V}_2, \qquad \dot{I}_3 = a\dot{I}_2, \qquad \dot{V}_2 = j\omega L(\dot{I}_1 + \dot{I}_3)$$

$$\dot{I}_1 = \frac{1}{R}(\dot{V}_1 - \dot{V}_2)$$

これらを用いて $\dot{I}$ と $\dot{V}_1$ の関係を求めると

$$\dot{I} = \dot{I}_1 + \dot{I}_2 = \dot{I}_1 + \frac{1}{a}\dot{I}_3 = \dot{I}_1 + \frac{1}{a}\left(\frac{\dot{V}_2}{j\omega L} - \dot{I}_1\right)$$

$$= \left(1 - \frac{1}{a}\right)^2\frac{\dot{V}_1}{R} + \frac{\dot{V}_1}{a^2 j\omega L}$$

これより

$$\dot{Z} = \frac{\dot{V}_1}{\dot{I}} = \frac{ja^2\omega LR}{R + j(a-1)^2\omega L}$$

【10】 まず，**解図 6.8**(a)のようなＴ形等価回路に置き換える。

この回路において電圧，電流の関係を求めると

$$\dot{V}_1 = -j\omega M\dot{I}_1 + j\omega(L_1 + M)(\dot{I}_1 - \dot{I}_2) = j\omega L_1\dot{I}_1 - j\omega(L_1 + M)\dot{I}_2$$

$$\dot{V}_2 = -j\omega(L_2 + M)\dot{I}_2 - j\omega(L_1 + M)(\dot{I}_2 - \dot{I}_1)$$

$$= -j\omega(L_1 + L_2 + 2M)\dot{I}_2 + j\omega(L_1 + M)\dot{I}_1$$

となるので，これを図(b)の等価回路と対応させ，つぎの関係を得る。

$$L_a = L_1, \qquad L_b = L_1 + L_2 + 2M, \qquad M_0 = L_1 + M$$

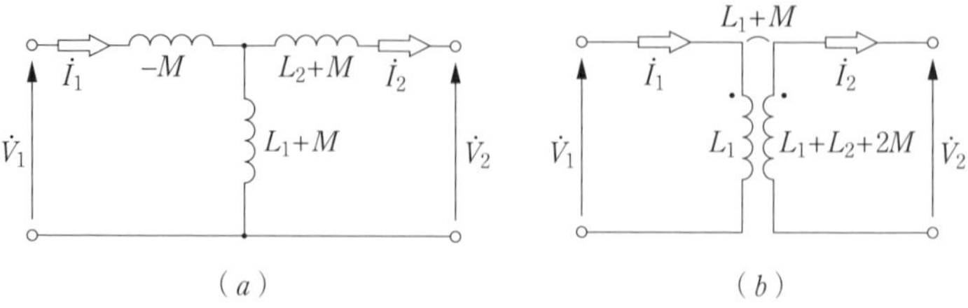

解図 6.8

7章

【1】 等価Y形負荷に変換すると，1相当りの回路は**解図 7.1** のようになる。

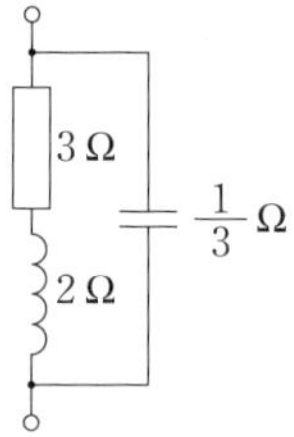

解図 7.1

$$\dot{Z} = \frac{-j\frac{1}{3}(3+j2)}{3+j2-j\frac{1}{3}} = \frac{-j3+2}{9+j6-j1} = \frac{3-j37}{106}$$

$$Z = \frac{1}{106}\sqrt{9+1\,369} = \frac{\sqrt{1\,378}}{106} \fallingdotseq 0.35\ \Omega$$

【2】 ① $\dot{I}_a = \frac{100}{8+j6} = \frac{50}{4+j3} = 2(4-j3) = 10e^{-j36.9^\circ}$

$$\dot{I}_b = \frac{100e^{-j120^\circ}}{6+j8} = 10e^{-j173.13^\circ}, \qquad \dot{I}_c = \frac{100e^{-j240^\circ}}{10} = 10e^{-j240^\circ}$$

$$\dot{I}_N = \dot{I}_a + \dot{I}_b + \dot{I}_c = 10(e^{-j36.9^\circ} + e^{-j173.13^\circ} + e^{-j240^\circ})$$

$$= -6.928 + j1.464 = 7.08e^{j168.1^\circ}$$

② $\dot{I}_a = \frac{\dot{E}_a - \dot{V}_N}{\dot{Z}_a}, \qquad \dot{I}_b = \frac{\dot{E}_b - \dot{V}_N}{\dot{Z}_b}, \qquad \dot{I}_c = \frac{\dot{E}_c - \dot{V}_N}{\dot{Z}_c}, \qquad \dot{I}_N = \frac{\dot{V}_N}{\dot{Z}_N}$

$$\dot{I}_a + \dot{I}_b + \dot{I}_c - \dot{I}_N = 0,$$

$$\frac{\dot{E}_a}{\dot{Z}_a} - \frac{\dot{V}_N}{\dot{Z}_a} + \frac{\dot{E}_b}{\dot{Z}_b} - \frac{\dot{V}_N}{\dot{Z}_b} + \frac{\dot{E}_c}{\dot{Z}_c} - \frac{\dot{V}_N}{\dot{Z}_c} - \frac{\dot{V}_N}{\dot{Z}_N} = 0$$

$$\left(\frac{\dot{E}_a}{\dot{Z}_a} + \frac{\dot{E}_b}{\dot{Z}_b} + \frac{\dot{E}_c}{\dot{Z}_c}\right) - \left(\frac{1}{\dot{Z}_a} + \frac{1}{\dot{Z}_b} + \frac{1}{\dot{Z}_c} + \frac{1}{\dot{Z}_N}\right)\dot{V}_N = 0$$

$$\frac{1}{\dot{Z}_a} = \frac{1}{8+j6} = \frac{1}{50}(4-j3), \qquad \frac{1}{\dot{Z}_b} = \frac{1}{6+j8} = \frac{1}{50}(3-j4)$$

$$\frac{1}{\dot{Z}_c} = \frac{1}{10}, \qquad \frac{1}{\dot{Z}_N} = \frac{1}{5}, \qquad \frac{1}{\dot{Z}_a} + \frac{1}{\dot{Z}_b} + \frac{1}{\dot{Z}_c} + \frac{1}{\dot{Z}_N} = \frac{1}{50}(22-j7)$$

$$\dot{V}_N{}' = \frac{-6.928 + j1.464}{\frac{1}{50}(22-j7)} = \frac{354e^{j168.1^\circ}}{23.087e^{-j17.65^\circ}} = 15.3e^{j185.8^\circ} = -15.2 - j1.53$$

$$\dot{I}_a = \frac{100-(-15.2-j1.53)}{8+j6} = \frac{115.21e^{j0.76^\circ}}{10e^{j36.87^\circ}} = 11.5e^{-j36.1^\circ}$$

$$\dot{I}_b = \frac{100(-0.5 - j0.866) + 15.2 + j1.53}{6 + j8} = \frac{91.9e^{-j112.2^\circ}}{10e^{j53.13^\circ}} = 9.2e^{-j165.4^\circ}$$

$$\dot{I}_c = \frac{100(-0.5 + j0.866) + 15.2 + j1.53}{10} = 9.5e^{j111.5^\circ}$$

$$\dot{I}_N = \frac{-15.2 - j1.53}{5} = -3.04 - j0.306 = 3.06e^{-j174^\circ}$$

【3】 まず，**解図 *7.2*** (a)のように，Δ部をYに変換する。

$$\dot{Z}_a = \frac{\dot{Z}_{ab}\dot{Z}_{ca}}{\dot{Z}_0} = -j5, \qquad \dot{Z}_b = \frac{\dot{Z}_{ab}\dot{Z}_{bc}}{\dot{Z}_0} = \frac{25}{5} = 5$$

$$\dot{Z}_c = \frac{\dot{Z}_{bc}\dot{Z}_{ca}}{\dot{Z}_0} = j5, \qquad \dot{Z}_0 = \dot{Z}_{ab} + \dot{Z}_{bc} + \dot{Z}_{ca} = 5$$

$$Z_0 = \dot{Z}_a\dot{Z}_b + \dot{Z}_b\dot{Z}_c + \dot{Z}_c\dot{Z}_a$$
$$= 50(1 - j) + 50(1 + j) + 25(1 - j)(1 + j) = 150\ \Omega$$

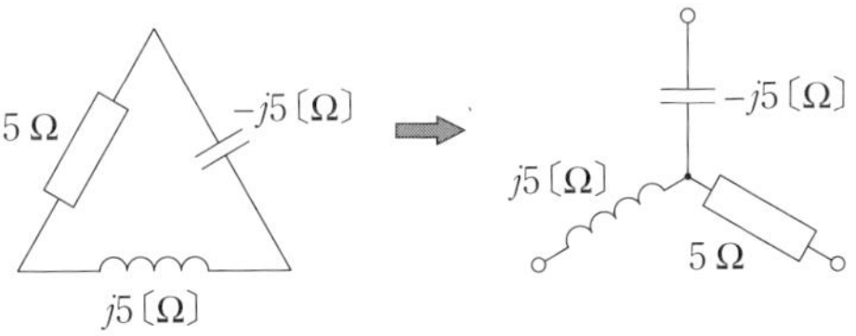

(a)

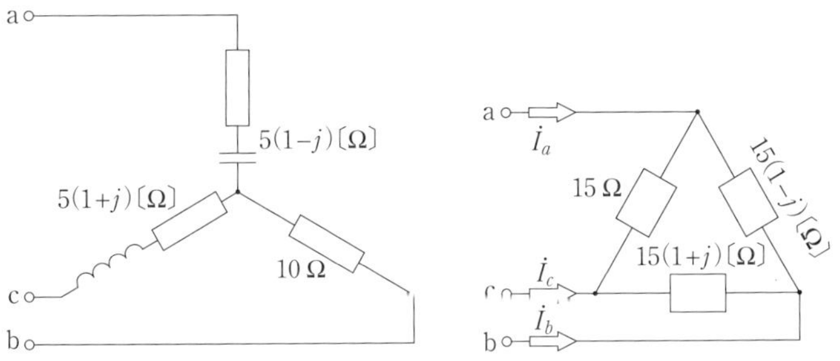

(b)

解図 *7.2*

つぎに，図(b)のように線路のインピーダンスをY部に含め，そのY部をΔ部に変換する。

$$\dot{Z}_{ab} = \frac{150}{5(1 + j)} = 30\frac{1 - j}{2} = 15(1 - j)$$

$$\dot{Z}_{bc} = \frac{150}{5(1-j)} = 15(1+j), \qquad \dot{Z}_{ca} = \frac{150}{10} = 15$$

$$\dot{I}_{ab} = \frac{\dot{E}_{ab}}{\dot{Z}_{ab}} = \frac{20}{3}(1+j)$$

$$\dot{I}_{bc} = \frac{\dot{E}_{bc}}{\dot{Z}_{bc}} = \frac{200e^{-j120^\circ}}{\dfrac{30}{1-j}} = \frac{20}{3}(1-j)\left(-\frac{1}{2} - j\frac{\sqrt{3}}{2}\right)$$

$$= -\frac{10}{3}(1+\sqrt{3})(1+j)$$

$$\dot{I}_{ca} = \frac{\dot{E}_{ca}}{\dot{Z}_{ca}} = \frac{200e^{-j120^\circ}}{15} = \frac{20}{3}(-1+j\sqrt{3})$$

$$\dot{I}_a = \dot{I}_{ab} - \dot{I}_{ca} = \frac{20}{3}\{2 - j(\sqrt{3}-1)\} = \frac{20}{3} \times 2.13e^{-j20.1^\circ}$$

$$= 14.2e^{-j20.1^\circ}$$

$$\dot{I}_b = \dot{I}_{bc} - \dot{I}_{ab} = -\frac{10}{3}(1+\sqrt{3})(1+j) - \frac{20}{3}(1+j)$$

$$= -15.77 - j15.77 = 22.3e^{-j135^\circ}$$

$$\dot{I}_c = \dot{I}_{ca} - \dot{I}_{bc} = -6.67 + j11.55 + 9.1 + j9.1 = 2.43 + j20.65$$

$$= 20.8e^{j83.3^\circ}$$

【4】 図 **7.5** のように閉路の電流 $\dot{I}_1$, $\dot{I}_2$, $\dot{I}_3$ を仮定して，キルヒホッフの第二法則を適用する。

$$\dot{Z}_A\dot{I}_1 - \dot{Z}_l\dot{I}_2 - \dot{Z}_l\dot{I}_3 = \dot{E}_{ab}$$
$$-\dot{Z}_l\dot{I}_1 + \dot{Z}_B\dot{I}_2 - \dot{Z}_l\dot{I}_3 = \dot{E}_{bc}$$
$$-\dot{Z}_l\dot{I}_1 - \dot{Z}_l\dot{I}_2 + \dot{Z}_C\dot{I}_3 = \dot{E}_{ca}$$

の三つの方程式を得る。ここで

$$\dot{Z}_A = (\dot{Z}_{ra} + 2\dot{Z}_l + \dot{Z}_{ab})$$
$$\dot{Z}_B = (\dot{Z}_{rb} + 2\dot{Z}_l + \dot{Z}_{bc})$$
$$\dot{Z}_C = (Z_{rc} + 2Z_l + Z_{ca})$$

とおいている。クラーメルの公式を用いて連立方程式を解く。

$$\varDelta = \begin{vmatrix} \dot{Z}_A & -\dot{Z}_l & -\dot{Z}_l \\ -\dot{Z}_l & \dot{Z}_B & -\dot{Z}_l \\ -\dot{Z}_l & -\dot{Z}_l & \dot{Z}_C \end{vmatrix} = \dot{Z}_A\dot{Z}_B\dot{Z}_C - 2\dot{Z}_l^3 - \dot{Z}_l^2(\dot{Z}_A + \dot{Z}_B + \dot{Z}_C)$$

とおくと，各電流 $\dot{I}_1$, $\dot{I}_2$, $\dot{I}_3$ は

$$\dot{I}_1 = \frac{1}{\varDelta}\begin{vmatrix} \dot{E}_{ab} & -\dot{Z}_l & -\dot{Z}_l \\ B_{bc} & \dot{Z}_B & -\dot{Z}_l \\ \dot{E}_{ca} & -\dot{Z}_l & \dot{Z}_C \end{vmatrix}, \qquad \dot{I}_2 = \frac{1}{\varDelta}\begin{vmatrix} \dot{Z}_A & \dot{E}_{ab} & -\dot{Z}_l \\ -\dot{Z}_l & \dot{E}_{bc} & -\dot{Z}_l \\ -\dot{Z}_l & \dot{E}_{ca} & \dot{Z}_C \end{vmatrix}$$

$$\dot{I}_3 = \frac{1}{\varDelta}\begin{vmatrix} \dot{Z}_A & -\dot{Z}_l & \dot{E}_{ab} \\ -\dot{Z}_l & \dot{Z}_B & \dot{E}_{bc} \\ -\dot{Z}_l & -\dot{Z}_l & \dot{E}_{ca} \end{vmatrix}$$

を計算して得られる。$\dot{I}_1$ の分子の計算は

$$\begin{vmatrix} \dot{E}_{ab} & -\dot{Z}_l & -\dot{Z}_l \\ \dot{E}_{bc} & \dot{Z}_B & -\dot{Z}_l \\ \dot{E}_{ca} & -\dot{Z}_l & \dot{Z}_C \end{vmatrix} = \dot{E}_{ab}(\dot{Z}_B\dot{Z}_C - \dot{Z}_l^2) + \dot{E}_{bc}\dot{Z}_l(\dot{Z}_C + \dot{Z}_l) + \dot{E}_{ca}\dot{Z}_l(\dot{Z}_B + \dot{Z}_l)$$

であるので，$\dot{I}_2$，$\dot{I}_3$ も同様にして，各線の電流は

$$\dot{I}_1 = \frac{\dot{E}_{ab}(\dot{Z}_B\dot{Z}_C - \dot{Z}_l^2) + \dot{E}_{bc}\dot{Z}_l(\dot{Z}_C + \dot{Z}_l) + \dot{E}_{ca}\dot{Z}_l(\dot{Z}_B + \dot{Z}_l)}{\dot{Z}_A\dot{Z}_B\dot{Z}_C - 2\dot{Z}_l^3 - \dot{Z}_l^2(\dot{Z}_A + \dot{Z}_B + \dot{Z}_C)}$$

$$\dot{I}_2 = \frac{\dot{E}_{ab}\dot{Z}_l(\dot{Z}_C + \dot{Z}_l) + \dot{E}_{bc}(\dot{Z}_A\dot{Z}_C - \dot{Z}_l^2) + \dot{E}_{ca}\dot{Z}_l(\dot{Z}_A + \dot{Z}_l)}{\dot{Z}_A\dot{Z}_B\dot{Z}_C - 2\dot{Z}_l^3 - \dot{Z}_l^2(\dot{Z}_A + \dot{Z}_B + \dot{Z}_C)}$$

$$\dot{I}_3 = \frac{\dot{E}_{ab}\dot{Z}_l(\dot{Z}_B + \dot{Z}_l) + \dot{E}_{bc}\dot{Z}_l(\dot{Z}_A + \dot{Z}_l) + \dot{E}_{ca}(\dot{Z}_A\dot{Z}_B - \dot{Z}_l^2)}{\dot{Z}_A\dot{Z}_B\dot{Z}_C - 2\dot{Z}_l^3 - \dot{Z}_l^2(\dot{Z}_A + \dot{Z}_B + \dot{Z}_C)}$$

となる。相電流は次式となる（$\dot{I}_a$ のみを記す）。

$$\begin{aligned}\dot{I}_a &= \dot{I}_1 - \dot{I}_3 \\ &= \frac{\dot{E}_{ab}(\dot{Z}_B\dot{Z}_C - \dot{Z}_B\dot{Z}_l - 2\dot{Z}_l^2) + \dot{E}_{bc}\dot{Z}_l(\dot{Z}_C - \dot{Z}_A) + \dot{E}_{ca}(\dot{Z}_B\dot{Z}_l - \dot{Z}_A\dot{Z}_B + 2\dot{Z}_l^2)}{\dot{Z}_A\dot{Z}_B\dot{Z}_C - 2\dot{Z}_l^3 - \dot{Z}_l^2(\dot{Z}_A + \dot{Z}_B + \dot{Z}_C)}\end{aligned}$$

$\dot{Z}_A = \dot{Z}_B = \dot{Z}_C = \dot{Z}_0$ のとき，上式はつぎのようになる。

$$\begin{aligned}\dot{I}_a &= \frac{\dot{E}_{ab}(\dot{Z}_0^2 - \dot{Z}_0\dot{Z}_l - 2\dot{Z}_l^2) - \dot{E}_{ca}(\dot{Z}_0^2 - \dot{Z}_0\dot{Z}_l - 2\dot{Z}_l^2)}{\dot{Z}_0^3 - 2\dot{Z}_l^3 - 3\dot{Z}_0\dot{Z}_l^2} \\ &= \frac{\dot{E}_{ab} - \dot{E}_{ca}}{\dot{Z}_0 + \dot{Z}_l} = \frac{\sqrt{3}\,\dot{E}_{ab}e^{-j\frac{\pi}{6}}}{3\dot{Z}_l + \dot{Z}_s + \dot{Z}}\end{aligned}$$

【5】 $v_a i_a = 2EI\sin\omega t\sin(\omega t - \phi) = EI\{\cos\phi - \cos(2\omega t - \phi)\}$

$$\begin{aligned}v_b i_b &= 2EI\sin\left(\omega t - \frac{2\pi}{3}\right)\sin\left(\omega t - \phi - \frac{2\pi}{3}\right) \\ &= EI\left\{\cos\phi - \cos\left(2\omega t - \phi - \frac{4\pi}{3}\right)\right\}\end{aligned}$$

$$\begin{aligned}v_c i_c &= 2EI\sin\left(\omega t - \frac{4\pi}{3}\right)\sin\left(\omega t - \phi - \frac{4\pi}{3}\right) \\ &= EI\left\{\cos\phi - \cos\left(2\omega t - \phi - \frac{8\pi}{3}\right)\right\}\end{aligned}$$

$$\begin{aligned}p(t) = 3EI\cos\phi - EI\Big\{&\cos(2\omega t - \phi) + \cos\left(2\omega t - \phi - \frac{4\pi}{3}\right) \\ &+ \cos\left(2\omega t - \phi - \frac{8\pi}{3}\right)\Big\}\end{aligned}$$

$2\omega t - \phi = \beta$ とおいて｛　｝内を計算すると

$$\cos\beta + \cos\beta\cos\frac{4\pi}{3} + \sin\beta\sin\frac{4\pi}{3} + \cos\beta\cos\frac{8\pi}{3} + \sin\beta\sin\frac{8\pi}{3}$$

となるので

$$\cos\frac{4\pi}{3} = \cos\frac{8\pi}{3} = -\frac{1}{2}, \qquad \sin\frac{4\pi}{3} = -\sin\frac{8\pi}{3} = -\frac{\sqrt{3}}{2}$$

を代入して｛　｝内は零になる。よって

$$p(t) = 3EI\cos\phi$$

【6】 ① **解図 7.3**(*a*)に示すように，$\dot{E}_a = 100$ V を基準にとり，$\dot{E}_b = 100e^{-j120^\circ}$，$\dot{E}_c = 100e^{-j240^\circ}$ とする。線間電圧は図からわかるように $\dot{V}_{ab} = 100\sqrt{3}\,e^{j30^\circ}$，$\dot{V}_{bc} = 100\sqrt{3}\,e^{-j90^\circ}$，$\dot{V}_{ca} = 100\sqrt{3}\,e^{j150^\circ}$ となる。

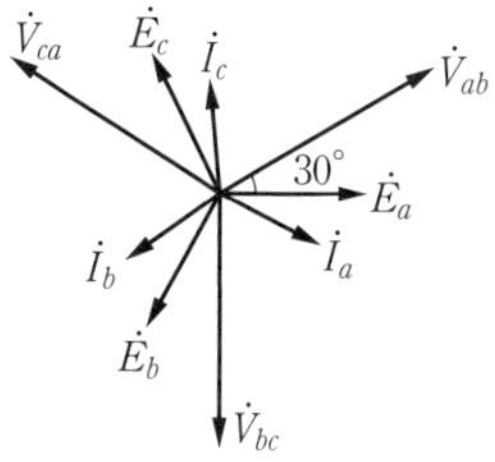

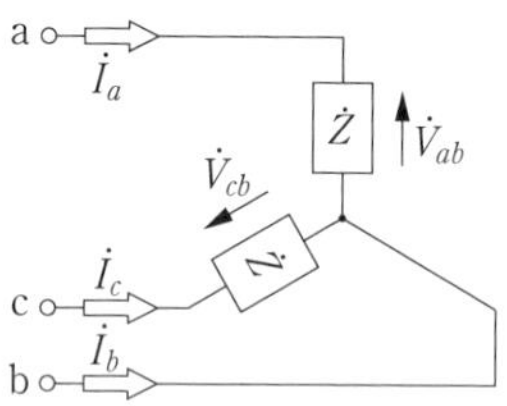

解図 7.3

② 各負荷に流れる電流は

$$\dot{I}_a = \frac{100}{6+j8} = 6 - j8 = 10e^{-j53^\circ}$$

$$\dot{I}_b = \frac{100}{6+j8}e^{-j120^\circ} = (6-j8)e^{-j120^\circ} = 10e^{-j173^\circ}$$

$$\dot{I}_c = \frac{100}{6+j8}e^{-j240^\circ} = (6-j8)e^{-j240^\circ} = (6-j8)e^{-j120^\circ} = 10e^{-j293^\circ}$$
$$= 10e^{j67^\circ}$$

となり，電力計 W_1，W_2 の指示 P_1，P_2 は

$$P_1 = V_{ab}I_a\cos\phi_1 = 100\sqrt{3} \times 10 \times \cos(30^\circ + 53^\circ)$$
$$= 1\,000\sqrt{3}\cos 83^\circ = 207.2 \text{ W}$$
$$P_2 = V_{cb}I_c\cos\phi_2 = 100\sqrt{3} \times 10 \times \cos(90^\circ - 67^\circ)$$
$$= 1\,000\sqrt{3}\cos 23^\circ = 1\,592.8 \text{ W}$$

となる。よって回路全体の電力 P は

$$P = P_1 + P_2 = 1\,800 \text{ W}$$

となる。あるいは，負荷の力率は $\cos\phi = R/Z = 6/10 = 0.6$ であるので

$$P = \sqrt{3} \times 100\sqrt{3} \times 10 \times 0.6 = 3\,000 \times 0.6 = 1\,800 \text{ W}$$

としてもよい。

③ 各線に流れる電流は，**解図 7.3**(*b*)より

$$\dot{I}_a = \frac{\dot{V}_{ab}}{\dot{Z}}, \qquad \dot{I}_c = \frac{\dot{V}_{cb}}{\dot{Z}}, \qquad \dot{I}_b = -(\dot{I}_a + \dot{I}_c)$$

であるので，これを具体的に計算するとつぎのようになる。

$$\dot{I}_a = \frac{100\sqrt{3}}{6+j8}e^{-j30^\circ} = \sqrt{3}(6-j8)\left(\frac{\sqrt{3}}{2} + j\frac{1}{2}\right) = 15.93 - j6.8$$

$$\dot{I}_c = \frac{-100\sqrt{3}\,e^{-j90^\circ}}{6+j8} = \frac{j100\sqrt{3}}{6+j8} = \sqrt{3}(8+j6) = 10\sqrt{3}\,e^{j37^\circ}$$

$$= 13.85 + j10.39$$

$$\dot{I}_b = -(15.93 - j6.8 + 13.85 + j10.39) = -29.78 - j3.59$$

$$= 30e^{-j173^\circ}$$

【7】 ① 各負荷に流れる電流は

$$\dot{I}_{ab} = \frac{\dot{V}_{ab}}{\dot{Z}_{ab}} = \frac{240}{10} = 24 \text{ A}$$

$$\dot{I}_{bc} = \frac{\dot{V}_{bc}}{\dot{Z}_{bc}} = \frac{240e^{-j120^\circ}}{5\sqrt{3}+j5} = \frac{240e^{-j120^\circ}}{10e^{j30^\circ}} = 24e^{-j150^\circ}$$

$$\dot{I}_{ca} = \frac{\dot{V}_{ca}}{\dot{Z}_{ca}} = \frac{240e^{-j240^\circ}}{5\sqrt{3}-j5} = \frac{240e^{-j240^\circ}}{10e^{-j30^\circ}} = 24e^{-j210^\circ}$$

よって，線電流は

$$\dot{I}_a = \dot{I}_{ab} - I_{ca} = 24 - 24e^{-j210^\circ} = 24(1 - e^{-210^\circ})$$

$$= 24\left\{1 - \left(-\frac{\sqrt{3}}{2} + j\frac{1}{2}\right)\right\} = 12(2 + \sqrt{3} - j) = 46.4e^{-j15^\circ}$$

$$\dot{I}_b = \dot{I}_{bc} - \dot{I}_{ab} = 46.4e^{-j165^\circ}$$

$$\dot{I}_c = \dot{I}_{ca} - \dot{I}_{bc} = 24(e^{-j210^\circ} - e^{-j150^\circ})$$

$$= 24\left(-\frac{\sqrt{3}}{2} + j\frac{1}{2} + \frac{\sqrt{3}}{2} + j\frac{1}{2}\right) = j24 = 24e^{j90^\circ}$$

② 電力計 W_1，W_2 の読み P_1，P_2 および全体の電力 P は

$$P_1 = V_{ab}I_a\cos\phi_1 = 240 \times 46.4 \times \cos 45^\circ = 7\,875.5 \text{ W}$$

$$P_2 = V_{bc}I_b\cos\phi_2 = 240 \times 46.4 \times \cos 45^\circ = 7\,875.5 \text{ W}$$

$$P = P_1 + P_2 = 15\,751 \text{ W}$$

(別解)

$$P = I_{ab}{}^2 \times 10 + I_{bc}{}^2 \times 5\sqrt{3} + I_{ca}{}^2 \times 5\sqrt{3} = 15\,751 \text{ W}$$

【8】 回路において

$$\dot{V}_a - \dot{V}_{N'} = \dot{I}_a \dot{Z}_a \quad (1)$$

$$\dot{V}_b - \dot{V}_{N'} = \dot{I}_b \dot{Z}_b \quad (2)$$

$$\dot{V}_c - \dot{V}_{N'} = \dot{I}_c \dot{Z}_c \quad (3)$$

$$\dot{I}_a + \dot{I}_b + \dot{I}_c = 0 \quad (4)$$

が成り立つので，これらの基本式を対称分に分解する。式(1)+式(2)+式(3)より

$$(\dot{V}_a + \dot{V}_b + \dot{V}_c) - 3\dot{V}_{N'} = \dot{I}_a\dot{Z}_a + \dot{I}_b\dot{Z}_b + \dot{I}_c\dot{Z}_c$$

$$3\dot{V}_0 - 3\dot{V}_{N'} = \dot{Z}_a(\dot{I}_0 + \dot{I}_1 + \dot{I}_2) + \dot{Z}_b(\dot{I}_0 + a^2\dot{I}_1 + a\dot{I}_2) + \dot{Z}_c(\dot{I}_0 + a\dot{I}_1 + a^2\dot{I}_2)$$

$$= (\dot{Z}_a + \dot{Z}_b + \dot{Z}_c)\dot{I}_0 + (\dot{Z}_a + a^2\dot{Z}_b + a\dot{Z}_c)\dot{I}_1 + (\dot{Z}_a + a\dot{Z}_b + a^2\dot{Z}_c)\dot{I}_2$$

$$\dot{V}_0 - \dot{V}_{N'} = \frac{1}{3}(\dot{Z}_a + \dot{Z}_b + \dot{Z}_c)\dot{I}_0 + \frac{1}{3}(\dot{Z}_a + a^2\dot{Z}_b + a\dot{Z}_c)\dot{I}_1 + \frac{1}{3}(\dot{Z}_a + a\dot{Z}_b + a^2\dot{Z}_c)\dot{I}_2$$

ここで

$$\dot{Z}_{00} = \frac{1}{3}(\dot{Z}_a + \dot{Z}_b + \dot{Z}_c), \qquad \dot{Z}_{11} = \frac{1}{3}(\dot{Z}_a + a\dot{Z}_b + a^2\dot{Z}_c),$$

$$\dot{Z}_{22} = \frac{1}{3}(\dot{Z}_a + a^2\dot{Z}_b + a\dot{Z}_c)$$

とおく†。これらの $\dot{Z}_{00}$，$\dot{Z}_{11}$，$\dot{Z}_{22}$ を用いて $\dot{V}_0 - \dot{V}_{N'}$ を表すと

$$\dot{V}_0 - \dot{V}_{N'} = \dot{Z}_{00}\dot{I}_0 + \dot{Z}_{22}\dot{I}_1 + \dot{Z}_{11}\dot{I}_2$$

となる。つぎに，式(1) + a × 式(2) + a^2 × 式(3)より

$$(\dot{V}_a + a\dot{V}_b + a^2\dot{V}_c) - (1 + a + a^2)\dot{V}_{N'} = \dot{I}_a\dot{Z}_a + a\dot{I}_b\dot{Z}_b + a^2\dot{I}_c\dot{Z}_c$$

$$= (\dot{Z}_a + a\dot{Z}_b + a^2\dot{Z}_c)\dot{I}_0 + (\dot{Z}_a + \dot{Z}_b + \dot{Z}_c)\dot{I}_1 + (\dot{Z}_a + a^2\dot{Z}_b + a\dot{Z}_c)\dot{I}_2$$

となるので，これを整理して

$$\dot{V}_1 = \dot{Z}_{11}\dot{I}_0 + \dot{Z}_{00}\dot{I}_1 + \dot{Z}_{22}\dot{I}_2$$

を得る。同様に，式(1) + a^2 × 式(2) + a × 式(3)より

$$(\dot{V}_a + a^2\dot{V}_b + a\dot{V}_c) - (1 + a^2 + a)\dot{V}_{N'}$$

$$= (\dot{Z}_a + a^2\dot{Z}_b + a\dot{Z}_c)\dot{I}_0 + (\dot{Z}_a + a\dot{Z}_b + a^2\dot{Z}_c)\dot{I}_1 + (\dot{Z}_a + \dot{Z}_b + \dot{Z}_c)\dot{I}_2$$

---

† これらは便宜上のものであり，$\dot{Z}_{00}$，$\dot{Z}_{11}$，$\dot{Z}_{22}$ に特別な意味はない。形が零相電圧，正相，逆相電圧などの表示と似ているが，零相，正相，逆相インピーダンスではない。

を整理して

$$\dot{V}_2 = \dot{Z}_{22}\dot{I}_0 + \dot{Z}_{11}\dot{I}_1 + \dot{Z}_{00}\dot{I}_2$$

となる。また

$$\dot{I}_0 = \frac{1}{3}(\dot{I}_a + \dot{I}_b + \dot{I}_c) = 0$$

なので，結局上の 3 式は

$$\dot{V}_0 - \dot{V}_{N'} = \dot{Z}_{22}\dot{I}_1 + \dot{Z}_{11}\dot{I}_2, \qquad \dot{V}_1 = \dot{Z}_{00}\dot{I}_1 + \dot{Z}_{22}\dot{I}_2,$$

$$\dot{V}_2 = \dot{Z}_{11}\dot{I}_1 + \dot{Z}_{00}\dot{I}_2$$

となり，これらより，$\dot{I}_1$，$\dot{I}_2$，$\dot{V}_{N'}$ が求まる。いま

$$\dot{I}_1 = \frac{\dot{Z}_{00}\dot{V}_1 - \dot{Z}_{22}\dot{V}_2}{\dot{Z}_{00}{}^2 - \dot{Z}_{11}\dot{Z}_{22}}, \qquad \dot{I}_2 = \frac{\dot{Z}_{00}\dot{V}_2 - \dot{Z}_{1}\dot{V}_1}{\dot{Z}_{00}{}^2 - \dot{Z}_{11}\dot{Z}_{22}}$$

より

$$\dot{V}_{N'} = \dot{V}_0 - (\dot{Z}_{22}\dot{I}_1 + \dot{Z}_{11}\dot{I}_2)$$

$$= \frac{\dot{V}_0(\dot{Z}_{00}{}^2 - \dot{Z}_{11}\dot{Z}_{22}) + \dot{V}_1(\dot{Z}_{11}{}^2 - \dot{Z}_{00}\dot{Z}_{11}) + \dot{V}_2(\dot{Z}_{22}{}^2 - \dot{Z}_{00}\dot{Z}_{11})}{\dot{Z}_{00}{}^2 - \dot{Z}_{11}\dot{Z}_{22}}$$

以上の結果より $\dot{I}_a$，$\dot{I}_b$，$\dot{I}_c$ を求めると

$$\dot{I}_a = \dot{I}_0 + \dot{I}_1 + \dot{I}_2 = \dot{I}_1 + \dot{I}_2$$

$$\dot{I}_b = \dot{I}_0 + a^2\dot{I}_1 + a\dot{I}_2 = a^2\dot{I}_1 + a\dot{I}_2$$

$$\dot{I}_c = \dot{I}_0 + a\dot{I}_1 + a^2\dot{I}_2 = a\dot{I}_1 + a^2\dot{I}_2$$

$$\dot{I}_a = \dot{I}_1 + \dot{I}_2 = \frac{(\dot{Z}_{00} - \dot{Z}_{11})\dot{V}_1 + (\dot{Z}_{00} - \dot{Z}_{22})\dot{V}_2}{\dot{Z}_{00}{}^2 - \dot{Z}_{11}\dot{Z}_{22}}$$

ここで

$$\dot{Z}_{00}{}^2 - \dot{Z}_{11}\dot{Z}_{22} = \frac{1}{3}(\dot{Z}_a\dot{Z}_b + \dot{Z}_b\dot{Z}_c + \dot{Z}_c\dot{Z}_a)$$

$$(\dot{Z}_{00} - \dot{Z}_{11})\dot{V}_1 + (\dot{Z}_{00} - \dot{Z}_{22})\dot{V}_2 = \frac{1}{3}\{(\dot{Z}_b + \dot{Z}_c)\dot{V}_a - \dot{Z}_c\dot{V}_b - \dot{Z}_b\dot{V}_c\}$$

となるので

$$\dot{I}_a = \frac{(\dot{Z}_b + \dot{Z}_c)\dot{V}_a - \dot{Z}_c\dot{V}_b - \dot{Z}_b\dot{V}_c}{\dot{Z}_a\dot{Z}_b + \dot{Z}_b\dot{Z}_c + \dot{Z}_c\dot{Z}_a}$$

$$= \frac{\dot{Y}_a\{(\dot{Y}_b + \dot{Y}_c)\dot{V}_a - \dot{Y}_b\dot{V}_b - \dot{Y}_c\dot{V}_c\}}{\dot{Y}_a + \dot{Y}_b + \dot{Y}_c}$$

となり，前に得た結果と一致する。同様に

$$I_b = a^2\dot{I}_1 + a\dot{I}_2 = \frac{a^2\dot{Z}_{00}\dot{V}_1 - a^2\dot{Z}_{22}\dot{V}_2 + a\dot{Z}_{00}\dot{V}_2 - a\dot{Z}_{11}\dot{V}_1}{\dot{Z}_{00}{}^2 - \dot{Z}_{11}\dot{Z}_{22}}$$

において

$$(a^2\dot{Z}_{00} - a\dot{Z}_{11})\dot{V}_1 + (a\dot{Z}_{00} - a^2\dot{Z}_{22})\dot{V}_2$$

$$= \frac{1}{3}\{-\dot{Z}_c\dot{V}_a + (\dot{Z}_a + \dot{Z}_c)\dot{V}_b - \dot{Z}_a\dot{V}_c$$

であるので，つぎのようになる。

$$\dot{I}_b = \frac{(\dot{Z}_a + \dot{Z}_c)\dot{V}_b - \dot{Z}_c\dot{V}_a - \dot{Z}_a\dot{V}_c}{\dot{Z}_a\dot{Z}_b + \dot{Z}_b\dot{Z}_c + \dot{Z}_c\dot{Z}_a}$$

$$= \frac{\dot{Y}_b\{(\dot{Y}_a + \dot{Y}_c)\dot{V}_b - \dot{Y}_a\dot{V}_a - \dot{Y}_c\dot{V}_c\}}{\dot{Y}_a + \dot{Y}_b + \dot{Y}_c}$$

$$\dot{I}_c = a\dot{I}_1 + a^2\dot{I}_2$$

$$= \frac{(\dot{Z}_a + \dot{Z}_b)\dot{V}_c - \dot{Z}_b\dot{V}_a - \dot{Z}_a\dot{V}_b}{\dot{Z}_a\dot{Z}_b + \dot{Z}_b\dot{Z}_c + \dot{Z}_c\dot{Z}_a}$$

$$= \frac{\dot{Y}_c\{(\dot{Y}_a + \dot{Y}_b)\dot{V}_c - \dot{Y}_a\dot{V}_a - \dot{Y}_b\dot{V}_b\}}{\dot{Y}_a + \dot{Y}_b + \dot{Y}_c}$$

索　　引

―― 著 者 略 歴 ――

1975年　茨城大学工学部電気工学科卒業
1983年　茨城工業高等専門学校助教授
1992年　博士(工学)（東京工業大学）
1998年　茨城工業高等専門学校教授
1999年　茨城工業高等専門学校副校長(主事)
2012年　茨城工業高等専門学校名誉教授
　　　　一関工業高等専門学校校長
2018年　一関工業高等専門学校名誉教授

2008年　文部科学大臣賞（平成19年度国立高等専門学校教員顕彰）受賞

電 気 回 路 I

Electric Circuits I

2006年 4 月25日　初版第 1 刷発行
2022年11月20日　初版第17刷発行

検印省略

著　者　柴　田　尚　志
発 行 者　株式会社　コロナ社
　　　　代 表 者　牛来真也
印 刷 所　壮光舎印刷株式会社
製 本 所　株式会社　グリーン

112-0011　東京都文京区千石4-46-10
発 行 所　株式会社　コ ロ ナ 社
CORONA PUBLISHING CO., LTD.
Tokyo Japan
振替00140-8-14844・電話(03)3941-3131(代)
ホームページ　https://www.coronasha.co.jp

ISBN 978-4-339-01183-8　C3355　Printed in Japan　(大井)

配本順		書名	著者	頁	本体
E-1	(18回)	半導体デバイス	古川静二郎著	248	3000円
E-3	(48回)	センサデバイス	浜川圭弘著	200	2400円
E-4	(60回)	新版 光デバイス	末松安晴著	240	3000円
E-5	(53回)	半導体集積回路	菅野卓雄著	164	2000円
F-1	(50回)	通信工学通論	畔柳功芳 塩谷光 共著	280	3400円
F-2	(20回)	伝送回路	辻井重男著	186	2300円
F-4	(30回)	通信方式	平松啓二著	248	3000円
F-5	(12回)	通信伝送工学	丸林元著	232	2800円
F-7	(8回)	通信網工学	秋山稔著	252	3100円
F-8	(24回)	電磁波工学	安達三郎著	206	2500円
F-9	(37回)	マイクロ波・ミリ波工学	内藤喜之著	218	2700円
F-11	(32回)	応用電波工学	池上文夫著	218	2700円
F-12	(19回)	音響工学	城戸健一著	196	2400円
G-1	(4回)	情報理論	磯道義典著	184	2300円
G-3	(16回)	ディジタル回路	斉藤忠夫著	218	2700円
G-4	(54回)	データ構造とアルゴリズム	斎藤信男 西原清一 共著	232	2800円
H-1	(14回)	プログラミング	有田五次郎著	234	2100円
H-2	(39回)	情報処理と電子計算機 (「情報処理通論」改題新版)	有澤誠著	178	2200円
H-7	(28回)	オペレーティングシステム論	池田克夫著	206	2500円
I-3	(49回)	シミュレーション	中西俊男著	216	2600円
I-4	(22回)	パターン情報処理	長尾真著	200	2400円
J-1	(52回)	電気エネルギー工学	鬼頭幸生著	312	3800円
J-4	(29回)	生体工学	斎藤正男著	244	3000円
J-5	(59回)	新版 画像工学	長谷川伸著	254	3100円

大学講義シリーズ

（各巻A5判，欠番は品切または未発行です）

配本順			頁	本体
（2回）	通信網・交換工学	雁部穎一著	274	3000円
（3回）	伝送回路	古賀利郎著	216	2500円
（4回）	基礎システム理論	古田・佐野共著	206	2500円
（10回）	基礎電子物性工学	川辺和夫他著	264	2500円
（11回）	電磁気学	岡本允夫著	384	3800円
（12回）	高電圧工学	升谷・中田共著	192	2200円
（14回）	電波伝送工学	安達・米山共著	304	3200円
（15回）	数値解析（1）	有本卓著	234	2800円
（16回）	電子工学概論	奥田孝美著	224	2700円
（17回）	基礎電気回路（1）	羽鳥孝三著	216	2500円
（18回）	電力伝送工学	木下仁志他著	318	3400円
（19回）	基礎電気回路（2）	羽鳥孝三著	292	3000円
（20回）	基礎電子回路	原田耕介他著	260	2700円
（22回）	原子工学概論	都甲・岡共著	168	2200円
（23回）	基礎ディジタル制御	美多勉他著	216	2400円
（24回）	新電磁気計測	大照完他著	210	2500円
（26回）	電子デバイス工学	藤井忠邦著	274	3200円
（28回）	半導体デバイス工学	石原宏著	264	2800円
（29回）	量子力学概論	権藤靖夫著	164	2000円
（30回）	光・量子エレクトロニクス	藤岡・小原 齊藤共著	180	2200円
（31回）	ディジタル回路	高橋寛他著	178	2300円
（32回）	改訂 回路理論（1）	石井順也著	200	2500円
（33回）	改訂 回路理論（2）	石井順也著	210	2700円
（34回）	制御工学	森泰親著	234	2800円
（35回）	新版 集積回路工学（1） —プロセス・デバイス技術編—	永田・柳井共著	270	3200円
（36回）	新版 集積回路工学（2） —回路技術編—	永田・柳井共著	300	3500円

定価は本体価格+税です。
定価は変更されることがありますのでご了承下さい。